市政工程建设与管理研究

程风生　朱振乾　著

吉林科学技术出版社

图书在版编目（CIP）数据

市政工程建设与管理研究 / 程风生，朱振乾著.

长春 : 吉林科学技术出版社，2024. 8. -- ISBN 978-7
-5744-1726-7

Ⅰ. TU99

中国国家版本馆CIP数据核字第202493EZ67号

市政工程建设与管理研究

著	程风生　朱振乾
出 版 人	宛　霞
责任编辑	李万良
封面设计	南昌德昭文化传媒有限公司
制　　版	南昌德昭文化传媒有限公司
幅面尺寸	185mm×260mm
开　　本	16
字　　数	345千字
印　　张	16
印　　数	1~1500 册
版　　次	2024年8月第1版
印　　次	2024年12月第1次印刷

出　　版	吉林科学技术出版社
发　　行	吉林科学技术出版社
地　　址	长春市福祉大路5788 号出版大厦A 座
邮　　编	130118
发行部电话/传真	0431-81629529 81629530 81629531
	81629532 81629533 81629534
储运部电话	0431-86059116
编辑部电话	0431-81629510
印　　刷	三河市嵩川印刷有限公司

书　　号	ISBN 978-7-5744-1726-7
定　　价	75.00元

前　言

　　市政工程建设与管理研究是一项涉及了城市规划、基础设施建设、环境保护、资源配置及工程实施等多个领域的综合性学科。它旨在通过科学的方法和先进的技术，对城市基础设施的规划、设计、施工和维护进行系统性研究，以提高城市运行效率，保障市民生活质量，并促进城市的可持续发展。该领域关注的重点包括市政工程的技术创新、项目管理、风险控制、环境影响评估以及与社会经济的协调发展。通过对市政工程建设与管理的深入研究，可以为城市提供更加安全、高效、绿色的基础设施服务，满足现代社会对城市功能的需求，同时为城市应对各种挑战提供支持。

　　本书系统性地介绍了市政工程建设与管理的理论及实践，从市政工程的基础知识、施工组织与准备，到管道、道路、桥梁等具体工程的施工技术与方法。书中详细阐述了市政给水、排水以及热力和燃气管道工程的设计与施工要点，接着探讨了道路建设的节能措施、材料选择、施工技术及其可持续发展策略。同时，对于市政桥梁的结构设计和施工技术、结构构造和加固技术进行了深入分析。此外，书中还详细介绍了市政工程建设项目合同、技术与进度管理、成本管理与质量控制体系以及市政工程的养护管理。最后，书中特别强调了绿色施工管理，介绍了节材、节能和能源利用等环保措施，以促进市政工程的可持续发展。

　　鉴于市政工程学科的广博与深奥，书中的不足和疏漏在所难免。笔者诚挚地欢迎各位专家、学者以及实践工作者提出批评与建议，以期不断修正与完善，共同促进市政工程学科的深入研究与实践应用。

目　录

第一章 绪 论

第一节 市政工程基础

一、市政工程概述

（一）市政工程概念

市政建设是在城市或城镇区域内，根据政治、经济、文化及生产与居民生活的要求，建设的用于提供公共服务的基础设施项目。市政建设作为一个比较概念，与建筑工程、设备安装、室内装修等其他工程类型一样，都是依据具体的工程实体来进行分类的，都属于工程建设的大家庭。

（二）市政工程建设的特点

市政工程建设的特点，主要表现在如下几个方面：

①单项工程投资大，一般工程在千万元左右，较大工程应在亿元以上。

②产品具有固定性，工程建成后不能移动。

③工程类型多，工程量大。比如道路、桥梁、隧道、水厂、泵站等类工程都有，而且工程量很大；又如城市快速路、大型多层立交、千米桥梁逐渐增多，土石方数量也很大。

④点、线、片形工程都有，如桥梁、泵站是点形工程，道路、管道是线形工程，水

厂、污水处理厂是片形工程。

⑤结构复杂而且单一。每个工程的结构不尽相同,特别是桥梁、污水处理厂等工程更是复杂。

⑥干、支线配合、系统性强。如道路、管网等工程的干线要解决支线流量问题,而且成为系统,否则相互堵截排流不畅。

（三）市政工程施工的特点

市政工程施工特点,主要表现在以下几个方面:

①施工生产的流动性。

②施工生产的一次性。产品类型不同,设计形式与结构不同,再次施工生产各有不同。

③工期长、工程结构复杂,工程量大,投入的人力、物力、财力多。由开工到最终完成交付使用的时间较长,一个单位工程要施工几个月,长的要施工几年才能完成。

④施工的连续性。开工后,各个工序必须根据生产程序连续进行,不能间断,否则会造成很大的损失。

⑤协作性强。需有地上、地下工程的配合,材料、供应、水源、电源、运输以及交通的配合与工程附近工程、市民的配合,彼此需要协作支援。

⑥露天作业。由于产品的特点,施工生产均在露天作业。

⑦季节性强。气候影响大,春、夏、秋、冬、雨、雾、风和气温低、气温高,都为施工带来很大困难。

综上,考虑到市政工程的特性,无论是基础建设项目的设计还是施工过程,尤其在确定工程的投资预算或成本时,均需遵循市政工程的客观规律,并且务必依照规定的程序来进行操作。

二、市政工程构造

（一）道路工程

1. 道路的分类及组成

（1）道路的分类

根据不同区域、交通功能以及日常使用情况,道路大致可以划分为几类:国家级公路、市区道路、工矿区道路以及乡村小路。国家级公路主要起到贯串城乡、连接林场及其他重要区域的作用;市区道路则专指在城市范围内的道路;工矿区道路主要服务厂矿企业,便于内部交通;乡村道路则是农村地区的交通要道。尽管它们在功能上各有侧重,但在工程技术方面往往具备了诸多共通之处。

（2）道路的组成

道路是设置在大地表面供各种车辆行驶的一种带状构筑物。主要由线形及结构两部分组成,具体见表1-1。

表 1-1 道路的组成

项目	内容
线形组成	公路线形是指公路中线的空间几何形状和尺寸。
结构组成	道路工程结构组成一般分为路基、垫层、基层和面层四个部分。高级道路的结构由路基、垫层、底基层、基层、联结层和面层等六部分组成。

2. 路基

路基作为车辆行驶的基础结构层，是由于土壤和石材等材料按照特定的尺寸和技术规范构筑而成的土工线性工程。路基需要具备足够的力学性能和稳定性，以确保行车道的稳定性和抵御自然力量的侵蚀，同时也要考虑经济效率和合理性。

（1）路基的作用

路基是道路系统的关键构件，为路面提供坚固的支撑，并作为承载交通荷载的结构部分。它与路面一起，共同肩负起承受车辆行驶带来的各种应力的任务。

路面损坏往往与路基排水不畅、压实度不够、温度低等因素有关。

高于原地面的填方路基称为路堤，低于原地面的挖方路基称之为路堑。路面底面以下 80cm 范围内的路基部分称为路床。

（2）路基的基本要求

路基是道路的基本结构物，其一方面要保证车辆行驶通畅与安全，另一方面要支持路面承受行车荷载的要求，因此应满足以下要求：

①路基结构物的整体必须具有足够的稳定性；

②路基必须具有足够的强度、刚度和水温稳定性。

③路基形式，具体见表 1-2。

表 1-2 路基形式

形式		内容
填方路基	填土路基	宜选用级配较好的粗粒土作填料。用不同填料填筑路基时，应分层填筑，每一水平层均应采用同类填料
	填石路基	选用不易风化的开山石料填筑的路堤。易风化岩石及软质岩石用作填料时，边坡设计应按土质路堤进行
	砌石路基	选用不易风化的开山石料外砌、内填而成路堤。砌石顶宽采用 0.8m，基底面以 1：5 向内倾斜，砌石高度为 2～15m。砌石路基应每隔 15～20m 设伸缩缝一道。当基础地质条件变化时，应分段砌筑，并设沉降缝。当地基为整体岩石时，可将地基做成台阶形
	护肩路基	坚硬岩石地段陡山坡上的半填半挖路基，当填方不大，但边坡伸出较远不易修筑时，可修筑护肩。护肩应采用当地不易风化片石砌筑，高度一般不超过 2m，其内外坡均直立，基底面以 1：5 坡度向内倾斜
	护脚路基	当山坡上的填方路基有沿斜坡下滑的倾向，或为加固、收回填方坡脚时，可采用护脚路基
挖方路基		挖方路基分为土质挖方路基和石质挖方路基
半填半挖路基		在地面自然横坡度陡于 1：5 的斜坡上修筑路堤时，路堤基底应挖台阶，台阶宽度不得小于 1m，台阶底应有 2%～4% 向内倾斜的坡度。分期修建和改建公路加宽时，新旧路基填方边坡的衔接处，应开挖台阶。高速公路、一级公路，台阶宽度一般为 2m。土质路基填挖衔接处应采取超挖回填措施

3. 路面

（1）路面结构

路面是由各种不同的材料，按照一定厚度与宽度分层铺筑在路基顶面上的层状构造物。

①面层。面层是道路表面直接面对车辆荷载、天气降水和温度波动的部分，它应具备足够的强度、优秀的温度适应性，以及耐磨损、防滑、平整和防水等特性。沥青路面面层可以由单层或多层构成，其中表面层需根据应用需求铺设具有抗滑性与耐磨性的密实稳定沥青层；而中层和底层则应依据道路等级、沥青层厚度及气候条件等因素，选择合适的沥青结构。

②基层。基层是路面结构中的重要组成部分，位于面层之下，主要承担着将车辆荷载的反复作用传递到底基层、垫层、土基等承重结构层的任务。基层材料需要具备足够的强度、水稳性和扩散荷载的能力。在沥青路面中，次要承重层称为底基层，通常在基层下铺筑。如果基层和底基层较厚，需要分两层施工，则可根据施工顺序分别称为基层、下基层或上底基层、下底基层。

③垫层。在路基土质较差、水温状况不好时，应在基层（或底基层）之下设置垫层，起排水、隔水、防冻、防污或扩散荷载应力等作用。

面层、基层和垫层是路面结构的基本层次，为了保证车轮荷载的向下扩散及传递，较下一层应比其上一层的每边宽出 0.25m。

（2）坡度与路面排水

路面中央部分呈拱形抬高，较两侧（在直线路段中）拥有特定的坡度，这种设计称为路拱。其主要功能是促进水分排泄。路拱的设计形态通常包括抛物线型、屋顶线型、折线型或直线型，其中直线型因其适合机械施工而常用。路拱的坡度应遵循相关法规和路面种类、当地环境因素来确定。路肩的横向坡度通常比路面的横向坡度高出 1% 至 2%。对于具有六个或者八个车道的公路，建议使用较大的路面横向坡度。

各级公路应根据当地降水量和路面具体情况设置必要的排水设施，确保降水及时排出路面，以保障行车安全。对于高速公路、一级公路的路面排水，通常由路肩排水和中央分隔带排水组成；而对于二级及二级以下公路的路面排水，则通常由路拱坡度、路肩横坡以及边沟排水构成。

（3）路面等级与分类

①路面等级按面层材料的组成、结构强度、路面所能承担的交通任务和使用的品质划分为高级路面、次高级路面、中级路面与低级路面等四个等级。

②路面类型，具体见表 1-3。

表 1-3　路面类型

项目	内容
路面基层的类型	按照现行规范，基层（包括底基层）可分为无机结合料稳定类和粒料类。无机结合料稳定类有：水泥稳定土、石灰稳定土、石灰工业废渣稳定土及综合稳定土；粒料类分级配型和嵌锁型，前者有级配碎石（砾石），后者有填隙碎石等。
路面面层类型	根据路面的力学特性，可把路面分为沥青路面、水泥混凝土路面和其他类型路面。

4. 道路主要公用设施

按道路的性质和道路使用者的各种需要，在道路上需设置相应的公用设施。道路公用设施的种类很多，包括交通安全及管理设施和服务设施等等。道路公用设施是保证行车安全、方便人民生活和保护环境的重要措施，具体见表 1-4。

表 1-4 道路主要公用设施

项目	内容
停车场	社会公用停车场主要指设置在商业大街、步行街（区）、大型公共建筑（如影剧院、文化宫等），以及乡镇出入口、农贸市场附近，供各种社会车辆停放服务的静态交通设施。停车场宜设在其主要服务对象的同侧，以便使客流上下、货物集散时不穿越主要道路，减少对动态交通的干扰。 停车场的出入口，有条件时应分开设置，单向出入，出入口宽通常不得小于 7.0m。其进出通道中心线后退 2.0m 处的夹角 120° 范围内，应当保证无有碍驾驶员视线的障碍物，以便能及时看清前面交通道路上的往来行人和车辆；同时，在道路与通道交汇处设置醒目的交通警告标志。 停车场内的交通线路必须明确，除注意组织单向行驶，尽可能避免出场车辆左转弯外，尚需借画线标志或用不同色彩漆绘来区分、指示通道与停车场地。
公共交通站点	城市公共交通站点分为终点站、枢纽站和中间停靠站。 终点站是各种公共交通运输工具在终点处用作回头（调头）的场地。枢纽站指有大量人流集散、常有数条公交线路通过、各条线路站点设置比较集中的一类特殊点。终点站、枢纽站可以设在停车场，也可以设在车行道路边。 停靠站是沿线公共汽车旅客安全上、下车一种道路设施，主要指公交车辆中途停靠的位置。 停靠站主要布置在客流集散地点，如火车站、码头、大型商场、重要机关、大专院校和干道交叉口附近等。
道路照明灯具	用于道路照明的光源应具有寿命长、光效高、可靠性强、一致性好等特点。可根据具体情况选择照明灯具。 （1）根据道路照明标准和所设计道路的功能、级别和周围环境，选择相应的装饰性灯具或截光、半截光及非截光功能性灯具。 （2）照明要求高、空气中含尘量高、维护困难的道路，宜选用防水防尘高档级灯具。 （3）空气中酸碱等腐蚀性气体含量高的场所宜选用耐腐蚀性好的灯具。 （4）发生强烈振动的场所（如某些桥梁）宜选用带减振措施的灯具。 此外，通过合理的照明布局尽量发挥照明灯具的配光特性，以取得较高的路面亮度，满意的均匀度，并注意尽量限制产生眩光。
人行天桥和人行地道	城市交通除了解决机动车辆的安全快速行驶外，还应解决过街人流、自行车与机动车流的相互干扰问题。尤其是人行交通较集中的交叉路口，修建人行立交桥是人车分离、保护过街行人和车流畅通的最安全措施。 人行天桥宜建在交通量大，行人或自行车需要横过行车带的地段或交叉口上。在城市商业网点集中的地段，建造人行天桥既方便群众也易于诱导人们自觉上桥过街。人行地道作为城市公用设施，在使用和美观上较好，但是，工程和维修费用较高。因此，在下列情况下，可考虑修建人行地道。 （1）重要建筑物及风景区附近；修人行天桥会破坏风景或城市美观。 （2）横跨的行人特别多的站前道路等。 （3）修建人行地道比修人行天桥在工程费用和施工方法上有利。 （4）受障碍物影响，修建人行天桥需显著提高桥下净空。

道路交通管理设施	道路交通管理设施通常包括交通标志，标线和交通信号灯等，广义概念还包括护栏、统一交通规则的其他显示设施。
道路绿化	道路绿化是大地绿化的组成部分，也是道路组成不可缺少的部分。无论是道路总体规划、详细设计、修建施工，还是养护管理都是其中的一项重要内容。 （1）绿化对环境的改善：吸收二氧化碳；放出氧气；改变小气候；调节湿度；降低噪声。 （2）道路绿化的类型分公路绿化和城市道路绿化。按其目的、内容和任务不同，又分为以下工程型：营造行道树；营造防护林带；营造绿化防护工程；营造风景林，美化环境。

（二）桥梁工程

1. 桥梁组成与分类

（1）桥梁的基本组成部分

桥梁即供铁路、道路、渠道、管线、行人等跨越河流、山谷或者其他交通线路等各种障碍物时所使用的承载结构物，具体组成见表1-5。

表1-5 桥梁的基本组成部分

项目	内容
上部结构 （也称桥跨结构）	上部结构是指桥梁结构中直接承受车辆和其他荷载，并跨越各种障碍物的结构部分。一般包括桥面构造（行车道、人行道、栏杆等）、桥梁跨越部分的承载结构和桥梁支座。
下部结构	下部结构是指桥梁结构中设置在地基上用以支承桥跨结构，将其荷载传递至地基的结构部分。一般包括桥墩、桥台及墩台基础。

（2）桥梁的分类

桥梁的分类，具体见表1-6。

表1-6 桥梁的分类

分类	内容
根据桥梁主跨结构所用材料	桥梁可划分为木桥、圬工桥（包括砖、石、混凝土桥等）、钢筋混凝土桥、预应力混凝土桥和钢桥。
根据桥梁所跨越的障碍物	桥梁可划分跨河桥、跨海峡桥、立交桥（包括跨线桥）、高架桥等。
根据桥梁的用途	可将其划分为公路桥、铁路桥、公铁两用桥、人行桥、运水桥、农桥以及管道桥等。
根据桥梁跨径总长 L 和单孔跨径 L_0 的不同	桥梁可分为特大桥（$L \geq 500\text{m}$ 或 $L_0 \geq 100\text{m}$）、大桥（$500\text{m} > L \geq 100\text{m}$ 或 $100\text{m} > L_0 \geq 40\text{m}$）、中桥（$100\text{m} > L > 30\text{m}$ 或 $40\text{m} > L_0 \geq 20\text{m}$）、小桥（$30\text{m} \geq L \geq 8\text{m}$ 或 $20\text{m} > L_0 \geq 5\text{m}$）。
根据桥面在桥跨结构中的位置	桥梁可分为上承式、中承式和下承式桥。
根据桥梁的结构形式	桥梁可划分为梁式桥、拱式桥、刚架桥、悬索桥与组合式桥。

2. 桥梁上部结构

（1）桥面构造

桥面铺装及排水系统：

①桥面铺装。桥面铺装即行车道铺装，亦称桥面保护层。桥面常用铺装的形式，见表1-7。

表1-7 桥面常用铺装的形式

形式	内容
水泥混凝土或沥青混凝土铺装	装配式钢筋混凝土、预应力混凝土桥通常采用水泥混凝土或沥青混凝土铺装；其厚度为60～80mm，强度不低于行车道板混凝土的强度等级。桥上的沥青混凝土铺装可以做成单层式的（50～80mm）或双层式的（底层40～50mm，面层30～40mm）。
防水混凝土铺装	在需要防水的桥梁上，当不设防水层时，可在桥面板上以厚80～100mm且带有横坡的防水混凝土作铺装层，其强度不低于行车道板混凝土强度等级，其上一般可不另设面层而直接承受车轮荷载。但为了延长桥面铺装层的使用年限，宜在上面铺筑厚20mm的沥青表面作磨耗层。为使铺装层具有足够的强度和良好的整体性（亦能起联系各主梁共同受力的作用），一般宜在混凝土中铺设直径为4～6mm的钢筋网。

②桥面纵横坡。桥面的纵坡，一般都做成双向纵坡，在桥中心设置了曲线，纵坡一般以不超过3%为宜。

桥面横坡通常采用1.5%-3%的坡度，通常通过铺设混凝土三角垫层来实现。对于板梁或现场浇筑的肋梁桥，为节省铺装材料并减轻重力，可将横坡直接设置在墩台顶部并采用倾斜的桥面板。在较宽的桥梁中，使用混凝土三角垫层会增加混凝土用量和恒载重量，此时可考虑将行车道板做成双向倾斜的横坡，但这种设计会使主梁的构造和施工稍微复杂。

③桥面排水。在桥梁设计时要有一个完整的排水系统，在桥面上除设置纵横坡排水外，常常需要设置一定数量的泄水管。

当桥面的纵向坡度超过2%，且桥梁长度不超过50米时，可以不必安装泄水管，而应在引道两侧安装流水槽。如桥梁长度超过50米，则应该在桥上安装泄水管，通常每隔12至15米设置一个，沿桥长方向布置。如果桥面的纵向坡度小于2%，则泄水管需要更密集地设置，一般每隔6至8米放置一个。泄水管可以沿行车道两侧对称排列，或者交错排列，并且其与缘石的距离应在200至500毫米之间。泄水管也可以布置在人行道下面。目前，常用的泄水管类型包括钢筋混凝土泄水管和金属泄水管。

伸缩缝：①伸缩缝的构造要求：要求伸缩缝在平行、垂直于桥梁轴线的两个方向，均能自由伸缩，牢固可靠，车辆行驶过时应平顺、无突跳与噪声；要能防止雨水和垃圾泥土渗入阻塞；安装、检查、养护、消除污物都要简易方便。②伸缩缝的类型：镀锌薄钢板伸缩缝、钢伸缩缝与橡胶伸缩缝。

人行道、栏杆、灯柱：桥梁上的人行道宽度由行人交通量决定，可选用0.75m、

1m，大于1m按0.5m倍数递增。行人稀少地区可不设人行道，为保障行车安全改用安全带。

①安全带。不设人行道的桥上，两边应设宽度不小于0.25m，高为0.25～0.35m的护轮安全带。安全带可以做成预制件或与桥面铺装层一起现浇。

②人行道。人行道一般高出行车道0.25～0.35m，在跨径较小的装配式板桥中，可专设人行道板梁或其下用加高墩台梁来抬高人行道板梁，使它高出行车道的桥面。

③栏杆、灯柱。栏杆是桥上的安全防护设备，要求坚固；栏杆又是桥梁的表面建筑，又要求有一个美好的艺术造型。栏杆的高度一般为0.8～1.2m，标准设计为1.0m；栏杆间距一般为1.6～2.7m，标准设计为2.5m。

（2）承载结构

①梁式桥：梁式桥是桥梁的一种类型，其结构在垂直荷载作用下仅产生垂直反力，无水平推力。其桥跨的承载结构由梁组成，这是其显著的特点。梁式桥可根据其构造细分为简支梁式桥、连续梁式桥以及悬臂梁桥。

简支梁式桥是梁式桥家族中历史最悠久、最普遍的一种。它具有明确的受力特性，设计计算简便，结构简洁，施工便捷。作为一种静定结构，简支梁桥每一跨都独立承载。在桥梁工程中，常见的简支梁桥类型包括简支板桥、肋梁式简支梁桥（也称简支桥）和箱形简支梁桥。

连续梁式桥和悬臂梁式桥都是梁式桥的常见类型。连续梁桥是将多跨简支梁桥的支座处连接起来，形成一整体连续的多跨梁结构，它是大跨度桥梁广泛采用的结构之一，通常采用预应力混凝土结构。

预应力混凝土连续梁根据截面的均匀性可以分为等截面和变截面两种类型；根据各跨的尺寸可以区分为等跨和不等跨两种形式；根据截面形状可以把其分为板式、肋梁式和箱形三种截面连续梁。

T形刚架桥是一种桥梁结构，其特点是由桥跨梁体与桥墩（或桥台）刚性连接，形成一种无支座的T形梁式结构，具有悬臂受力的特性。此类桥梁通常由两个或多个T形刚架通过铰接或挂梁的方式相互连接构成整体。其结构设计特点包括：结合了连续梁桥、悬臂梁桥和T形刚架桥的设计元素；横截面的形式和主要尺寸；预应力筋的布置关键点。

②拱式桥：拱式桥特点是其桥跨的承载结构以拱圈或者拱肋为主。按其结构体系分为：简单体系拱桥、组合体系拱桥。

③刚架桥：刚架桥是由梁和墩台（包括支柱和板墙）紧密结合形成的整体结构，其中梁与柱的连接点具有较高的刚性。根据其承受力的方式，其可以是单跨或多跨的，还可以是铰接支座刚架或固定端支座刚架。

刚架桥中的支柱常采用直柱式，被称为门形刚架桥，而斜柱式则被称为斜腿刚架。刚架桥可全部采用钢筋混凝土或预应力混凝土进行建造，同时也可使用预应力混凝土作为主梁，而支柱则采用钢筋混凝土。

刚架桥的主梁截面形式与梁式桥相同。刚架桥的支柱有薄壁式和柱式。柱式又分单柱式和多柱式。支柱的横截面可以采用实体矩形、工字形或箱形等。刚架桥支柱与主梁相连接处称为结点。

④悬索桥：悬索桥又称吊桥，是最简单的一种索结构。其特点是桥梁的主要承载结构由桥塔和悬挂在塔上的高强度柔性缆索及吊索、加劲梁和锚碇结构组成。现代悬索桥一般由桥塔、主缆索、锚碇、吊索、加劲梁及索鞍等主要部分组成，具体见表1-8。

表1-8 现代悬索桥的组成

组成	内容
桥塔	桥塔是悬索桥最重要的构件。桥塔的高度主要由桥面标高和主缆索的垂跨比 f/L 确定，通常垂跨比 f/L 为 1/9 ~ 1/12。大跨度悬索桥的桥塔主要采用钢结构和钢筋混凝土结构。其结构形式可分为桁架式、刚架式和混合式三种。刚架式桥塔通常采用箱形截面。
锚碇	锚碇是主缆索的锚固构造。主缆索中的拉力通过锚碇传至基础。通常采用的锚碇有两种形式：重力式和隧洞式。
主缆索	主缆索是悬索桥的主要承重构件，可采用钢丝绳钢缆或平行丝束钢缆，大跨度吊桥的主缆索多采用后者。
吊索	吊索也称吊杆，是将加劲梁等恒载和桥面活载传递到主缆索的主要构件。吊索与主缆索联结有两种方式：鞍挂式和销接式。吊索与加劲梁联结也有两种方式：锚固式和销接固定式。
加劲梁	加劲梁是承受风载和其他横向水平力的主要构件。大跨度悬索桥的加劲梁均为钢结构，通常采用桁架梁和箱形梁。
索鞍	索鞍是支承主缆的重要构件。索鞍可分为塔顶索鞍和锚固索鞍。塔顶索鞍设置在桥塔顶部，将主缆索荷载传至塔上；锚固索鞍（亦称散索鞍），设置在锚碇的支架处，把主缆索的钢丝绳束在水平及竖直方向分散开来，并将其引入各自的锚固位置。

⑤组合式桥：组合桥是由多个不同种类的结构单元构成的桥梁。这些组合桥根据其结构单元的种类，呈现出不同的受力特性，通常是各个结构单元受力特性组合体现。常见的组合桥型包括梁和拱的组合，比如系杆拱、桁架拱和多跨拱梁结构；以及悬索结构和梁式结构的组合，比如斜拉桥等。

（3）桥梁支座

桥梁支座是桥跨结构与墩台之间的连接部件，其主要作用是传递支承反力，并确保桥跨结构在荷载作用下满足变形要求。支座按其允许变形的可能性分为固定支座、单向活动支座；按其材料分为钢支座、聚四氟乙烯支座、橡胶支座、铅支座等。

虽然支座也是桥梁的一个重要组成部分，但它在整个桥梁工程的造价中所占比例很小。

3. 桥梁下部结构

（1）桥墩

①实体桥墩。实体桥墩即指桥墩由一个实体结构组成的。按照其截面尺寸、桥墩重量的不同可分为实体重力式桥墩和实体薄壁桥墩（墙式桥墩）。

②空心桥墩。空心桥墩的设计主要有两种模式：一种是实体重力型结构，另一种则是采用厚度大约30cm的薄壁钢筋混凝土构成的空心格子形墩身。为了保持墩壁的稳定

性，需要在适当的间隔安装垂直和水平的隔板。

空心桥墩墩身立面形状可分为直坡式、台坡式、斜坡式，斜坡率通常为50：1 ~ 43：1。

空心墩按壁厚分为厚壁与薄壁两种，一般用壁厚与中面直径（即同一截面的中心线直径或宽度）的比来区分：$t/D \geq 1/10$ 为厚壁，$t/D < 1/10$ 为薄壁。

空心桥墩在构造尺寸上应符合下列规定：

第一，墩身最小壁厚，对于钢筋混凝土不宜小于 30cm，对于素混凝土不宜小于50cm。

第二，墩身内应设横隔板或纵、横隔板，通常的做法是：对 40cm 以上的高墩，不论壁厚如何，均按 6 ~ 10m 的间距设置横隔板。

第三，墩身周围应设置适当的通风孔与泄水孔，孔的直径不应小于 20cm；墩顶实体段以下应设置带门的进入洞或相应的检查设备。

③柱式桥墩。柱式桥墩的结构通常包括基础、承台、立柱和顶梁几个部分。在桥梁的横向方向，这类桥墩可由 1 到 4 根立柱构成，这些立柱的直径通常在 0.6 米到 1.5 米之间，采用圆形、方形或六角形等形状，以增强其结构稳固性。若桥墩的高度超过 6 到 7 米，为了提高其稳定性，会在立柱间设置横向的联系梁。

当用横系梁加强桩柱的整体性时，横系梁高度可取为桩（柱）径的 0.8 ~ 1.0 倍，宽度可取为桩（柱）径 0.6 ~ 1.0 倍。横系梁一般按横截面积的 0.10% 配置构造钢筋即可。构造筋伸入桩内与桩内主筋连接。

盖梁横截面形状一般为矩形或 T 形（或倒 T 形），底面形状有直线形和曲线形两种。

④柔性墩。柔性墩是桥墩轻型化的途径之一，其在多跨桥的两端设置刚性较大的桥台，中墩均为柔性墩。同时，在全桥除在一个中墩上设置活动支座外，其余墩台均采用固定支座。

典型的柔性墩为柔性排架桩墩，是由成排的预制钢筋混凝土沉入桩或钻孔灌注桩顶端连以钢筋混凝土盖梁组成。多用在墩台高度 5.0 ~ 7.0m，跨径一般不宜超过 13m 的中、小型桥梁上。

⑤框架墩。框架墩采用压挠和挠曲构件，组成了平面框架代替墩身，支承上部结构，必要时可做成双层或更多层的框架支承上部结构。这类空心墩为轻型结构，是以钢筋混凝土或预应力混凝土构件组成。

除以上所述类型外，尚有弹性墩、拼装式桥墩、预应力桥墩等等。

（2）桥台

按照桥台的形式分类，具体见表 1-9。

表 1-9 桥台按形式分类

分类	内容
重力式桥台	重力式桥台主要靠自重来平衡台后的土压力，桥台本身大多数由石砌、片石混凝土或混凝土等圬工材料建造，并用就地浇筑的方法施工。重力式桥台依据桥梁跨径、桥台高度及地形条件的不同有多种形式，常用的类型有 U 形桥台、埋置式桥台、八字式和一字式桥台。埋置式桥台将台身埋置于台前溜坡内，不需要另设翼墙，仅由台帽两端耳墙与路堤衔接。
轻型桥台	轻型桥台一般由钢筋混凝土材料建造，其特点是用这种结构的抗弯能力来减少圬工体积而使桥台轻型化。常用的轻型桥台有薄壁轻型桥台和支撑梁轻型桥台。轻型桥台适用于小跨径桥梁，桥跨孔数与轻型桥墩配合使用时不宜超过 3 个，单孔跨径不大于 13m，多孔全长不宜大于 20m。为了保持轻台的稳定，除构造物牢固地埋入土中外，还必须保证铰接处有可靠的支撑，故锚固上部块件之栓钉孔、上部构造和台背间及上部构造各块件间的连接缝，均需用与上部构造同强度等级的细石混凝土填实。
框架式桥台	框架式桥台是一种在横桥向呈框架式结构的桩基础轻型桥台，它所承受的土压力较小，适用于地基承载力较低、台身较高、跨径较大的梁桥。其构造形式有柱式、肋墙式、半重力式和双排架式、板凳式等。
组合式桥台	为使桥台轻型化，桥台本身主要承受桥跨结构传来的竖向力和水平力，而台后的土压力由其他结构来承受，形成组合式的桥台。常见的分为锚碇板式、过梁式、框架式以及桥台与挡土墙的组合等形式。

（3）墩台基础

墩台基础的分类，见表 1-10。

表 1-10 墩台基础的分类

分类	内容
扩大基础	这是桥涵墩台常用的基础形式。它属于直接基础，是将基础底板设在直接承载地基上，来自上部结构的荷载通过基础底板直接传递给承载地基。 其平面常为矩形，平面尺寸一般较墩台底面要大一些。基础较厚时，可在纵横两个剖面上都砌筑成台阶形。
桩与管柱基础	当地基浅层地质较差，持力土层埋藏较深，需要采用深基础才能满足结构物对地基强度、变形和稳定性要求时，可用桩基础。桩基础依其施工工艺不同分为沉入桩及钻孔灌注桩。管柱基础的结构可采用单根或多根形式，其主要由承台、多柱式桩身和嵌岩柱基三部分组成。
沉井基础	桥梁工程常用沉井作为墩台的梁基础。沉井是一种井筒状结构物，依靠自身重量克服井壁摩擦阻力下沉至设计标高而形成基础。通常用混凝土或钢筋混凝土制成。它既是基础，又是施工时的挡土和挡土围堰结构物。 沉井形式各异，但在构造上均主要由井壁、刃脚、隔墙、井孔、凹槽、封底、填心和盖板等组成。

此外，还有地下连续墙基础、组合式基础等。

（三）涵洞工程

1. 涵洞的分类

（1）按构造形式不同分类

涵洞可分为圆管涵、拱涵、盖板涵、箱涵等等，具体见表1–11。

表1-11 涵洞按构造形式不同分类

项目	内容
圆管涵	圆管涵的直径一般为0.5～1.5m。圆管涵受力情况和适应基础的性能较好，两端仅需设置端墙，不需设置墩台，故圬工数量少，造价低，但低路堤使用受到限制。
盖板涵	盖板涵在结构形式方面有利于在低路堤上使用，当填土较小时可做成明涵
拱涵	一般超载潜力较大，砌筑技术容易掌握，便于群众修建，是一种普遍采用的涵洞形式。
箱涵	适用于软土地基，但因施工困难且造价较高，一般比较少采用。

（2）按洞顶填土情况不同分类

涵洞可分为明涵和暗涵，具体见表1–12。

表1-12 涵洞按洞顶填土情况不同分类

项目	内容
明涵	洞顶无填土，适用于低路堤及浅沟渠处
暗涵	洞顶有填土，且最小填土厚度应大于50cm，适用于高路堤及深沟渠处

（3）按建筑材料不同分类

涵洞可分为砖涵、石涵、混凝土涵及钢筋混凝土涵等等。

（4）按水力性能不同分类

涵洞可分为无压力式涵洞、半压力式涵洞、压力式涵洞，具体见表1–13。

表1-13 涵洞按水力性能不同分类

项目	内容
无压力式涵洞	水流在涵洞全部长度上保持自由水面
半压力式涵洞	涵洞进口被水淹没，洞内水全部或一部分为自由面
压力式涵洞	涵洞进出口被水淹没，涵洞全长范围内以全部断面泄水

2. 涵洞的组成

涵洞是由洞体、进出口和地基三大主要部分以及相应附属设施构成的。位于地面以下的，用以防止塌陷和侵蚀的部分被称为地基；建立于地基之上，用于阻挡路基填土并形成水流通路的结构部分称作洞体；而在洞体的两端，用于引导水流、保护洞体和路基免受水流损害的建筑称为洞口，它通常包括出口墙、入口墙、护岸等组成。

为避免由于荷载分布不均和基底土壤性质差异导致的涵洞不均匀沉陷并由此引发的断裂，将涵洞全长划分为若干段，并在每段之间以及洞身与端墙之间设置沉降缝，以使各段能够独立沉落而不相互干扰。在沉降缝中，使用浸涂沥青的木板或填塞浸有沥青的麻絮进行处理。

3. 涵洞的构造

（1）洞身

洞身是涵洞的主要部分，它的截面形式有圆形、拱形、矩形（箱形）三大类。

适当的洞底纵坡是涵洞设计中一个关键因素，最小值为 0.4%，通常不应超过 5%。对于圆涵，尤其需要注意纵坡不宜过大，以防止急流对管壁的冲刷。当洞底纵坡大于 5% 时，基础底部应考虑设置防滑横墙，或采取阶梯形基础设计。更甚者，当洞底纵坡大于 10% 时，涵洞洞身及基础应分段做成阶梯形，并且前后两段盖板或拱圈的搭接高度不应小于其厚度的 1/4。这些措施旨在确保涵洞的稳定性和抗冲刷能力。

①圆管涵。钢筋混凝土和混凝土管涵是圆管涵的常见类型。在承受土壤的垂直和水平压力方面，钢筋混凝土圆管涵展现了优秀的静态工作性能。这类涵洞不仅混凝土消耗较少，而且生产上具有优势，包括钢筋骨架和涵管本身的易制造性，以及圆形管节在搬运过程中的便捷性。它们通常被划分为刚性管涵和四铰接管涵两种类型。

②拱涵。拱涵的洞身由拱圈、侧墙（涵台）和基础组成。拱圈形状普遍采用圆弧拱。侧墙（涵台）的断面形状，采用内壁垂直的梯形断面。

③矩形涵洞。盖板涵是常用的矩形涵洞，由基础侧墙（涵台）和盖板组成。跨径在 1m 以下的涵洞，可用石盖板；跨径较大时应当采用钢筋混凝土盖板。

（2）洞口建筑

涵洞洞口建筑在洞身两端，连接洞身与路基边坡。

①涵洞与路线正交的洞口建筑。涵洞与路线正交时，常用的洞口建筑形式有端墙式、八字式、井口式。

②涵洞与路线斜交的洞口建筑。当涵洞和路线斜交时，其洞口形式仍可采用正交涵洞的洞口形式。根据洞口与路基边坡的连接情况，可细分为斜洞口和正洞口两种情况。

③涵洞的基础。涵洞的基础一般采用浅基防护办法，即不允许水流冲刷，只考虑天然地基的承载力。除石拱涵外，一般将涵洞的基础埋在允许承压应力为 200kPa 以上的天然地基上。

洞身基础包括圆管涵基础、拱涵基础和盖板涵基础。

圆管涵基础。圆管涵基础的设计根据土壤性质、地下水位及冰冻深度等条件，分为有基及无基两种形式。有基涵洞采用混凝土管座，出口端墙、翼墙及入口管节一般都采用有基形式。在以下情况下，不得采用无基涵洞：在岩石地基外，洞顶填土高度超过 5 米；

在最大流量时，涵前积水深度超过 2.5 米；经常有水的河沟；在沼泽地区；在沟底纵坡大于 5%。

拱涵基础。拱涵的基础设计分为整体式及非整体式两种类型。整体式基础适用于小孔径的涵洞。而非整体式基础则适用于孔径大于 2 米的涵洞，这类基础适用于地基土壤的允许承载力达到 300kPa 或以上，且土壤具有较小的压缩性，如密实的中砂、粗砂、砾石、坚硬的黏土以及坚硬的砂黏土等良好土壤条件。

盖板涵基础。盖板涵的基础通常采用整体式设计。然而，当基岩的水平面接近或等于涵洞流水槽的设计标高时，对于孔径等于或大于 2 米的盖板涵，可以考虑使用分离式基础。

洞口建筑基础：通常，涵洞进出口附近的河床，特别是下游部分，水流较急且易形成漩涡。为防止洞口基底因水流冲刷而受损，导致涵洞毁坏，进出口通常会设置洞口铺砌进行加固。同时，在铺砌部分的末端，建议设置浆砌片石截水墙（垂裙），以进一步保护铺砌部分。

④沉降缝。沉降缝端面应整齐、方正，不得交错。沉降缝应以有弹性和不透水的材料填塞，并应紧密填实。

⑤附属工程。涵洞的附属工程包括：锥体护坡、河床铺砌、路基边坡铺砌以及人工水道等。

第二节　市政工程施工组织

一、市政工程项目与施工建设程序

（一）市政工程项目的概念

1. 项目

在一定的约束条件下（资源条件、时间条件），具有明确目标的、且有组织的一次性活动或任务。项目具有下述特点。

（1）一次性

一次性又称项目的单件性，每个项目都具有与其他项目不同的特点，即没有完全相同的项目。

（2）目标的明确性

项目必须按合同约定在规定的时间和预算造价之内完成符合质量标准的工作任务。没有明确目标就称不上项目。

（3）整体性

项目是一个整体，在协调组织活动和配置生产要素时，必须考虑其整体需要，以提高项目的整体优化。

2. 市政工程项目

市政工程项目是指为完成依法立项的新建、改建、扩建的各类城市基础设施而进行的，在一定的约束条件下（资源、时间、质量）具有完整组织机构和明确目标的一次性建设工作或任务。它具有庞大性、固定性、多样性、持久性等特点。

（二）市政工程项目的组成

市政工程项目按其构成的大小可分为单项工程、单位工程、分部工程、分项工程及检验批。

1. 单项工程

单项工程，也称为工程项目，是指那些拥有独立设计文件、能够独立进行施工、并在竣工后能够独立运作并产生经济效益的工程。市政工程项目通常由一个或多个单项工程构成，例如市政道路、立交桥、广场等都是单项工程例子。

2. 单位工程

单位工程，具有单独的设计文件，可以进行独立的施工，但一般来说，它不能独立地产生经济效益。在某些情况下，一个单项工程可能由多个单位工程组成。例如，城市道路工程通常包括道路工程、管道安装工程和设备安装等单位工程。

3. 分部工程

分部工程一般是按单位工程的部位、专业性质来划分的，是单位工程的进一步分解。例如道路工程又可分为道路路基、道路基层、道路面层、人行道等分部工程。

4. 分项工程

单位工程，具有单独的设计文件，可以进行独立的施工，但一般来说，它不能独立地产生经济效益。在某些情况下，一个单项工程可能由多个单位工程组成。例如，城市道路工程通常包括道路工程、管道安装工程与设备安装等单位工程。

5. 检验批

分项工程可由一个或若干个检验批组成，检验批可根据施工及质量控制和专业验收需要按施工段、变形缝等进行划分。

（三）市政工程项目的建设程序

建设程序是指项目从设想、选择、评估、决策、设计、施工到竣工验收、投入生产整个建设过程中，各项工作必须遵循的先后次序法则。

目前中国基本建设程序的内容和步骤：决策阶段主要包括编制项目建议书、可行性研究报告；实施阶段包括设计前的准备阶段、设计阶段、施工阶段、动用前准备和保修阶段；项目后评价阶段。

（四）市政工程的施工程序

施工程序是指项目承包人从承接工程业务到工程竣工验收一系列工作必须遵循的先后顺序，为市政工程建设程序中的一个阶段。

1. 投标与签订合同阶段

在完成建设项目的规划和前期准备之后，一旦达到招标要求，建设单位会发布招标通知或直接邀请承包商参与。接到招标信息后，承包商将进行投标评估并决定是否参与，直至最终签订合同。此阶段的目的是达成工程承包合同的签订，涉及以下主要任务。

①施工企业从经营战略的高度作出是否投标的决策。

②决定投标以后，从多方面（企业自身、相关单位、市场、现场等）收集信息。③编制既能使企业盈利、又有竞争力的标书。

④如果中标，则与招标方谈判，依法签订了工程承包合同，使合同符合国家法律、法规和国家计划的规定，并符合平等互利原则。

2. 施工准备阶段

签订施工合同后，应组建项目经理部。以项目经理为主，与企业管理层、建设（监理）单位配合，进行施工准备，使工程具备开工和连续施工的基本条件。本阶段主要进行下述工作。

①组建项目经理部，根据需要建立机构，配备管理人员。

②编制项目管理实施规划，指导施工项目管理活动。

③进行施工现场准备，使现场具备施工条件。

④提出开工报告，等待批准开工。

3. 施工阶段

施工过程是整个施工程序中核心环节，要求我们全局考虑，按照施工组织设计精心组织施工，强化各个单位和部门之间的配合与协作，通过协调解决各方面问题，确保施工顺利进行。在此阶段，主要执行以下任务。

①在施工中努力做好动态控制工作，保证目标任务的实现。

②管理好施工现场，实行文明施工。

③严格履行施工合同，协调好内外关系，管理好合同变更以及索赔。

④做好记录、协调、检查、分析工作。

4. 验收、交工与决算阶段

验收、交工与决算阶段称为"结束阶段"，与建设项目的竣工验收阶段同步进行。其目标市政工程施工组织与管理

对内是对成果进行总结、评价，对外是结清债权债务，结束交易关系。本阶段主要进行下述工作。

①工程结尾。

②进行试运转。

③接受正式验收。

④整理、移交竣工文件，进行工程款结算，总结工作，编制竣工总结报告。⑤办理工程交付手续。

二、市政工程施工组织设计的作用与分类

（一）施工组织设计的概念及作用

1. 施工组织设计的概念

施工组织设计是指导工程项目建设的重要文件，其全面合理地规划人力和物力、时间和空间、技术和组织等方面，以连接工程设计与施工。该文件需充分考虑建筑施工的客观规律和具体施工项目的特殊性，通过科学、经济、合理的规划安排，确保工程项目施工连续、均衡、协调，以满足工期、质量、投资等方面的要求。其作为工程投标、签订承包合同、施工准备到竣工验收全过程的综合性技术经济文件，是实现工程项目整体目标的必要手段。

2. 施工组织设计的作用

施工组织设计是一个综合性的技术经济文件，它提供了施工组织与管理、准备与实施、控制与协调以及资源配置与使用方面的指导，是施工活动全过程科学管理的关键的工具。

其作用具体表现在以下方面：

①施工组织设计是规划和指导拟建工程从施工准备至竣工验收的全过程。

②施工组织设计是施工准备工作的核心，又是做好施工准备工作的主要依据。

③施工组织设计是根据工程各种具体条件拟订的施工方案、施工顺序、劳动组织和技术组织措施等，是指导开展紧凑、有序施工活动的技术依据。

④施工组织设计可有效进行成本控制，降低生产费用，获取更多利润。

⑤施工组织设计，可将工程的设计与施工、技术与经济、施工全局性规律与局部性规律、土建施工与设备安装、各部门之间、各专业之间有机结合，统一协调。

⑥通过编制施工组织设计，可分析施工中的风险和矛盾，及时研究解决问题的对策、措施，从而提高施工的预见性，减少盲目性。

（二）施工组织设计的分类

1. 按编制时间分类

按编制时间的不同可分为两类：一类是投标前编制施工组织设计（简称"标前设计"）另一类是签订工程承包合同后编制的施工组织设计（简称"标后设计"）。两类施工组织设计的区别见表1-14。

表 1-14 两类施工组织设计的区别

类型	服务范围	编制时间	编制者	主要特征	追求主要目标
标前设计	投标与签约	投标前	经营管理者	规划性	中标与经济效益
标后设计	施工准备阶段至验收阶段	签约后开工前	项目管理者	作业性	施工效率和效益

2. 按编制对象分类

按编制对象的不同可以分为 3 类：即施工组织总设计、单位工程施工组织设计和分部（分项）工程施工组织设计。

（1）施工组织总设计

施工组织总设计是一个针对单个项目或一组工程的整体施工过程的技术、经济和组织综合性指导文件。该设计文件通常在建设项目的初步设计或者扩大初步设计获得批准之后编制，由总承包方的总工程师主导，并与建设方、设计方以及分包方的工程师共同协作完成。

（2）单位工程施工组织设计

单位工程施工组织设计是针对单个工程单元制定的，用于指导该单元施工过程中各项活动的具体、引导性文档。其直接指导单位工程的施工行动，并为施工单位制定作业计划和季度、月份、旬期施工计划提供依据。该设计通常在施工图设计阶段完成后，工程启动之前，由项目技术主管在指导下进行编制。

（3）分部（分项）工程施工组织设计

分部（分项）工程施工组织设计也称分部（分项）工程施工作业指导书。它是以分部（分项）工程为编制对象，用以具体实施分部（分项）工程施工全过程的施工活动的技术、经济和组织的实施性文件。分部（分项）工程施工组织设计一般在单位工程施工组织设计确定了施工方案后，由施工单位技术员编制。

第三节　市政工程施工准备

一、施工准备工作的内容及要求

（一）施工准备工作的基本内容

建设项目施工准备工作按其性质和内容，通常包括技术资料准备、施工物资准备、劳动组织准备、施工现场准备及施工对外工作准备 5 个方面。准备工作的内容见表 1-15。

表 1-15 施工准备工作内容

分类	准备工作内容
技术资料准备	熟悉、审查施工图纸；调查研究、搜集资料；编制是施工组织设计；编制施工图预算和施工预算。
施工物资准备	建筑材料准备；构配件、制品的加工准备；建筑安装机具的准备；生产工艺设备的准备。
劳动组织准备	建立拟建工程项目的领导机构；建立精干的施工队伍；组织劳动力进场，对施工队伍进行各种教育；对施工队伍及工人进行施工计划和技术交底；建立健全各项管理制度。
施工现场准备	三通一平；施工场地控制网测设；临时设施搭设；现场补充勘探；建筑材料、构配件的现场储存、堆放；组织施工机具进场、安装、调试；做好冬雨季现场施工准备，设置消防。
施工对外准备	选定材料、构配件和制品的加工订购地区和单位签订加工订货合同；确定外包施工任务的内容，选择外包施工单位，签订分包施工合同；及时填写开工申请报告，呈上级批准。

（二）施工准备工作的基本要求

1. 施工准备工作要有明确的分工

①建设单位应做好主要专用设备、特殊材料等的订货，建设征地，申请建筑许可证，拆除障碍物，接通场外的施工道路、水源、电源等项工作。

②设计单位主要是进行施工图设计及设计概算等等相关工作。

③施工单位主要是分析整个建设项目的施工部署，做好调查研究，收集有关资料，编制好施工组织设计，并做好相应的施工准备工作。

2. 施工准备工作应分阶段、有计划地进行

施工准备工作应分阶段、有组织、有计划、有步骤地进行。

施工准备并非仅限于工程启动前的集中工作，而是应当贯穿在整个施工周期中，持续进行。随着工程进度的推进，不同分项工程的准备工作应分阶段、有秩序、有目标地进行。为确保准备工作的及时完成，应制定详细的准备工作计划，该计划应根据施工进度计划制定，并且在工程进展的各个阶段按时推进实施。

3. 施工准备工作要有严格的保证措施

①施工准备工作责任制度。

②施工准备工作检查制度。

③坚持基建程序，严格执行开工报告制度。

4. 开工前要对施工准备工作进行全面检查

在单位工程施工准备工作基本完成后，需要对施工准备工作进行全面检查。一旦满足开工条件，应及时向上级有关部门提交开工报告，并经批准之后即可开始施工。单位

工程应具备的开工条件如下：

①施工图纸已经会审，并有会审纪要。

②施工组织设计已经审核批准，并且进行了交底工作。

③施工图预算和施工预算已经编制和审定。

④施工合同已经签订，施工执照已经办好。

⑤现场障碍物已经拆除或迁移完毕，场内的"三通一平"工作基本完成，能够满足施工要求。

⑥永久或半永久性的平面测量控制网的坐标点和标高测量控制网的水准点均已建立，建筑物、构筑物的定位放线工作已基本完成，能满足施工的需要。

⑦施工现场的各种临时设施已按设计要求搭设，基本能够满足使用要求。

⑧所有必需的建筑材料、配件、产品以及机械设备都已成功订购并陆续到货，保障了工程能够顺利启动并维持施工进度。提前准备的建筑设备和工具已经按照施工组织设计的要求完成安装和调试，并且已经进行了试运行，以确保它们能够正常工作。

⑨施工队伍已经落实，已经过或者正在进行必要的进场教育和各项技术交底工作，已调进现场或随时准备进场。

⑩现场安全施工守则已经制订，安全宣传牌已经设置，安全消防设施已经具备。

二、技术资料准备

施工前期工作的关键是全面准备技术资料，这对于确保工程质量、按时交付、施工安全、降低成本和提高企业经济效益至关重要。技术上的错误或潜在问题可能导致安全事故和质量问题，造成生命、财产和经济损失，因此技术准备工作必须严谨。主要任务包括详细审查施工图纸、收集所需资料、编制施工组织设计方案以及制定施工图预算和预算文件。

（一）熟悉、审查施工图纸和有关的设计资料

1. 熟悉、审查设计图纸的目的

①理解设计方案的目的、结构属性、技术要求和质量标准，以防止在建造过程中出现误导性的错误，保障按照设计图纸顺利施工，并最终交付符合设计要求的工程项目。

②在审查过程中，若发现设计图纸存在问题和错误，应在与施工前解决，以便为在建项目提供一份精确且完整的图纸，从而确保施工的顺利进行。

③结合具体情况，提出合理化建议和协商有关配合施工等事宜，以保证工程质量、安全，降低工程成本和缩短工期。

④能够在拟建工程开工之前，使从事施工技术和经营管理的工程技术人员充分了解和掌握设计图纸的设计意图、结构与构造特点和技术要求。

2. 熟悉、审查施工图纸的依据

①建设单位和设计单位提供的初步设计或者扩大初步设计（技术设计）、施工图设

计、总平面图、土方竖向设计及城市规划等资料文件。

②调查、搜集的原始资料。

③设计、施工验收规范和有关技术规定。

3. 熟悉施工图纸的重点内容和要求

①审查拟建工程的地点、总平面图同国家、城巾或地区规划是否一致，以及市政工程或构筑物的设计功能和使用要求是否符合卫生、防火及美化城市方面的要求。

②审查设计图纸是否完整、齐全，以及设计和资料是否符合国家有关工程建设的设计、施工方面的方针和政策。

③审查设计图纸与说明书在内容上是否一致，以及设计图纸与其各组成部分之间有无矛盾和错误。

④审查总平面图与其他结构图在几何尺寸、坐标、标高、说明等方面是否一致，技术要求是否正确。

⑤审查地基处理与基础设计同拟建工程地点的工程水文、地质等条件是否一致，以及市政工程与地下建筑物或构筑物、管线之间关系。

⑥对于拟建的工程，要清楚地了解其结构类型及独特之处，并验证主要承重结构的承载力、刚性及稳定性是否符合规范。同时，要细致审查设计图纸中那些工程复杂、施工难度大以及技术要求高的部分，特别是对于新型结构、材料和工艺。此外，还需评估当前的施工技术和管理能力是否足以满足工程进度和质量标准，并实施有效技术措施以确保工程顺利推进。

⑦明确工程项目的建设时间表、分阶段投入生产或交付使用的安排以及关键时间节点，同时确定主要建设材料、设备的需求量、技术规格、采购来源和预计交货日期。

⑧明确建设、设计和施工等单位之间的协作、配合关系，以及建设单位可以提供的施工条件。

4. 熟悉、审查设计图纸的程序

熟悉、审查设计图纸的程序通常分为自审阶段、会审阶段及现场签证 3 个阶段。

（1）自审阶段

施工队伍在获取拟建项目的设计图纸及配套技术资料后，应迅速召集相关的技术人员进行研究和初步审查。在审查阶段，应细致记录下对图纸的理解难点和建议，以保障施工过程的无缝对接。

（2）会审阶段

通常，项目开发商负责召集设计图纸的审查会议，并邀请设计机构和施工团队一同参加。在会议中，设计方的资深工程师会向与会人员详细介绍工程设计理念、目标以及功能需求，并对特殊结构、新型材料、先进工艺和技术进行了具体的说明。随后，施工团队基于自审结果和对设计意图的理解，提出对图纸的疑问和建议。会议结束时，各方在共同认识的基础上，对讨论的问题进行整理，形成"图纸会审纪要"。这份纪要会被项目开发商作为正式文件发布，并由参与方共同签署并盖章，作为与设计文件一同使用的技术文件，指导施工，同时也是项目开发商与施工团队进行工程结算的依据，并成为工程预算和工程技术档案的一部分。施工图纸会审的重点内容主要有：

①审查即将建设的工程地点和总体布局图，以确保它们满足国家或地方政府的规划法规，并且与规划审批部门的工程规模、形态和立面平面图一致。另外，还需核实设计是否符合卫生、消防以及城市美观等方面的功能要求和标准。

②检查施工图纸及其说明书的内容是否吻合，确保施工图纸的完整性和平衡性，并排查不同施工图纸及组成部分之间是否存在冲突或错误，同时验证图纸上的尺寸、标高和坐标是否精确无误。

③对地上及地下工程、土建与安装工程、结构与装修工程等施工图之间的协调性进行审查，以避免潜在的冲突或影响，并确保地基处理和基础设计适应拟建工程地点的水文和地质条件。

④在拟建工程若采用独特的施工技术或面临复杂施工条件时，应评估施工单位在技术能力、设备条件以及特殊材料和构配件的供应方面是否存在难题，并确认其是否能够确保施工安全和进度。同时，需分析在采取特定方法和措施以后，施工是否能够达到设计要求。

⑤确立工程建设的截止日期、分阶段投入生产或交付的安排；界定建设方、设计方与施工方之间的协同合作关系；明确建设方提供的各项施工条件及其完成时点，包括设备类型、型号、数量以及预计的交货时间。

⑥对设计和施工提出的合理化建议是否被采纳或部分采纳；施工图纸中不明确或有疑问的地方，设计单位是否解释清楚等。

（3）现场签证阶段

在施工拟建工程时，倘若遇到实际施工条件与设计图纸不一致、图纸存在缺陷、材料规格或质量不达标，或者施工单位提出需要采纳的建议且涉及设计修改，必须按照签证程序处理。特别是当设计变更对工程规模和投资产生显著影响时，必须向原始批准单位申报并获得批准。所有现场图纸的修改、技术确认和设计变更都应当留下正式书面记录，并纳入施工档案，作为施工指导、竣工验收和工程结算的基础资料。

（二）调查研究、收集必要的资料

1. 施工调查的意义和目的

通过搜集和评估原始资料，可以获取全面、有序、科学的支持，进而制定出既合理又贴合实际状况的施工组织设计文件。这为设计图纸的核对、施工图预算以及施工预算的编制提供了必需的数值支撑，并且也给施工企业管理人员在制定经营策略时提供了可信的基础数据。

施工调研分为两个阶段，即投标前期和中标后。在投标前，调研旨在掌握工程的相关情况，以便形成有利的投标策略和报价方案；中标后，调研则深入分析工程的环境特色和施工条件，以便选择适宜的施工技术和组织计划，并搜集所需的基本资料，这些资料对施工前的准备工作具有关键性作用。因此，中标后的施工调研是项目施工前准备工作中必不可少的一步。

2. 施工调查的步骤

（1）拟订调查提纲

搜集原始资料的过程应该是有序和目标明确的。在进行实地调查前，应考虑拟建工程的具体特征、规模和复杂程度，同时考虑到当地可利用的信息资源，制定出一个详尽的原始资料搜集计划。

（2）确定调查收集原始资料的单位

为了解工程项目的详细情况，需要向项目的建设单位、勘察单位和设计单位收集一些关键资料，比如项目的计划任务书、选址依据、工程地质报告、地形图、初步和施工图设计以及预算等文件。同时，还要咨询当地气象部门，获取相关的气象数据。此外，还要从地方管理部门获取相关的规定和指导性文件，了解同类型工程的建设经验，包括建筑材料的供应情况，构件和制品的生产和供应能力，以及能源、交通和生活设施的情况。还需要了解参与施工的单位的能力和管理水平。对于任何缺失的资料，应请专业机构进行补充；对于有疑问的资料，则需要进行核实或重新评估。

（3）进行施工现场实地勘察

进行初始数据搜集时，不仅需要从相关机构那里获取信息以掌握项目背景，还应前往工地考察现场状况，并在适当情况下开展实地勘测。同时，向当地居民询问，以确认和补充书面上可能存在疑问或不确定的信息，确保收集到资料更加符合实际情况，并丰富对项目的直观理解。

（4）科学分析原始资料

对调查过程中获得的初始数据进行严谨的分析。这包括验证信息的真实性，排除虚假内容，提炼核心信息，并且对数据进行分类整理。结合工程项目的具体实际，对每一项原始数据的准确性进行深入分析，辨识出哪些因素可能对项目有利，哪些可能带来不利影响。在利用有利条件的同时，制定相应措施以减轻不利因素的潜在影响。

3. 施工调查的内容

（1）调查有关工程项目特征与要求的资料

①向建设单位和主体设计单位了解并取得可行性研究报告、工程地址选择、扩大初步设计等方面的资料，以便了解建设目的、任务、设计意图。

②弄清设计规模、工程特点。

③了解生产工艺流程与工艺设备的特点及来源。

④摸清工程分期、分批施工，配套交付使用的顺序要求，图纸交付时间，以及工程施工的质量要求和技术难点等。

（2）调查施工场地及附近地区自然条件方面的资料

对建设区域的天然环境进行调研，主要涉及以下几个方面：地理位置的气象条件、地势和地形特征、工程及水文地质状况、周边的自然环境、地表的障碍物以及地下的隐藏物体等。相关详细信息可在表1-16中查看。这些资料主要通过本地气象服务机构、工程勘察与设计部门以及施工方在现场勘查和测量活动中收集得到。主要作用是为确定施工方法和技术措施，编制施工组织计划和设计施工平面布置提供了依据。

表 1-16 施工现场条件调查表

序号	项目		调查内容	调查目的
一	气象	气温	1. 年平均，最高、最低、最冷、最热月的逐月平均温度，结冰期、解冻期 2. 冬、夏季室外计算温度 3. 低于 -3℃、0℃、5℃的天数、起止时间	1. 防暑降温 2. 冬季施工 3. 估计混凝土、砂浆强度增长情况
		雨（雪）	1. 雨（雪）季起止时间 2. 全年降雨（雪）量、最大降雨（雪）量 3. 年雷暴日数	1. 雨（雪）季施工 2. 工地排水、防涝 3. 防雷
		风	1. 主导风向及频率 2. 大于 8 级风全年天数、时间	1. 布置临建设施 2. 高空作业及吊装措施
二	地形地质	地形	1. 区域地形图 2. 工程位置地形图 3. 该区域的城市规划 4. 控制桩、水准点的位置	1. 选择施工用地 2. 布置施工总平面图 3. 计算现场平整土方量 4. 掌握障碍物及数量
		地质	1. 通过地质勘察报告，弄清地质剖面图、各层土的类别及厚度、地基土强度的有关结论等 2. 地下各种障碍物，坑井问题等 3. 水值分析	1. 选择土方施工方法 2. 确定地基处理方法 3. 基础施工 4. 障碍物拆除和坑井问题处理
		地震	地震级别及历史记载情况	施工方案
三	水文地质	地下水	1. 最高、最低水位及时间 2. 流向、流速及流量	1. 基础施工方案的选择 2. 确定是否降低地下水位及方法 3. 水的侵蚀性及施工注意事项
		地面水	1. 附近江河湖泊及距离 2. 洪水、枯水时期 3. 水质分析	1. 临时给水 2. 施工防洪措施

（3）建设地区技术经济条件调查

在进行建设区域技术经济调查时，重点关注的内容包括当地建筑行业的人力资源、交通状况、水资源、电力和蒸汽供应等基础设施情况；同时，还需要调研参与建设的施工队伍情况以及当地劳动力市场与生活设施状况。

①调查地方建筑生产企业的情况，涵盖建筑构件、木材加工、金属结构、硅酸盐产品、砖瓦、水泥、石灰以及建筑设备等制造商。具体调查内容详见表1-17。这些数据主要从当地的生产计划、经济和建筑行业管理机构获取。这项调查的主要目的是为了确保建筑材料、组件、制品等供应链的稳定性，并且为运输规划、场地布局和临时设施安排提供决策支持。

表1-17 地方建筑生产企业调查表

序号	企业名称	产品名称	单位	规格	质量	生产能力	生产方式	出厂价格	运距	运输方式	单位运价	备注

②地方资源条件调查。地方资源主要是指碎石、砾石、块石、砂石和工业废料（如矿渣、炉渣和粉煤灰）等，其作用是合理选用地方性建材、降低了工程成本，调查内容见表1-18。

表1-18 地方资源条件调查表

序号	材料名称	产地	储藏量	质量	开采量	出厂价	供应能力	运距	单位运价

③地方交通运输条件调查。建筑施工中主要的交通运输方式一般分为水运、铁路运输、公路运输和其他运输方式。交通运输条件调查主要是向当地铁路、公路、水运、航空运输管理部门的有关业务部门收集有关资料，主要作用是决定选用材料和设备的运输方式，进行运输业务的组织，其内容见表1-19。

表 1-19 地方交通运输条件调查表

序号	项目	调查内容	调查目的
一	铁路	1. 邻近铁路专用线、车站到工地的距离及沿途运输条件 2. 站场卸货线长度，起重能力和储存能力 3. 装载单个货物的最大尺寸、质量的限制	1. 选择运输方式 2. 制订运输计划
二	公路	1. 主要材料产地至工地的公路等级、路面构造、路宽及完好情况，允许最大载重量、途经桥涵等级、允许最大尺寸、最大载重量 2. 当地专业运输机构及附近村镇能提供的装卸、运输能力（吨公里）、汽车、畜力、人力车的数量及运输效率，运费、装卸费 3. 当地有无汽车修配厂、修配能力与至工地距离	
三	水运	1. 货源、工地至邻近河流、码头渡口的距离，道路情况 2. 洪水、平水、枯水期时，通航的最大船只及吨位，取得船只的可能性 3. 码头装卸能力、最大起重量，增设码头的可能性 4. 渡口的渡船能力：同时可载汽车、马车数，每日次数，可为施工提供能力 5. 运费、渡口费、装卸费	

④水、电、蒸汽条件的调查。水、电和蒸汽是施工不可缺少条件，资料来源主要是当地城市建设、电业、电信等管理部门和建设单位。主要用作选用施工用水、用电和供蒸汽方式的依据，调查内容见表 1-20。

表 1-20 水、电、蒸汽条件调查表

序号	项目	调查内容	调查目的
一	供排水	1. 工地用水与当地现有水源连接的可能性，可供水量、接管地点、管径、材料、埋深、水压、水质及水费，至工地距离，沿途地形地物状况 2. 自选临时江河水源的水质、水量、取水方式、至工地距离，沿途地形地物状况，自选临时水井的位置、深度、管径、出水量和水质 3. 利用永久性排水设施的可能性，施工排水的去向、距离和坡度，有无洪水影响，防洪设施状况	1. 确定生活、生产供水方案 2. 确定工地排水方案和防洪设施 3. 拟订供排水设施的施工进度计划

| 二 | 供电 | 1. 当地电源位置、引入的可能性、可供电容量、电压、导线截面和电费，引入方向、接线地点及其至工地距离、沿途地形地貌状况
2. 建设单位和施工单位自有的发、变电设备的型号、台数和容量
3. 利用邻近电讯设施的可能性，电话、电信局等至工地的距离，可能增设电讯设备、线路的情况 | 1. 确定供电方案
2. 确定通信方案
3. 拟订供电、通信设施的施工进度计划 |
| 三 | 蒸汽等 | 1. 蒸汽来源，可供蒸汽量，接管地点、管径、埋深，至工地距离，沿途地形地貌状况、蒸汽价格
2. 建设、施工单位自有锅炉的型号、台数及能力，所需燃料及水质标准
3. 当地或建设单位可能提供的压缩空气、氧气的能力，至工地距离 | 1. 确定生产、生活用气的方案
2. 确定压缩空气、氧气的供应计划 |

⑤参加施工的施工单位的调查和地方社会劳动力条件调查见表 1-21。

表 1-21 施工单位和地方劳动力调查表

序号	项目	调查内容	调查目的
一	工人	1. 工人的总数、各专业工种的人数、可投入本工程的人数 2. 专业分工及一专多能情况 3. 定额完成情况	
二	管理人员	1. 管理人员总数、各种人员比例及其人数 2. 工程技术人员的人数，专业构成情况	
三	施工机械	1. 名称、型号、规格、台数及其新旧程度（列表） 2. 总装备程度：技术装备率和动力装备率 3. 拟增购的施工机械明细表	1. 了解总、分包单位技术管理水平 2. 选择分包单位 3. 为编制施工组织设计提供依据
四	施工经验	1. 历史上曾经施工过的主要工程项目 2. 习惯采用的施工方法，曾采用过的先进施工方法 3. 科研成果和技术更新情况	
五	主要指标	1. 劳动生产率指标：全员、建安劳动生产率 2. 质量指标：产品优良率及合格率 3. 安全指标：安全事故频率 4. 降低成本指标：成本计划实际降低率 5. 机械化施工程度 6. 机械设备完好率、利用率	
六	劳动力	当地能支援的劳动力人数、技术水平、来源和收费标准	拟订劳动力计划

（4）社会生活条件调查

生活设施的调查即为建立职工生活基地，确定临时设施提供依据。其主要内容包括：

①调查周边区域可用于施工的房屋种类、规模、构造、位置、使用状况以及它们满足施工需求的能力。同时，了解附近的食品和副食品供应、医疗保健、商业服务设施，以及公共交通、邮政电信服务、消防和治安机构的支援能力。在新开发的地区进行施工时，这些信息尤为关键。

②研究区域内的政府机构、居民区、工业企业的分布情况，以及它们的日常作息、行为习惯和交通流量。在施工期间，考虑到吊装、运输、打桩和用火等作业可能引起的安全和防火风险，以及振动、噪声、粉尘、有害气体、垃圾、泥浆和运输散落物等对周边环境和居民的影响，并制定相应的防护措施。另外，还需考虑工地及其周边地区的绿化、文物古迹的保护需求。

（三）编制施工组织设计

为了确保市政工程复杂的施工任务能够有序进行，合理安排，必须精心组织施工流程并制定详尽的计划。施工组织设计应基于项目设计文件、工程特性、施工期限和调查资料，制定施工计划。这包括确定各项工程的施工期限、施工顺序、施工技术、工地配置、关键技术措施、施工进度计划以及人力资源分配、机械设备、材料供应时间和数量等。

鉴于市政工程的技术经济特性，工程项目并不适用单一的固定施工方法。因此，每个市政工程均需量身定制施工组织方式，即制定特定的施工组织设计，作为施工过程中的重要参考和指导文件。

（四）编制施工图预算和施工预算

1. 编制施工图预算

施工图预算是技术准备工作中的核心部分，它依据施工图纸确定的工程量、施工计划、工程预算定额和费用标准进行编制，旨在明确工程的经济成本。这一预算文件对于施工单位和业主签订合同、工程最终的决算、金融机构的拨款、成本控制以及加强项目管理等方面扮演了至关重要角色。

2. 编制施工预算

施工预算是在施工图、设计文件、施工计划和预算定额等材料的基础上制定的，直接受到施工图预算的限制。其为建筑公司提供了控制费用、评估人工效率、进行成本比较、分派施工任务、控制材料使用和进行基础经济核算的依据。

施工图预算与施工预算在本质上有所不同。施工图预算是甲方和乙方在确定单价和建立经济联系时使用的一个技术经济文件，而施工预算则是施工企业内部进行经济核算的基础性文件。对这两者进行资源消耗和经济效益的比较分析，即所谓的"两算"对比，对于激励施工企业降低资源使用量和提升经济效益具有重要的实际意义。

三、施工物资准备

（一）物资准备工作的内容

物资准备工作主要包括材料的准备，构配件、制品的加工准备，施工机具的准备和生产工艺设备的准备。

1. 材料的准备

材料准备工作依据施工预算来保证材料需求得到满足。这个过程包括分析施工进度计划，并根据不同材料的特点、规格、需求时间、存储标准和消耗标准来整理信息，以此编制出材料需求量计划。此份计划为材料的采购、仓库选址、决定堆放区域大小以及运输规划提供了重要依据。

2. 构配件、制品的加工准备

依据施工预算中的详尽数据，诸如构配件和制品的名称、规格、质量以及消耗量，可以制订出合适的加工安排和供应链路线。同时，这也涉及到决定这些材料进入现场后的储存位置和处理方法。根据这些信息，制定出需求量计划，这将为运输规划和堆放区域的确定提供依据。

3. 施工机具的准备

根据选定的施工方法，制定施工时间表，并确定所需施工机械的类型、数量以及它们所需的进厂时间。同时，要明确施工工具的供应政策、储存位置和方式。基于这些信息，制定工艺设备的需求量计划，这将为运输安排和堆放区域确定提供参考。

4. 生产工艺设备的准备

根据工程项目的生产工艺流程和设备布局图，明确所需工艺装备的名称、型号、生产能力以及数量。此外，规划工艺设备分阶段和分批次进场的具体时间，以及其在仓库的储存方式。根据这些资料，制订工艺设备需求量计划，这将为运输安排和决定入场面积提供依据。

（二）物资准备工作的程序

物资准备工作的程序是搞好物资准备的重要手段，通常按如下程序进行。

①根据施工预算、分部（分项）工程施工方法和施工进度的安排，拟订外拨材料、地方材料、构（配）件及制品、施工机具和工艺设备等物资的需要量计划。

②根据各种物资需要量计划，组织货源，确定加工、供应地点和供应方式，签订物资供应合同。

③根据各种物资的需要量计划和合同，拟订运输计划和运输方案。

④按照施工总平面图的要求，组织物资按计划时间进场，在指定地点及规定方式进行储存或堆放。

（三）物资准备的注意事项

①禁止未经工厂合格证明或未经验收的原材料和不符合标准的建筑构配件进入施工现场或投入使用。必须严格实施施工材料进场的检查和验收流程，以防止假冒或不合格产品出现在工地

②在施工过程中，必须仔细检查各类材料和构配件的质量以及它们的使用情况。对于任何不符合质量标准、与原试验检测品种不匹配或者存在疑虑的产品，应要求进行重新测试或化学分析。

③在施工过程中，对于混凝土、砂浆、防水剂、耐火材料、绝缘体、保温材料、防腐蚀剂、润滑剂以及各类掺合剂和外加剂等建筑材料的现场调配，需要先由质量检测实验室对原材料的类型及其配比进行严格验证。在此基础上，制定详尽的使用程序和质量检验标准。只有当材料经过这些必要的程序和检验后，方能投入使用，确保施工质量。

④进场的机械设备，必须进行开箱检查验收，产品的规格、型号、生产厂家和地点、出厂日期等，必须与设计要求完全一致。

四、劳动组织准备

（一）建立拟建工程项目的领导机构

在构建拟进行的工程项目的管理团队时，应当遵守以下原则：根据工程的大小和结构的复杂程度，确定合适的管理团队成员和他们的人数；保证团队成员既有明确的职责分工又能高效地协作；优先选择那些拥有施工经验、创新思维和效率的人员；依据施工项目管理的总体目标，设定相应的事务，从而构建组织架构，设立岗位和分配人员，同时明确各自的职责和权限。对于一般性的单位工程，可安排一名项目经理、一名技术员、一名质量员、一名材料员、一名安全员、一名定额统计员和一名会计；对于大型单位工程，项目经理可以配备助手，并根据实际情况增加技术员、质量员、材料员和安全员的数量。

（二）建立精干的施工队组

在组建施工队伍时，应精心规划不同专业工种的组合，保证技术和普通工人的比例能够满足有效的劳动力组织需求。要求专业工种工人持有相应的资质证书，并能够满足连续流水作业的需求。在构建施工队伍时，应遵循高效率、合理化和精简化的原则。管理人员方面，应严格控制辅助和次要岗位的人员，努力实现员工的一专多能和一职多责。在此基础上，制定出针对特定工程的人力资源需求计划。施工队伍大体上可分为三类：基础施工队伍、专门施工队伍和外部承包施工队伍。

①施工企业的关键力量在于其主力施工队伍，选择合适的劳动组织结构对于适应工程特性、施工技术和流水作业的要求至关重要。在土建工程当中，普遍认为采用多功能施工班组的形式更为适宜。在这种模式中，班组成员数量较少，主要由专业工人组成，同时也能承担相关联的其他工作，这样保证了施工环节之间的顺畅衔接，提高了劳动效

率，并且有助于流水作业的组织与管理。

②专门施工队伍主要负责机械化施工，包括土方、吊装、钢筋气压焊接以及大型工程内部机电、消防、空调、通信等设备的安装工作。对于这些技术要求较高的工程，企业有时会选择外包给专业的承包商来实施。

③外部承包施工队伍的主要作用是补充建筑企业的劳动力不足。随着建筑业的持续发展、劳动力政策的调整以及建筑企业组织结构的优化，企业自身的人力资源已经无法满足不断增长的施工需求。所以，建筑企业将越来越频繁地利用外部承包施工队伍来共同执行施工任务。外部承包施工队伍通常有三种参与方式：独立承担单位工程施工、负责特定的分部分项工程施工以及整合入建筑企业的自有施工队伍进行施工，其中前两种方式更为常见。

施工实践表明，不论施工队伍的组织形态如何，维持施工队伍及其劳动力的稳定性是一项关键原则，这样做有助于确保工程质量并提升劳动生产率。

（三）组织劳动力进场，妥善安排各种教育，做好职工的生活后勤保障准备

在施工启动前，公司必须对施工团队进行纪律性教育、质量意识培养和安全防护培训，突出文明施工的必要性，并对职工及技术人员进行专业技能提升的培训，以保证他们达到要求后才能加入施工过程。

同时，保障职工的后勤服务同样重要，这包括搭建必要的临时设施，以满足职工的居住、休闲娱乐、医疗保健和生活必需品的需求。在提升职工的物质和文化生活品质的同时，还应注重改善工人的作业环境，比如改善照明、供暖、防雨（雪）、通风和降温设备，并关心职工的健康状况。这些都是稳定职工队伍和保证施工顺利进行基础工作。

（四）向施工队组、工人进行施工组织设计、计划和技术交底

施工组织设计、计划和技术交底的目的在于向施工队伍和工人详尽地传达在建工程的设计要点、施工方法和施工技术等核心内容。这有助于建立计划和技术责任制，是保障工程顺利推进的关键措施。

施工组织设计、计划和技术交底工作应当在与每个单位工程或分部分项工程相关的施工活动开始之前迅速完成，其核心目的是确保施工过程中的各项工作严格遵循设计图纸、施工组织设计、安全操作规程以及相关的施工验收标准。

施工组织设计、计划和技术交底主要包括以下几个方面：工程进度计划、月度（或旬）施工计划；详尽的施工组织设计，涵盖施工技术、质量标准、安全技术措施、成本控制措施以及施工验收规范的执行；新结构、新材料、新技术和新工艺的施工方案及其支持措施；以及图纸会审中确定的设计变更和技术确认等。交底工作应由管理层逐级向下传达，确保从高层管理到基层工人都能理解。交底可以通过书面文件、口头讲解或现场示范等多种形式进行。

在完成了施工组织设计、计划和技术交底以后，队伍和工人应当组织进行深入的讨论

和分析，以确保对关键环节、质量标准、安全措施和操作技巧有充分的理解。如有必要，应进行示范教学，并且明确各自的责任和分工，同时建立完善的岗位责任制和保障措施。

（五）建立健全各项管理制度

工地管理体系的健全与否直接关乎施工过程的顺利进行。忽视制度规定会导致严重后果，而管理体系的缺失更是灾难性的。因此，必须强化工地管理体系：制定工程质量检验与交接规范；实施工程技术档案的管理策略；执行原材料（包括构件、配件、产品）的检测和交接程序；建立技术人员的责任体系；执行施工图的解读和审查流程；进行技术信息的传达；制定员工的考勤和评估机制；进行工地及班组的财务管理；制定物资的仓储和搬运规则；制定安全操作指南；以及确立机械设备的使用与保养制度。

五、施工现场准备

施工区域是施工人员为高效、安全、节约成本并迅速完成建筑工作而进行活动的场所。施工现场的准备工作是保证工程顺畅进行和物资支持的关键，它包括清除现场障碍，实现场地的"三通一平"；进行施工地点的准确测量和标线；建立必需的临时设施；配置并调试施工机械；安排建筑材料的堆放；制定冬雨季施工计划；以及设置消防安全和安保措施。

（一）拆除障碍物，现场"三通一平"

在市政工程建设用地范围内，清理工地内所有影响施工的地上和地下障碍物，并将施工所需的道路、水电管线网络连接至工地的"场外三通"工作，通常由项目开发商承担，特定情况下也可能交由施工队伍完成。由于某些工程项目的规模巨大，这项任务可以随着工程进度的不同阶段分步实施，优先保障第一个施工阶段所需区域完成，随后再逐步展开其他区域的接入工作。除了常见的"三通"（通水、通电、通路），在住宅区建设开发中，还可能涉及"热通"（供热蒸汽）、"气通"（供煤气）等其他特殊需求。

1. 平整施工场地

施工现场的地面整理工作，是根据总体布局图中的规划要求进行的。这项工作首先需要进行测量，以判断需要挖掘和填充的土壤量，并据此制定土方调配方案，随后利用人工或机械力量执行地面的整理作业。

在施工场地内如有现有建筑物，拆迁作业是必要的。同时，地表障碍物，如树根，也需移除。特别要注意地下管线、电缆等隐蔽设施，并实施安全的移除或保护措施。

2. 修通道路

施工现场的交通路网对于把大量物资运至工地至关重要。为了保证建筑材料、设备和组件能及时到达，必须提前建设主要道路和所需的临时道路。为了降低工程开支，应尽可能地使用现有道路或与主体工程相结合的永久道路。为了避免施工期间对道路的损害并提升道路修复的效率，可以在施工前期铺设路基，待工程结束后再行铺设路面。

3. 水通

施工现场的水资源管理包括供水和排水两个重要方面。施工用水既包括生产用水也包括日常生活用水，其供应应根据施工总布局图进行安排。施工供水设施应优先考虑使用永久的供水管线。对于临时管线布置，应确保满足用水点的需求同时尽量缩短管线长度。施工现场的排水工作也非常关键，尤其是在雨季，排水不良可能会影响施工进度。因此，必须采取有效的排水措施。

4. 电通

根据施工现场机械和照明设施的电力需求，计算和选择合适的配电变压器，并与供电部门沟通配合，按照施工组织设计，铺设从主电力线到工地的临时供电和通信线路。在铺设过程中，应确保对位于建筑界限内及现场周边的无法搬迁的电线和电缆进行恰当的防护。同时，考虑到一旦供电系统出现供电不足或中断的情况，为了确保施工场地的不间断供电，应提前准备好备用发电机组。

（二）交接桩及施工定线

施工单位成功中标，便应与设计及勘察单位协作执行交接桩工作。这一过程主要包括移交如下信息：控制桩的地理位置、水准基点桩的垂直高度、线路起始桩、直线和曲线的折点桩、交汇点桩及其保护桩、曲线和渐进曲线的终点桩、关键中线桩以及隧道入口和出口的桩位。交接桩完成之后，各方需签署正式的书面记录，并确保这些记录被正确归档以供将来参考。

（三）做好施工场地的测量控制网

利用设计单位提供的工程总体布局图、城市规划部门确定的建筑边界桩或控制轴线桩以及标准水准点，施工现场需进行测量和标注工作，以此在施工区域建立平面控制网和标高控制网，并保护这些桩位。另外，还需确定建筑物和构筑物的定位轴线、其他轴线及挖掘线等，并保护这些桩位作为施工基准。这项测量工作通常在土方挖掘前进行，要求在施工场地内部设立坐标控制网和高程控制点，这些控制点的设置应根据工程范围的大小和所需控制的精确度来确定。测量和标注是确定拟建工程平面位置和标高的关键步骤，测量过程中必须认真仔细，确保准确无误。为此，在测量前应对测量工具和钢尺等进行检验和校准，理解设计意图，熟悉并核对施工图纸，并制定测量和标注计划。根据设计单位提供的总体布局图和给定的永久性经纬度控制网以及水准控制基桩，开展施工测量并设立施工测量控制网。同时，对城市规划部门指定的红线桩或控制轴线桩和水准点进行核验，如发现任何问题，应立即通知建设单位进行处理。

（四）临时设施的搭设

为了确保施工的顺利进行和人员安全，施工区域应设立符合地方管理部门要求的边界围挡。主要入口处应设立带有工程名称、施工单位、工地负责人等信息的标识牌。所有生产、办公、居住、福利等临时设施，必须向规划、市政、消防、交通、环保等机关提交审批申请，并取得许可。设施搭建时，应遵循施工布局图的规定位置和规格，避免未经授权的随意搭建。

施工所需的临时设施，包括仓库、混凝土搅拌站、预制件堆放区、机械维修设施、生产作业棚、办公及住宿楼、食堂、文化福利设施等，都应当依据经批准的施工组织设计进行建设，确保设施的规模、标准、面积和位置等符合规定。对于大型或中型工程项目，可以采用分阶段、分批次的建设方法。

此外，在考虑施工现场临时设施的搭设时，应尽量利用原有建筑物，尽可能减少临时设施的数量，以便节约用地并节省投资。

除上述准备工作外，还应做好如下现场准备工作：

1. 做好施工现场的补充勘探

对施工现场进行追加勘探的目的是揭示隐藏的物体，如深井、防空洞、古墓、地下管线、暗渠以及枯树根等，以及其他潜在问题。这样可以精确地定位它们的位置，并据此及时制订相应的处理方案。

2. 做好材料、构（配）件的现场储存和堆放

应按照材料以及构（配）件的需要量计划组织进场，并应按施工平面图规定的地点和范围进行储存和堆放。

3. 组织施工机具进场，并安装和调试

依据施工设备的配备需求，安排设备入场，并根据施工总体布局图，将设备放置于预定位置或仓库。对于需要特定位置的设备，进行精确位置调整，搭建保护棚，接通电源，实施维护和校正。在工程开始前，所有施工设备应接受彻底的检查和试运行。

第二章 市政管道工程

第一节 市政给水管道工程

一、给水管网系统布置

（一）给水管网布置原则

给水管网的规划布置应当符合下列基本原则：

①应遵循城市整体规划的规定，在布局给水管网时，应考虑到未来分阶段建设供水系统的可能性，并预留出足够的空间以支持未来扩展。

②管网应布置在整个供水区域内，在技术上要使用户有足够的水量和水压，并保证输送的水质不受污染。

③必须保证供水安全可靠，当局部管网发生故障时，断水范围应当减到最小。

④力求以最短距离敷设管线，并尽量减少穿越障碍物等，以节约工程投资与运行管理费用。

⑤尽量减少拆迁，少占农田或者不占农田；管渠的施工、运行和维护方便。

给水管网的设计主要受以下因素的影响：地形起伏；天然或人工障碍物以及它们的朝向；道路分布及其居民分布情况，尤其是大型用水单位的位置；水源、水塔、蓄水池等设施的位置。

（二）给水管网布置的基本形式

遵循给水管网布置的原则及要求，给水管网有两种基本的布置形式：树状管网和环状管网。

在树状给水网络中，从二级泵站或水塔到用户的水管呈分支状排列。随着从水源到用户的管道延伸，管径会逐渐变小。一旦管网中某个部分发生损坏，后续所有管道将停止供水，这使得树状网的供水可靠性较低。另外，在树状网的末梢，由于用水量减少，水流速度可能会减慢甚至中断，进而影响水质。尽管如此，树状给水管网的总长度较短，结构简单，建造成本较低，适合用于小镇和小型工矿企业，或作为初期建设的网络类型。一旦条件允许，可逐步将其升级为环状给水管网。

环形管网的设计特点是管线相互连接形成一个闭合的环。环状给水管网的设计特征是管线之间相互连通，形成一个闭环结构。在这种网络架构中，当某个管道发生故障时，可以通过关闭相应的阀门将受影响的部分与网络其他部分隔离开来，进行维修，而未受影响的管道可以继续供水，从而缩小停水区域，提升供水的可靠性。此外，环状管网能有效减轻水锤效应造成的损害，这是树状管网常常面临的问题。尽管环状管网的管道总长度更长，建设成本也高于树状管网，但因为其能够提供连续不断的供水和更高的安全性，通常用于对水质要求较高的区域。

在城镇初期建设时，树状管网常被选为供水系统的设计。随着城镇规模的扩大和用水需求的增长，逐步会将树状管网扩展和连接成环状管网。实际上，许多现有城市的给水管网结构是树状和环状的组合模式。城市中心区域通常采用环状管网以增强供水的稳定性，而城市的郊区则使用树状管网向外延伸。对于那些对供水可靠性有较高要求的工矿企业，会采用环状管网，而对于距离较远的个别车间，可能会使用树状管网或双管系统进行供水。

在给水管网的设计过程当中，必须在供水的安全性和经济成本之间找到平衡点。环状管网在保障供水安全方面通常胜过树状管网，但树状管网在建设和运营成本上更为节约。规划管线时，需要同时确保供水的安全性和控制投资成本，即尽量采取最短路径铺设管线，并考虑到分阶段扩展的可能性。初期布局应满足近期需求，随着未来用水量的增长，再逐步扩展管线。管网布局对施工的难度、系统的运行和维护有重要影响。因此，在实际规划给水管网时，应进行深入的研究，获取全面的信息，并对不同的布局方案进行技术和经济上的分析，以便作出最合适的选择。

（三）给水管网定线

给水管网的定线工作是在地形平面图上标注管道的位置和方向。这个过程主要关注的是管网的主要干道和联结支线，也就是输水干管和配水主线，而不包括向用户供水的分支管道和直接连接到用户的进水管的定位。

城市给水管网一般埋设于街道之下，为街道两侧居民提供服务，所以管网的平面布局往往与城市的总体布局保持一致。管网布局受到多种因素的影响，包括城市平面布局、供水区域的地形特点、水源位置、调节设施的位置、街区用户的分布（特别是大型用户），以及河流、铁路、桥梁等地理要素。

1. 输水管定线

选择输水管渠的路径时，需全面考量工业、农业等城市及乡村领域的相关因素。线路的合理性对项目的投资预算、建设周期、运营维护等方面有直接影响，尤其是在涉及跨流域或远程输水的情况下，不恰当的选择可能带来显著的不利后果。因此，在做出决策时，应当进行全方位的评估，并慎重选择。

规划输水管渠的路径时，必须与城市规划发展保持和谐，旨在缩短管线长度，减少拆迁费用，尽量减少对耕地的占用，以便施工和维护操作的便捷，并确保供水可靠性。同时，应选择地形和地质条件最佳的区域，并优先考虑利用现有道路网络，以便于施工和日后维护。此外，应尽量降低与铁路、公路和河流的交叉，避免管线通过滑动区域、岩层、沼泽、高地下水位以及遭受河水泛滥和冲刷的地方，以降低建设成本并简化管线的管理。

输水管道往往需要穿越较远的距离，因此与诸如河流、山丘和交通线路等障碍物的交叉较为常见。在大多数情况中，由于缺乏详细的地形平面图，输水管道的规划工作面临困难。如果拥有地形图，可以在图上初步筛选出几条潜在的线路，并实地考察这些线路，全面考虑建设成本、施工复杂度和管理维护等因素，对于各个方案进行详细的技术经济评估，以便作出最终选择。如果没有地形图，就需要依据实地考察数据进行地形测量，并制作地形图，然后根据地形图来确定管道的确切位置。

当输水管渠定线时，经常遭遇诸如山脉、山谷、河流和干沟等地形的挑战。面对这些障碍，需要考虑是绕行还是采取工程措施，例如在山嘴处选择避开还是开挖，在山谷处决定是延伸路径还是建造倒虹管，遇到独立山峰时决定是从远处绕行还是挖掘隧道，以及穿越河流或干沟时决定使用过河管或倒虹管。即使在较为平坦的区域，也可能需要为了避免不良的工程地质条件或其他障碍而选择绕行或采用适当的穿越技术。

为了保障供水的安全性，可以选择建造一条输水管道，并在用水区域周围建造调节水库，或者铺设两条输水管道。输水管道的数量主要受输水能力、应急预案中的供水需求、管道长度、备用水源的可用性以及用水需求的发展趋势等因素的影响。在供水需求不容中断的情况下，一般需要至少两条输水管道。如输水量不大、输水管道较长或有其他水源可以作为备选，可以考虑使用单一管道与调节水库相结合的方案。

为了防止输水管道出现损害而显著减少输水量，可以在几条平行输水管道之间设置连通管道和阀门系统。这样，在管道发生故障需要维修时，能够将停水区域限定在较小的范围内。

为确保输水管道可以有效排气、清洗消毒以及排除积水的可能性，在铺设管道时必须保持一定的坡度。即便是在地形较为平坦的区域，管道也应设计成预定的斜率，以便在管道的最高点安装排气阀，在最低点安装排水阀。排气阀一般每隔一定的距离（大约每千米）安装一个，而在管道的起伏部位，根据需要增加排气阀的设置。管道的埋深应当考虑地面承重和其他当地特定条件，而位于寒冷地区的管道还需要实施防冻措施。

2. 配水干管定线

在规划城市供水管网的配水主干时，需要考虑水源位置、水塔分布以及与城市交通规划的协调。管道应沿现有和计划中的道路布置，以便在供应区域内实现资源的均衡分配，特别关注高地、偏远或水资源不足的地区，并且尽量位于较高位置，以确保用户附近的配水管道能保持必要的压力，提升供水的稳定性。主干网的设计应根据不同街区的特点进行，并在一定距离设置横向联接管道，以便管理配水网络并预留接口。此外，干管规划还应考虑未来的增长，采取逐步建设的策略。为了便于调节水量和维护管理，管道应配备必要的辅助设施，如阀门和消防栓。

在制定配水干管的路径时，应考虑几个关键因素：干管的延伸方向应和水源（例如二级泵站）、水池、水塔和大用户的需求相匹配；顺水流方向，应规划一条或多条干管，穿过用水量较多的区域；干管之间的常规距离宜在500至800米之间。从经济成本的角度，构建一条干管并从中分出多个支管，形成类似树枝状的管网布局是最节省成本的方式；然而，从确保供水的可靠性来看，建立多条平行的干管形成环状网络更为理想。因此，干管之间应通过连接管形成环状网络。连接管的主要功能是在管道出现局部损坏时进行流量的重新分配，从而缩小停水范围，增强供水网络的稳定性。连接管之间的标准距离通常在800至1000米之间。干管与干管、连接管与连接管间的距离主要应根据供水区域的需求和规模来决定，同时要在满足供水需求的基础之上，尽量减少干管和连接管的数量，以达到成本效益最大化。

通常，配水干管的布置会遵循城市的交通规划，并尽量避免在高级或主要道路下方进行，以便于将来的维护工作。干管在道路下的水平和垂直位置应符合城市或工业区地下管线综合布局的标准。

为了保证给水管道在施工和维修时不对其他管线和建（构）筑物产生影响，给水管道在平面布置时，应与其他管线和建（构）筑物有一定水平距离，其最小水平净距见表2-1。

表 2-1　给水管道与其他管线和建（构）筑物的水平净距（单位：m）

名称 管径 d ≤ 200mm		与给水管道的最小水平净距	
		管径 d > 200mm	
建筑物		1.0	3.0
污水、雨水管道		1.0	1.5
燃气管道	中低压	P ≤ 0.4MPa	0.5
	高压	0.4MPa < P ≤ 0.8MPa	1.0
		0.8MPa < P ≤ 1.6MPa	1.5
热力管道		1.5	
电力电缆		0.5	
电信电缆		1.0	

乔木（中心）		1.5
灌木		1.5
地上柱杆	通信照明 < 10kV	0.5
	高压铁塔基础边	3.0
道路侧石边缘		1.5
铁路钢轨（或坡脚）		5.0

在给水管道与其他类型的管道交叉布置时，它们之间应当保持至少 0.15 米的垂直最小距离。若给水管道与污水、雨水管道或含有有害物质的管道交叉，给水管道应置于上方，此时最小垂直距离提高至 0.4 米，并且两者的连接部分不得有重叠。若给水管道不得不位于下方，应采用钢管或钢套管进行保护，且钢套管的两端需要至少伸出交叉管道 3.0 米，并使用防水材料进行封闭，以保证 0.4 米的最小垂直距离。

在供水系统的分布区域，道路下方需要铺设分配管道，这些管道的主要功能是将来自干管的水资源输送到居民区和消防栓。分配管的最小直径应不小于 100 毫米，而在大型城市中，更常见的直径范围是 150 至 200 毫米。这样设置的目的为确保在火灾等紧急情况下，分配管道中的水流损失最小化，避免火场附近的水压下降。接户管道通常与分配管道相连接，用于将水输送到用户的配水系统中。通常情况下，每个用户都会配备一条接户管道，而对于一些关键用户或用水量较多的用户，可能会安装两条或多条接户管道，并从不同角度接入，以增强供水的稳定性。

为了保证给水系统的顺畅运行，以及满足消防应急和网络维护需要，管网中应安装必要的配件，如阀门、消防栓、排气阀和排水阀等。

阀门是用来控制水流、调节流量和压力的关键设备，其位置和数量应确保能够在出现故障时切断问题管道，同时要考虑管道长度、供水的关键性以及维护管理的便捷性。通常，在配水干管上每隔 500 至 1000 米设置一个阀门，并位于支管的末端；当干管与支管相接时，支管上应安装阀门，以便在支管维护时不会影响到干管的供水；连接消火栓的管道上也应在干管和支管上安装阀门；在配水网络当中，两个阀门之间的独立管段内，不应超过 5 个消火栓。

消火栓应放置在便于接近和辨认的位置，与建筑物外墙的最小距离应为 5 米，同时与道路边缘的最大距离应不超过 2 米，以保证消防车辆能轻松取水且不会阻碍交通。一般而言，消火栓会被放置在人行道旁边，确保两个消火栓之间的距离不超过 120 米。

排气阀用于排除管道内积存的空气，以减小水流阻力，一般常设在管道的高处。

泄水阀的主要功能是排放管道内积聚的水分或用于日常清除管道内的沉积物，这样在管道需要检修时可以方便地排空管道。这些阀门通常安装在管道的最低点。泄水管及泄水阀布置应考虑排水的出路。

在配水干管的高点位置，应安装排气阀，这些阀门有助于排出管道内积聚的气体，减少水流阻力，并防止管道因气体积聚而产生负压。在管道发生损坏时，排气阀允许空气进入水管，以维持系统的压力平衡。此外，在管道的低点以及两个阀门之间的低洼区域，也应安装排气阀，以确保管道内水位能够正常平衡，防止水锤现象的发生，提高供水的稳定性。

二、管件及附件

（一）给水管件

在管道线路发生变化、分支点、管道直径变换处或与其它附件及设备相接的所在，常常需要安装各类管件以适应不同的管道需求。比如，在水分流点，可使用三通、四通（亦称丁字管或十字管）；在管道直径改变时，可以选择渐缩或偏心缩径管件（别称大小头）；当需要改变接口类型时，可采用短管；而在管道需要弯曲时，则可使用不同半径的弯头。

钢管的安装通常需要使用由钢板焊接而成的各种管配件，而这些配件的尺寸应依据给排水设计指南或标准图集来确定。

非金属管如石棉水泥或预应力混凝土管采用特制的铸铁配件或钢制配件。塑料管件则用现有的塑料产品或现场焊制。

（二）给水附件

市政管道附件包括控制附件和配水附件，控制附件指的是各类阀门，配水附件在市政管网中主要是指消火栓。

1. 阀门

阀门作为控制水流和水压的重要装置，一般布置在管道交汇处、长段直管的末端或靠近障碍物的位置。由于大口径阀门成本较高且可能引起管道水头损失，应在不影响调节效果的前提下，尽量减少阀门的安装数量。

在配水干管上，阀门之间的标准安装距离大致在400到1000米范围内，且最好不超过连接三条配水支管的距离，这样在主要干管与分支管交汇处，阀门可以设置在分支管上。阀门一般布置在配水支管的下游区域，这样在关闭阀门时，不会中断对支管的供水。在支管上也需要安装阀门。在配水支管上，两个阀门之间的距离应保证不会切断超过5个消火栓的水源。

在配水干管上，阀门的布置间隔通常介于400米至1000米，并且其安装数量应控制在不超过三条配水支管的连接范围内，以便在主次管道交汇处能够有效地安装在次要管道上。阀门通常被放置在配水支管的下游位置，这样在关闭阀门时不会影响到支管的水源。配水支管上也需要安装阀门，并且阀门之间的距离应适当，以防止在紧急情况下超过五个消火栓的水源被切断。

法兰连接的楔形闸阀利用内置的闸板上下移动来调节或切断水流。根据阀门操作时阀杆的运动情况，它们可以被划分为明杆和暗杆两种类型。明杆闸阀的阀杆会随着闸板的开启和关闭而上升或下降，通常适用于暴露在外的管道系统。相对地，暗杆闸阀的阀杆保持在内部，这有助于防止阀杆受到损害，并且通常被选用于空间狭小或操作维护不方便的环境中。

对于直径较大的闸阀，手动操作可能会需要较多力量且耗费较长时间。在适当的情况下，可以考虑采用电动方式来操控。对于带有齿轮传动机构的闸阀，可以在其两侧设置旁通管和旁通阀，这样的配置可以降低阀门两端的水压力差，从而使得闸阀的开启更为轻松。

蝶阀通过内部蝶板的旋转来调节或截止水流，这一过程由阀杆驱动。根据不同的连接方式，蝶阀分为对夹式和法兰式两种。与闸阀相比，蝶阀具有更小的占用空间、更简单的结构、更轻的重量以及更便捷的开关操作，仅需旋转90度即可完成完全开启或关闭。蝶阀的价格与闸阀相仿，并且在很多场合下已经得到广泛应用。但是，蝶阀主要适用于中低压供水管道。

止回阀的作用是控制水的流向，避免逆流导致的损害。在水泵出口管道中，止回阀能够防止水泵停运时水流逆流至水泵。止回阀主要分为旋启式与升降式两种，其阀瓣能够围绕轴线旋转，并在水流反向时，依靠重力和水压自动关闭。在大口径管道系统中，多叶瓣单向阀因其多个瓣膜不会同时关闭的特性，通常被选用，以此减轻水锤效应可能引起的问题。

2. 排气阀和泄水阀

排气阀被安装在管道的最高点，其作用是在管道注水过程中排出管道内的气体，从而减少气体占用的空间，防止有效水流通道被压缩和额外水头损失的产生。在管道进行维护时，排气阀可以自动排出空气，确保排水系统的顺畅。此外，排气阀在防止水锤现象的发生中也有作用，它能够在管道内引入空气，避免形成负压状态。

排气阀通过浮体在液体中的浮力随液位变化而上升或者下降的机制来控制排气。阀体内部设有铜网和空心玻璃球。当水管中没有气体时，浮球上升并封闭排气口。如果管内气体积聚，引起排气阀上部压力增加，液位下降，浮球也随之下降，打开排气口以释放空气。为了阻止排气，可以旋转顶部的阀帽以关闭排气口。通常，阀帽应保持打开状态，以便排气阀能够自动进行排气。

排气阀分单口和双口两种。单口排气阀用在直径400mm以下的水管上，排气阀直径16～25mm；双口排气阀则装在400mm以上的管道上，直径为50～200mm，排气阀口径与管径之比一般采用1∶8～1∶12。

排气阀应当垂直安装在水平管道上，保证排气口向上垂直排放，防止斜置或水平放置。它们可以独立安装，也可以与其它管道元件一起安装在阀井中。排气阀需要定期检查和维护，以保证其排除气体的功能不受影响。在寒冷地区，应实施适当的保温措施，防止排气阀因结冰而影响正常工作。

泄水阀用于排放管道中积聚的水分。在市政供水网络启动前，必须进行清洗和消毒，而在管道维护和修理过程中，也需要排除积水或杂质。在冬季到来的时候，为避免管道内积水结冰造成损害，应在管道的最低点安装泄水阀以排空管道，同时要确保排水方向，泄水阀及排水管的尺寸应依据排空时间和方法来选择。泄水阀应和其他阀门一样，安装在阀门井中，方便将来的维护和检修。

3. 消火栓

消防栓作为市政消防系统的供水接口，由阀门、喷水口和保护壳等组成，并接入城市供水网络的支线。在消防栓的近端设置了阀门，便于进行必要的维护和检修。

消火栓按其水压可分为低压式和高压式两种；按其设置条件可以分为室内式和室外式以及地上式和地下式两种。

消火栓的设置应符合下列要求：

①室外消防栓宜采用地上式，应沿道路敷设；距一般路面边缘不大于 5m，距建筑物外墙不小于 5m。

②为了防止消火栓被车辆撞坏，地上式消火栓距城市道路路面边缘不小于 0.5m；距公路双车道路肩边缘不小于 0.5m；距自行车道中心线不小于 3m。

③地上式消火栓的大口径出水口应面向道路；地下式消火栓应当有明显标志。

④消火栓的数量及位置应按其保护半径及被保护对象的消防用水量等综合计算确定：消火栓的保护半径不应超过 120m；高压消防给水管道上的消火栓的出水量应根据管道内的水压及消火栓出口要求的水压算定，低压给水管道上公称直径为 100mm、150mm 的消火栓（工艺装置区、罐区宜设公称直径 150mm 的消火栓）的出水量可分别取 15L/s、30L/s。

第二节　市政排水管道工程

一、城市排水管道系统的组成

城市排水管道体系是城市排水基础设施的核心，其建设投资往往占到整个城市排水系统投资的大约 70 至 80%。在本节中，我们将根据排水系统的种类，分别探讨分流制和合流制两种系统。在分流制排水系统中，城市的排水管道是由污水管道和雨水管道两大子系统组成。

（一）污水管道系统

城市污水收集系统由社区和城市两个级别组成。社区污水收集系统承担着收集小区内建筑的生活污水和工业废水，然后将其输送到城市污水管道系统的任务。该系统一般由用户连接管道、社区支线、输送干管和主干线等部分构成，并配备检查井、泵站等辅助设备。

城市污水收集系统由社区和城市两个级别组成。社区污水收集系统承担着收集小区内建筑的生活污水和工业废水，然后将其输送到城市污水管道系统的任务。该系统一般由用户连接管道、社区支线、输送干管和主干线等部分构成，并配备检查井、泵站等辅助设备。

市政污水管网主要负责收集城市区域内各住宅区的污水，并将这些污水传输到污水处理设施进行处理，以便于再排放或循环利用。该管网通常由支线、干管、主干线等构成，并配备有检查井、泵站、排放口和应急排放口等辅助设施。支线承担多个小区主干的污水收集任务，将其输送到干管；而主干线则负责将多个干管汇集的污水输送至污水处理工厂。

（二）雨水管道系统

屋顶积聚的雨水通过落水檐或天沟以及雨水收集器收集，随后通过排水管排放至地面，与地面降水一同形成地表水流。这些水流被雨水收集井收集，并流入小区的雨水排放系统，继续流向市政雨水排放系统，最终通过排放口排出。所以，雨水排放系统由小区雨水排放系统和市政雨水排放系统两个主要部分组成。

小区雨水管道系统是收集、输送小区地表径流的管道及其附属构筑物，包括雨水口、小区雨水支管、小区雨水干管、雨水检查井等。

市政雨水排放系统是由收集住宅小区和城市道路表面的雨水径流的管道以及相关的建筑物组成。该系统涵盖了雨水支管道、雨水主管道以及雨水收集井、检查井、雨水提升站和排放口等辅助设施。

雨水支管道负责接收多个小区雨水干管中的雨水以及附近道路的表面水，并将其转输至雨水干管；而雨水干管道则收集多个雨水支管中的雨水及道路表面水，并就近进行排放。在合流制排水系统中，排水管道由雨水口、雨水支管、混合污水支管、混合污水干管、混合污水主管、污水检查井等构成，包括小区与市政两个合流管道系统。雨水通过雨水口收集，由雨水支管导入合流管道，与污水混合后，一同通过市政合流支管、合流干管、截流主管进入污水处理设施，或者通过溢流井进行溢流排放。

二、排水管道系统的布置

（一）排水管道系统布置原则

①按照城市总体规划，结合当地的实际情况布置排水管道，并对多方案进行技术经济比较。

②首先确定排水区界、排水流域和排水体制，然后布置排水管道，应按从主干管、干管、支管的顺序进行布置。

③充分利用地形，尽量采用重力流排除最大区域的污水与雨水，并力求使管线最短和埋深最浅。

④协调好与其他地下管线和道路等工程的关系，考虑好与小区或企业内部管网的衔接。

⑤在制定规划时，需要考虑管道网络的建设、运营和维护的便捷性；在布置规划时，应当结合长远和近期需求，考虑分阶段实施的可能性，并为未来的扩展留下足够的空间。

（二）排水管道系统布置形式

1. 排水管道系统的布置形式

在城市中，市政排水管道系统的平面布置，随着城市地形、城市规划、污水厂位置、河流位置及水流情况、污水种类和污染程度及工程造价等因素而定。在这些影响因素中，地形是最关键的因素，按城市地形考虑可有以下六种布置形式（见表 2-2）。

表 2-2　排水管道系统的布置形式

布置形式	内容
截流式布置	为减轻水体的污染，保护和改善环境，在正交式布置的基础上，若沿排水流域的地势低边敷设主干管，将流域内各干管的污水截流送至污水厂，就形成了截流式布置。截流式布置适用于分流制排水系统，以主干管将生活污水、工业废水与初期雨水或各排水区域的生活污水、工业废水截流至污水厂处理后排放。
正交式布置	在地势向水体适当倾斜的地区，可采用正交式布置，这种形式是让各排水流域的干管与水体垂直相交，使干管的长度短、管径小、排水及时、造价低。但污水未经处理就直接排放，容易造成纳水体的污染。这种布置形式多用于原老城市合流制排水系统。但由于污水未经处理就直接排放，会使水体遭受严重污染，影响环境。因此，在现代城镇中，这种布置形式仅用于排除雨水。
分区式布置	在地势高差很大的地区，可采用分区式布置。即在高地区和低地区分别敷设独立的管道系统，高地区的污水靠重力直接流入污水厂，而低地区的污水则靠泵站提升至高地区的污水厂。也可将污水厂建在低处，低地区的污水靠重力直接流入了污水厂，而高地区的污水则跌水至低地区的污水厂。其优点是充分利用地形，节省电力。
分散式布置	当城市中央地势高，地势向周围倾斜，或城市周围有河流时，可采用分散式布置。即各排水流域具有独立的排水系统，其干管呈辐射状分布。其优点是干管长度短、管径小、埋深浅，但需建造多个污水厂。因此，适宜排除雨水。
平行式布置	在地势向水体有较大倾斜的地区，可采用平行式布置，使排水流域的干管与水体或等高线基本平行，主干管与水体或等高线成一定斜角敷设。这样可避免干管坡度和管内水流速度过大而使干管受到严重冲刷。
环绕式布置	在分散式布置的基础上，敷设截流主干管，将各排水流域的污水截流至污水厂进行处理，便形成了环绕式布置，它是分散式发展的结果，适用于建造大型污水厂城市。

2. 污水管道系统布置的主要内容

污水管道系统的设计核心包括：确立排水区域的界限，分割排水流域；决定污水处理厂排出口的选址；规划污水主干管和干管的走向；识别需要进行提升的排水区域并定位泵站位置等。平面布局的合理性直接关系到整个排水系统资金投入。

（1）确定排水区界、划分排水流域

污水排放系统的界限是排水区域的规定。这一界限是根据城市规划的规模来设定的。通常，任何配备有完善卫生设施的建筑群都应配备污水管道系统。

在排水区域内部，通常依据地形特点划分成多个排水流域。在丘陵地带或地形多变的地方，流域的界限通常与地形的水分界线相吻合，由这些水分界线围成的区域便构成了一个排水流域。对于地形平坦且没有明显水分界线的区域，应当确保主干管在尽可能浅的埋深下，使大部分污水能够自然排出。若区域中存在河流、铁路等障碍物，需要考虑地形、周边水体状况以及倒虹管的运用等因素，通过比较不同方案，确定是否将区域划分为数个排水流域。每个排水流域应至少拥有一个干管，干管的设置方向和水流方向取决于流域的高程，同时需考虑哪些区域需要污水提升。

（2）水厂和出水口位置的选定

为了保护接受水体，现代化的城镇需要将各个排水流域的污水通过主干管道输送至污水处理厂进行处理，然后再进行排放。所以，在布置污水管道系统时，应遵循以下原则选定污水厂和出水口的位置：

①出水口应位于城市河流的下游。

②出水口不应设在回水区，以防回水区的污染。

③污水厂要位于河流的下游，并与出水口尽量靠近，以减少排放渠道的长度。

④污水厂应设在城镇夏季主导风向的下风向，并与城镇、工矿企业以及郊区居民点保持 300m 以上的卫生防护距离。

⑤污水厂应设在地质条件较好，不受雨洪水威胁的地方，并有扩建的余地。

综合考虑以上原则，在取得当地卫生和环保部门同意的条件下，确定污水厂和出水口的位置。

（3）污水管道的布置与定线

通常污水管道的布局是按照主干管、干管、支管的等级顺序来安排的。在初步规划阶段，重点是决定污水主干管和干管的路线及平面布局。进一步在详细规划时，需要精确地规划污水支管的走向和具体位置。

在绘制管线路线时，应在充分了解相关资料的基础上，全面考虑各种影响因素，以确保规划的线路能够根据实际情况充分利用了有利条件，同时规避不利因素。主要影响污水管道平面布局的因素包括：地形和水文地质状况；城市总体、竖向规划和建设阶段；排水系统类型、线路数量；污水处理和再利用状况、污水处理厂及排放口的位置；排水量较大的工业企业和公共设施的状况；道路和交通布局；地下管线和设施的分布。

地形是决定管道布局的关键因素。在规划管道路线时，应最大程度地利用地形条件，在排水区域的低洼地带，如集水线或河岸下方，铺设主干管和干管，以便于支管中的污水能够自然流入。当地形复杂时，适宜构建几个独立的排水系统，例如，当地表中部存在高地时，可以分为两个排水系统。对于地形变化显著区域，适合建立高低区分的排水系统，其中高区应避免不必要的跌水，利用重力将污水导向污水处理厂，并减少管道的埋设深度；而对于特定的低洼区域，则应考虑局部提升。

污水主干管的布局和数量取决于污水处理厂及其排放口的位置和数量。在大城市或地势平坦的城市中，可能需要建立多个污水处理厂，分别处理和利用污水，因此需要设置多个主干管。而当多个城镇共同建设一个污水处理厂时，就需要构建相应的区域污水管道网络。

污水干管通常沿着城镇的街道布置，避免位于繁忙的机动车道和狭窄街道之下，同时也避免在没有道路的空白区域设置。一般而言，它们被布置在污水流量较大或地下管线较少的行人道、绿化带或慢车道之下。当道路宽度超过40米时，可以在道路两侧各布置一条污水管道，这样做可以减少支管的连接数量，降低与其他管线的交叉，并便于施工、检修和维护管理。污水干管的起始点最好选择那些排放大量工业废水或污水量最大的公共建筑，这样做不仅能够迅速见效，还能确保管道具有良好水力条件。

污水支管的布局设计受到地形和街区建筑特点的影响，并需要考虑便于居民接入排水系统。在街区面积较小且适合采用集中排水方式的情况下，支管通常布置在街区较低侧的街道下方，形成所谓的低边式布局。对于面积较大并且地形平坦的街区，则倾向于在街区四周围铺设污水支管，使得建筑物排出的污水可以直接接入街道支管，这种布局被称为周边式。而当街区布局已经确定，且街区内的污水管道根据建筑物需求已经设计成一个完整的系统时，可以将这个系统穿过其他街区，并与穿过街区的污水管道相连接，这种布局方法称为穿坊式。

（4）确定污水管道系统的控制点和泵站的设置地点

控制点是污水排水区域内对管道埋深起决定作用的特定位置。通常，每条干管的起点被视为该管道的控制点。在这些控制点中，距离排放口最远的点通常被视为整个系统的控制点。深度较大的工业排放口或某些低洼地区的管道起点也可能成为整个系统的控制点，其埋深会对整个管道的埋深产生影响，进而影响到市政排水管道工程的成本。在确定控制点的管道埋深时，需要一方面依据城市的垂直规划，确保排水区域内的所有污水能够自然排出，并预留足够空间；另一方面，应避免为了个别点而增加整个系统的管道埋深。对于这些点，可以通过加强管道材料强度、提高地面高程以保证所需的最小覆土厚度、设置泵站以提升管道位置等措施，来减少控制点的埋深，从而降低整个系统的埋深，减少工程成本。

在排水管道系统中，如果管道的埋深超过了规定的最大深度限制，就应该设立泵站来提升下游管道的位置，这样可以减少挖掘工作量，节约工程成本。这类泵站被称为中途泵站。在地形多变的情况中，常常需要将低地段的污水通过泵站抽提到高地段的污水管道中，这种用于提升局部污水位的泵站被称为局部泵站。在污水管道系统的末端，由于埋深通常较大，而污水处理厂的第一个处理设施埋深较浅或者位于地面之上，因此需要设置泵站将污水提升到第一个处理设施，这种泵站被称为终点泵站或主泵站。泵站的位置选择需要综合考虑卫生、地质、电源供应和施工条件等因素，并且取得规划、环保、城市建设等相关部门的批准。

（5）确定污水管道在街道下的具体位置

随着城镇现代化的加速发展，街道下方管线及地下工程设施日益增多，因此需要在单项管道工程规划的基础上，进行整体规划，全面考虑，并合理规划各种管线空间的位置，以便施工和维护管理。

鉴于污水管道在运行中可能发生泄漏或损坏，这可能会对周边建筑物和结构的基础造成损害，甚至可能导致生活饮用水的污染。所以，在规划时应确保污水管道与建筑物之间保持一定的距离，且在和生活供水管道交叉时，污水管道应位于供水管道的下方。污水管道与其他地下管线或构筑物的最小净距参照表 2-3。

表 2-3 污水管道与其他地下管线或构筑物的最小净距（m）

名称			水平净距	垂直净距
建筑物				
给水管 d>200mm	d ≤ 200mm		1.0	0.4
	1.5			
排水管			—	0.15
再生水管			0.5	0.4
燃气管	低压	P ≤ 0.05MPa	1.0	0.15
	中压	0.05MPa < P ≤ 0.4MPa	1.2	0.15
	高压	0.4MPa < P ≤ 0.8MPa	1.5	0.15
	0.8MPa < P ≤ 1.6MPa 2.0	0.15		
热力管线			1.5	0.15
电力管线			0.5	0.5
电信管线 管块 0.15			1.0	直埋 0.5
乔木			1.5	
地上柱杆	通信照明，< 10kV		0.5	—
	高压铁塔基础边	1.5	—	
道路侧石边缘			1.5	
铁路钢轨（或坡脚）			5.0	轨底 1.2

电车（轨底）	2.0	1.0
架空管架基础	2.0	—
油管	1.5	0.25
压缩空气管	1.5	0.15
氧气管	1.5	0.25
乙炔管	1.5	0.25
电车电缆	—	0.5
明渠渠底	—	0.5
涵洞基础底	—	0.15

（三）雨水管渠系统布置

城市雨水排水系统的设计与污水系统设计相似，但有其独特需求。雨水排水规划的关键要素包括：界定排水区域和排水模式，规划雨水管道的走向；明确雨水泵站、调节池和排放口的地理位置等。

雨水管渠系统的布置，要求使雨水能及时、顺畅地从城镇和厂区内排出去。一般可从以下几个方面进行考虑：

①在规划雨水排放管道时，应最大程度地利用地形优势，尽量使雨水就近汇入水体。在规划过程中，首先应根据地形特点划分排水区域，并据此进行管道的布局。优先考虑分散和直接排水的原则，充分借助自然地形的坡度，多采用正交式布局，让雨水通过最短路径流入附近的池塘、河流、湖泊等水域。仅在水体位置较远、地形较为平坦或地形条件不佳时，才需要考虑设置雨水泵站。在坡度较大的地形中，雨水干管应设在地势较低或溪谷沿线的位置。而在地形平坦的区域，雨水干管则应布置在排水流域的中心，以便最大范围地利用重力流排放雨水。

②根根据街区规划和道路设计，雨水管道应结合建筑物布局、道路布局、街区或小区内部地形以及排水出口位置来规划布置，以便于街区和小区域内的大部分雨水能够以最直接的路径汇入雨水管道。道路边沟的标高应低于相邻街区地面，以便有效排除地表径流。雨水管渠应与道路平行敷设，并尽可能布置在人行道或绿地之下，避免设置在交通繁忙的道路下方。当道路宽度超过40米时，应考虑在道路两侧各自设置雨水管道。在规划雨水干管的平面和竖向布局时，应和其他地下管线和构筑物在交叉处相互协调，满足它们之间的最小净距要求。

③合理布置雨水口，保证路面雨水顺畅排除。雨水收集口的设置应考虑地形和汇集区域的大小，以防止雨水溢出路面。通常在道路交叉口和低洼区域应当安装雨水收集口。此外，在道路每隔一定距离，如25至50米，也当应设置一个雨水收集口。

④采用明渠和暗渠相结合的形式。在在城市的繁华区域，由于建筑密度高且交通繁忙，应使用暗管系统排放雨水，尽管成本较高，但能保持环境卫生，且维护简便，不会对交通造成影响。而在城市郊区或建筑密度较低、交通量较小地区，可以选择成本较低的明渠系统。在地形平坦、需要深埋或受限于出水口深度的区域，可以采用暗渠（或盖板明渠）来排放雨水。

⑤出水口的设置。若出水口所在的水体距离流域较近，水体水位波动较小，且洪水位低于流域地面高程，同时出水口的建设成本不高，则适合采用分散式出口，这样可以使雨水就近排入水体，管线长度较短，管径相应减小。反之，如果条件不符，可以考虑使用集中式出口。

⑥调蓄水体的布置。有效利用地形条件，并选取合适的河湖区域作为调蓄水池，以此来调控洪峰流量，减少沟渠的设计流量，进而降低泵站的建设数量。在需要时，可以通过挖掘池塘或建设人工河道来调节径流。调蓄水体的规划应与城市整体规划保持一致，并将调蓄水体融入景观设计中，同时，储存的水资源可应用于城市绿化和农业灌溉。

⑦排洪沟的设置。在城市近山区的发展区，比如中心区、居住区和工业区，除了配备雨水排放系统，还应规划设置排洪沟。这样能够截留来自分水岭区域的洪水，并引导其流向临近的水域，从而减少洪水可能带来的损害。

第三节 热力与燃气管道工程

一、热力管道工程

（一）热力管网的布置与敷设

1. 市政热力网的布置

城市热力系统的布局应遵循城市规划的指导，综合考虑热能需求分布、热能供应源的位置、与其他地上及地下管线及建筑物、绿化带的关系，以及水文、地质条件等众多因素。在布置过程中，需要确保技术上的稳定性、经济上的合理性以及与环境的和谐统一，通过技术经济分析来最终确定。具体来说，热力网管道的位置应当符合下列规定：

①城市道路下的热力管道应与道路轴线保持平行，并且最好位于车道范围之外。同时，同一条热力管道应仅在街道的一侧进行铺设。

②穿过厂区的城市热力网管道应敷设在易于检修及维护的位置。

③通过非建筑区的热力网管道应沿公路敷设。

④热力网管道选线时宜避开土质松软地区、地震断裂带、滑坡危险地带以及高地下水位区等不利地段。

⑤对于直径不超过 300 毫米的热力管道，可以通过建筑物地下室或者利用开槽施工法，在专门设立的通行管沟中进行铺设。而采用暗挖法穿越建筑物时，不受管道直径的限制。

2. 市政热力网的布置形式

市政热力网的布置形式类似市政给水管网，其主要形式有枝状、环状、放射状和网络状布置。

树枝状的管网结构因其简洁性、较低的建造成本和易于管理的特点而被广泛采用。然而，这种网络架构并不提供备用供热功能。一旦网络中的某个部分出现故障，受影响的热用户将失去供热。由于热水的热惯性大于蒸汽且建筑物自身能够储存一定量的热量，可以通过快速修复供热网络故障的方法来减少建筑物室内温度剧烈下降。

采用环形布置的方法，即将供热的主要管道线路形成一个闭环。在城市采用多个供热源的情况下，这些供热源可以通过环形主管网相互连接。这种布局方式虽然初期投资较大，但相较于枝状管网，其运行更为稳定可靠。

从中心主热源向外呈放射状延伸的布置形式类似于枝状分布。当主热源位于供热区域的中心时，可以采用这种布局。从主热源出发，向多个方向铺设几条主要管道，用于向用户提供供热服务。这种方法可以减少主要管道的直径，但会增加管道的总长度。虽然总体上增加了投资，但它在运行和管理上提供了更多的便利。

网络状布置方式由很多小型环状管网组成，并且将各小环状网之间相互连接在一起。这种方式投资大，但运行管理方便、灵活、安全、可靠。

在国内，以区域锅炉房作为热源的热水供热系统，能够供热大面积，通常在数万至数十万平方米。而以热电厂作为热源或拥有多个热源的大型供热系统，则能供热数百万平方米。在这种情况下，可以采取热电厂与区域锅炉房联合供热或多个热电厂联合供热的模式，将输配干线设计成环形，而干管和用户支管则保持枝状布局。这种设计的主要优势是提高了供热的可靠性，尽管它需要较大的初期投资，运行管理也更为复杂，并且需要高水平的自动控制系统。因此，枝状管网依然是热力管网建设中广泛使用的方法。

3. 市政热力网的敷设

热力管道的敷设分地上敷设和地下敷设两种类型。

（1）地上敷设

地上敷设是指管道敷设在地面以上的独立支架或建筑物的墙壁上。根据支架高度不同，一般有低支架敷设、中支架敷设、高支架敷设三种形式。

在低支架安装方式中，管道的保温层底部与地面的净高度保持在 0.5 至 1.0 米之间，这种做法被认为是成本最低的。对于中支架安装，保温层底部与地面的净高度在 2.0 至 4.0 米之间，适用于行人道和无车辆通行的区域。而高支架安装方式，保温层底部与地面的净高度超过 4.0 米，适合于供热管道需要跨越道路、铁路或其他障碍物的情形。这种安装方式成本较高，因此应尽量避免使用。

地上敷设的优点是构造简单、维修方便、不受地下水和其他管线的影响。但是占地面积多、热损失大、美观性差。因此多用于厂区和市郊。

热力管道采用地上敷设时，与其他管线和建（构）筑物交叉时的最小垂直净距见表2-4。

表2-4 架空热力管道与其他建（构）筑物交叉时的最小垂直净距（m）

名称	建筑物(顶端)	道路(地面)	铁路（轨顶）	电信线路		热力管道
				有防雷装置	无防雷装置	
热力管道	0.6	4.5	6.0	1.0	1.0	0.25

（2）地下敷设

热力管网通常选择地下安装，这包括地沟铺设与直接埋设两种方法。在地沟铺设中，地沟作为管道敷设的保护结构，用于承受土壤压力和地面负荷，并防止地下水渗入。根据地沟的不同特征，它们可以被分类为通行地沟、半通行地沟和非通行地沟。

地沟敷设有关尺寸应符合表2-5的规定。

表2-5 地沟敷设有关尺寸（m）

地沟类型	地沟净高	人行通道宽	管道保温表面与沟墙净距	管道保温表面与沟顶净距	管道保温表面与沟底净距	管道保温表面与净距
通行地沟	≥1.8	≥0.6	≥0.2	≥0.2	≥0.2	≥0.2
半通行地沟	≥1.2	≥0.5	≥0.2	≥0.2	≥0.2	≥0.2
不通行地沟			≥0.1	≥0.05	≥0.15	≥0.2

不通行管沟敷设，在施工质量良好和运行管理正常条件下，可以保证运行安全可靠，同时投资也较小，是地下管沟敷设的推荐形式。

通行管沟提供了管道维护和检修的空间，内部配备有照明和通风设施，这对于穿越不宜开挖的区域是必不可少的。当由于特定条件限制而难以设置通行管沟时，可以选择半通行管沟作为替代方案。然而，半通行管沟的限制较大，仅仅适合进行小型维修工作，如更换钢管等大型维修任务，则需要在打开沟盖的情况下进行。

半通行管沟可以准确判定故障地点、故障性质、可起到缩小开挖范围的作用。

直埋敷设的管道宜采用在专业工厂预制的整体式直埋保温管（亦称"管中管"）。这种整体式预制保温管将钢管、保温层和保护层紧密粘合成为一个整体，具备良好的机械强度和防腐防水能力。它借助土壤与保温管之间的摩擦力来限制管道的热伸缩，从而实现无需补偿的敷设。对于直埋式热力管道，对管道的机械强度和可靠性有较高的要求，通常保温层采用聚氨酯硬质泡沫塑料，保护层则常用高密度聚乙烯硬质塑料或玻璃钢，有时也会用钢套管作为保护层。

　　在地下敷设热水热力网管道时，推荐使用直埋敷设方法。对于热水或蒸汽管道在管沟敷设时，不通行管沟是首选方案。而在需要穿越不宜开挖和检修的区域时，通行管沟敷设是合适的选择。如果通行管沟的设置存在困难，半通行管沟敷设可以作为一种替代方案。对于蒸汽管道，当管沟敷设不适用时，可以考虑使用预制保温管进行直埋敷设，这些保温管应具有良好的保温性能、可靠的防水性能和耐腐蚀的保护管。此外，这种敷设方式的设计寿命应不少于25年。

　　地下敷设热力网管道的覆土深度应符合下列要求：

　　①管沟盖板或检查室盖板覆土深度不宜小于0.2m。

　　②当采用不预热的无补偿直埋敷设管道时，其最小覆土深度不应当小于表2-6的规定。

表 2-6　直埋敷设管道最小覆土深度（m）

管径（mm）	50 ~ 125	150 ~ 200	250 ~ 300	350 ~ 400	> 450
车行道下	0.8	1.0	1.2	1.2	1.2
非车行道	0.6	0.6	0.8	0.8	0.9

　　考虑安装、维修及运行管理的便利，地下敷设的管道和建筑物、构筑物的最小净距见表2-7。

表 2-7　埋地热力管道或管沟外壁与建（构）筑物的最小水平净距

名称	水平净距（m）	名称	水平净距（m）
建筑物基础边缘	1.5	乔木或灌木丛中心	1.5
铁路钢轨外侧边缘	3.0	围墙篱笆基础边缘	1.0
电车钢轨外侧边缘	2.0	桥梁、旱桥、隧道、高架桥	2.0
铁路、道路的边沟边缘或单独的雨水明沟边	1.0	架空管路支架基础边缘	1.5
高压（35 ~ 60kV）电杆支座	2.0	照明通信电杆的中心	1.0
高压（110 ~ 220kV）电杆支座	3.0	道路路面边缘	1.0

　　为了便于热力管网的安装及运行维护，埋地热力管道及管沟外壁与其他管线间应保持一定的距离，其最小水平净距以及最小垂直净距见表2-8。

表 2-8 埋地热力管道和管沟外壁与其他管线之间的最小净距（m）

管道名称	热网地沟敷设		直埋敷设	
	水平净距	垂直净距	水平净距	垂直净距
给水干管	2.00	0.10	2.50	0.10
给水支管	1.50	0.10	1.50	0.10
污水管	2.00	0.15	1.50	0.15
雨水管	1.50	0.10	1.50	0.10
低压燃气管	1.50	0.15	—	—
中压燃气管	1.50	0.15	—	—
高压燃气管	2.00	0.15	—	—
电力或电信电缆	2.00	0.50	2.00	0.50
排水沟渠	1.50	0.50	1.50	0.50

考虑城市美观需求，居住区和城市街道的热力管网应优先选择地下敷设。在地下敷设热力管网时，通常推荐使用不通行管沟或直埋方式。对于必须穿越难以开挖和维修的地段，应选择通行管沟敷设，如果通行管沟不可行，半通行管沟也是一种选择。在中国城市的特定情况下，可能难以找到适合地下敷设的空间，此时可以考虑地上敷设，但设计时需确保管道外观整洁美观。对于工厂区域，热力管网地上敷设有许多优势，包括低成本、易于维护、不影响外观以及能够增添工厂区景观。所以，工厂区的热力管网敷设更适合采用地上方式。

（二）热力管件、附件及附属构筑物

1. 附件

市政热力管道上的附件主要指各类阀门及热补偿装置等。

①阀门。先前我们已经了解了市政供水管道的阀门，而作为压力管道一部分，市政热力管道同样需要设置阀门以便于管道的运行和调控。阀门主要分为三大类：首先是开启和关闭功能的阀门，如截止阀和闸阀；其次是用于流量调节的阀门，例如蝶阀；最后是具有特定功能的阀门，如单向阀（止回阀）、安全阀和减压阀等。截止阀能提供良好的密封性，但其阀体较长，导致介质流动阻力较大，因此通常用于完全开启或关闭的热力管道，并不适合用于流量和压力的调节；闸阀仅适用于完全开启或关闭的热力管道，不宜用于节流操作；蝶阀具有较短的阀体及较小的流动阻力，调节性能胜过截止阀和闸阀，因此在热力管网上得到广泛应用，尽管其成本较高。

阀门的设置应在满足使用和维修的条件下，尽量减少。热力网管道干、支线的起点应安装关断阀门。市政热力管网，应当根据分支环路的大小，适当考虑设置分段阀门，热水热力网输送干线每隔 1000 ~ 3000m、输配干线每隔 1000 ~ 1500m 装设一个分段阀门。蒸汽热力网可不安装分段阀门。对于没有分支的主干管，宜每隔 800 ~ 1000m 设置一个。蒸汽热力管网可不安装分段阀门。

无论是地上还是地下布置的热供管道，通常需要保持至少 0.002 的坡度，以适应地形的变化。为了确保热力管网的顺畅运行，热水和凝结水管道的高点（包括各管段分段阀门处的高点）应配备排气装置，以便排除管道内的空气；同时，为了便于维修与排水，系统的最低点应安装排水阀，以排出管道中的积水。对于蒸汽管道，其低点和垂直上升的管段前应安装启动疏水和持续疏水装置。在相同坡度的管段中，顺着坡度每隔 400 至 500 毫米，逆着坡度每隔 200 至 300 毫米，应设置启动疏水和持续疏水装置。

②热补偿装置。管道的长度会因温度的增减而产生变化，这种变化主要受两个因素影响：一是环境温度的波动，二是管道内流体温度的变化。当管道无法自由伸缩时，温度差异会在管道壁上产生压力。这种压力可能会对管道及其支架造成破坏。为了缓解管道的热应力，确保系统的稳定和安全，需要安装伸缩补偿器。因热力管道内部温度较高，且管道长度通常较长，因此产生的热膨胀变形量和热应力都可能很大。为了消除由温度变化引起的变形，减轻热应力，保障管网的运行安全，各种补偿器被设计出来以适应管道的温度变化。

热力管道补偿器主要分为两大类：自然补偿器和人工制造的补偿器。自然补偿器包括 L 型和 Z 型补偿器，而人工制造的补偿器则包括方形补偿器和波形补偿器等。

自然补偿器：通过利用管道自身的弯曲和扭转金属的弹性来补偿热伸长，常见的自然补偿器有"L"型和"Z"型两种。在设计过程当中，应尽可能优先考虑使用自然补偿器，以避免额外的制造成本。对于采用螺纹连接的管道，可以使用弯头来实现自然补偿。然而，自然补偿器的补偿能力是有限的，如果热伸长量超过其承受范围，就需要按照设计规范，选用其他的补偿器类型。

方形补偿器：方形补偿器，亦称为"Ⅱ"型弯管补偿器，是由四个直角弯头组成的。它通过弯管的形变来调节管道的热胀冷缩。这种补偿器有四种不同的设计，可以由单根管材弯曲成形。对于尺寸较大的情况，如果单根管材无法满足要求，可以通过两根或三根管材先煨弯后再进行焊接拼接。

该补偿器结构简约，安装便捷，维护需求低，具有较大的补偿效能，且在两端产生的推力较小，适用于多种压力和温度条件。然而，它的缺点是占用空间较大。方形补偿器适用于多种材质的管道，包括碳钢、有色金属、合金钢和塑料，以及不同温度和压力的介质。方形补偿器可以水平或垂直布置。垂直布置时，若输送介质为热水，应在补偿器的最高点设置排气阀，最低点设置排水装置；若输送蒸汽，则最低点应安装疏水器或排水装置。无论水平还是垂直布置，都应在固定支架两侧的管道连接牢固后进行安装，并位于固定支架的中央，以保证管道两侧的伸缩平衡。

波纹管补偿器：波纹管补偿器是一种由金属波纹片构成的弹性装置，其通过波纹的变形来对管道进行补偿，也被称为波形膨胀节或伸缩节。根据波纹的排列形状，波纹管补偿器主要分为"U"型和"Ω"型两大类，能够有效吸收管道、设备或者系统在加热过程中产生的轴向、横向和角向位移。另外，它也常用于缓解机械位移、吸收振动和降低噪声。

在管道系统中安装补偿器时，首先应考虑利用管道自身结构中的弯曲部分来实现自然补偿。接下来，可以考虑使用人工制造的补偿器，如套筒补偿器、波形补偿器和球形补偿器等。这些补偿器可以根据热伸长量的大小，通过参考产品样本进行选择。这些补偿器的使用可以简化管道结构，提高热力网管道系统的可靠性，并减少工程的维护成本。

2. 管件

市政热力管网在施工时常使用一些管件，如弯头和三通等。在这些管件中，弯头的材料应与管道材料相同或更优，且其壁厚不得少于管道的壁厚。对于钢管制成的三通和支管开孔，应进行加固处理。特别是在承受较大轴向荷载的直埋管道中，需要对三通主管进行轴向加固考虑。而对于变径管，应采用压制成型或者钢板卷制的方法，其材料质量不得低于管道所用钢材，壁厚也应满足管道壁厚的要求。具体的管件技术规格可参考相关资料。

3. 热力管道的检查室及检查平台

在地下敷设的热力管道中，安装诸如套管补偿器、波纹管补偿器、阀门、放水装置等管道附件时，都需要设立检查室。这个检查室的设计应保证能够方便地进行管道的安装、调试和维护工作。具体应符合下列规定：

①净空高度不应小于 1.8m。

②人行通道宽度不应小于 0.6m。

③干管保温结构表面与检查室地面距离不应小于 0.6m。

④检查室的人孔直径不应小于 0.7m，人孔数量不应少于两个，并应对角布置，人应避开检查室内的设备。当检查室净空面积小于 4m² 时，可只设一个人孔。

⑤检查室内至少应设一个积水坑，并应置于人孔下方。

⑥检查室地面低于管沟内底应不小于 0.3m。

⑦检查室内爬梯高度大于 4m 时应设护栏或在爬梯中间设平台。

如果检查室内部的设备或附件需要更换，而无法通过人孔进行操作，那么应在检查室的顶部设置安装孔。这些安装孔的尺寸和位置应确保设备或附件的顺畅进出以及安装工作的便捷进行。

若检查室内安装有电动阀门，应当采取必要措施，确保安装位置的空气温度和湿度符合电气设备的技术标准。

当地下敷设的热力管道只需安装放气阀门且埋深较浅时，可以不设立专门的检查室，只需在地面上设置检查井口。放气阀门的安装位置应便于工作人员在地面上进行操作。当管道埋深较大时，在确保安全的前提下，也可以只设置检查人孔。

检查室内如设有放水阀，其地面应设有 1% 的坡度，并设坡向积水坑。积水坑至少设 1 个，尺寸不小于 0.4m×0.4m×0.5m（长 x 宽 x 深）。管沟盖板和检查室盖板上的覆土深度不应小于 0.2m。

对于中高层支架敷设的管道，在安装阀门、放水放气装置等设施的位置，应当配备操作平台。在管道需要跨越河流、峡谷等区域时，根据需要，应当在架空管道旁边构建检修便桥。

检查室及检查平台的数量以安全运行及方便检修为前提，应当尽量减少数量，以节省投资。

4. 管道支座（支架）

在市政热力管道系统中，为了支撑管道并控制管道的位移，安装了支座（支架），它们用于承受管道的重量和管道内部介质产生的作用力。根据对管道位移的限制程度，支座（支架）可以分为固定支座和活动支座两类。

（1）固定支座

固定支座的作用是防止管道及其支撑结构发生相对位移，它们主要用于将管道分成几段进行独立的热补偿，并且通常位于补偿器的两侧，以确保补偿器能稳定地运作。固定支座的主要类型包括金属固定支座和挡板式固定支座。在直埋铺设或无通行地沟的情况下，固定支座可以采用钢筋混凝土固定墩的形式。

（2）活动支座

活动支座是一种允许管道与支撑结构之间存在相对运动的支座。根据其结构和功能，它们可以分为滑动、滚动、弹簧、悬吊和导向支座等类型。滑动支座通常由安装在管道上的钢制托架和下方的支撑结构组成，用于支撑管道的垂直载荷，并且允许管道在水平方向上进行滑动位移。

滚动支座由管子上的钢制托架和支撑结构中的辊轮、滚筒或滚珠等元件组成，通过卡固或焊接方式安装。它能够承受管道的垂直载荷，并允许管道在滚动方向上发生位移。这类支座通常仅适用于架空铺设的管道。

悬吊支架是将管道悬吊在支架下，允许管道有水平方向位移的活动支架。

弹簧支吊架配备有弹簧悬挂支架，除了允许管道在水平方向上进行轴向和侧向位移之外，还能对管道的垂直位移进行一定程度的补偿。这种支吊架通常应用于管道垂直位移较大的区域。

导向支架是只允许管道轴向位移的支架。其构造常是在滑动支座或滚动支座沿管道轴向的管托两侧设置导向挡板。导向支座的主要作用是防止管道纵向失稳，保证补偿器的正常工作。

活动支座之间的距离对于整个热力管网中支架的数量和工程的费用有重要影响。在保证管网安全稳定运行的前提下，应当尽可能地增加支座间距离，以降低支架的总数，进而减少管网建设的成本。支座的最大间距受限于管道的允许最大跨距，而管道的跨距又是由管道的强度和刚度要求共同决定的。

二、燃气管道工程

（一）城市燃气管道的分类及选择

活动支座之间的距离对于整个热力管网中支架的数量和工程的费用有重要影响。在保证管网安全稳定运行的前提下，应当尽可能地增加支座间距离，以降低支架的总数，进而减少管网建设的成本。支座的最大间距受限于管道的允许最大跨距，而管道的跨距又是由管道的强度和刚度要求共同决定的。

中国城镇燃气的设计压力（P）分为 7 级，具体要求见表 2-9。

表 2-9 城镇管道燃气设计压力（表压）分级

名称		压力（MPa）
高压燃气管道	A	$2.5 < P \leq 4.0$
	B	$1.6 < P \leq 2.5$
次高压燃气管道	A	$0.8 < P \leq 1.6$
	B	$0.4 < P \leq 0.8$
中压燃气管道	A	$0.2 < P \leq 0.4$
	B	$0.01 < P \leq 0.2$
低压燃气管道		$P < 0.01$

根据上述压力级制的不同，可将燃气输配管网分为一级系统、两级系统、三级系统及多级系统四种。一级系统仅用低压管网来输送和分配燃气，一般适用于小城镇的燃气供应系统。两级系统由低压和中压 B 或者低压和中压 A 两级管网组成。三级系统由低压、中压和高压三级管网组成。多级系统由低压、中压 B、中压 A 和高压 B，甚至高压 A 的管网组成。

居民用户和小型公共建筑用户一般直接由低压管道供气。低压管道输送人工燃气时，压力不大于 2kPa，输送天然气时不大于 3.5kPa；输送液化石油气时，压力不大于5kPa。

中压 B 和中压 A 管道必须经过区域调压站或用户专用调压站才能给城市分配管网低压和中压管道供气，或给工厂企业、大型公共建筑用户以及锅炉房供气。

通常，大城市的高压 B 燃气管道构成了其输配管网系统的外围网络，这一网络是城市供气的主要渠道。高压燃气必须经过调压站进行压力调整之后，才能被输送到中压管道、高压储气设施以及那些需要高压燃气的大型工业用户。

高压 A 输气管道通常是贯穿省、地区或连接城市的长输管线，有时也构成大城市输配管网的外环网。

在城市管道网络中，不同级别的压力管道，尤其是中压以及以上较高压力级别的管道，应当设计成环形结构。在网络的初期建设阶段，可以选择形成分支状或半环状的结构。随着城市的不断扩张和进步，这些网络会逐步扩展成为完整的环形网络。

燃气输配系统各种压力级别的燃气管道之间应通过调压装置相连。当有可能超过最大允许工作压力时，应设置防止管道超压的安全保护设备。

城市、工业区和居住区可以由长距离的输气管道提供燃气。对于位置相对城市较远的大型用户，在经过经济和安全性评估，确认为合理可靠的情况下，可以自行建立调压站并与长输管道相连。除了特定的、允许设立专用调压器的管道检查站可以与长输管道相连使用燃气外，独立的居民用户是不允许直接与长输管道连接的。

在确保有充分且正当的理由，并且安全措施确实可靠的前提之下，且已获得相关上级部门的批准，城市中也可以使用高压管道。此外，随着科技进步，可能会提升管道和燃气专用设备的品质，增强建设质量和运营管理能力。在建设新的城市燃气网络或改造旧系统时，可以考虑使用更高压力的燃气管道，这有助于提升管道的输气效率或者减少燃气管道工程的成本。

在确定城镇燃气输送和分配系统的压力级别时，应考虑多种因素，包括燃气的来源、用户的用气需求及其分布情况、城市的地形和障碍物、地下管线和建筑物的情况、管材和设备的供应状况，以及施工和运营的相关条件。在充分比较不同方案之后，应选择那些技术上可行、经济上合理、安全可靠的最佳方案。

（二）城市燃气管道的布线

1. 城市燃气管道的布线依据

城市燃气管道的布局涉及在确定系统大体设计后，确定每段管道的具体位置。城市燃气管道通常在地下进行铺设，且最好穿越城市街道、人行道或者绿化带。布局时需要考虑的主要因素包括：管道内燃气的压力；街道及地下管道的密度和布局；街道的交通流量和路面结构；运输干线的分布；输送燃气的湿度要求，以及所需的管道坡度和街道地形变化；连接到该街道的用户数量和用气需求；线路上的障碍物；土壤类型、腐蚀性和冻土层深度；管道施工、运行及故障时对交通和居民生活的影响。

2. 燃气管道的布置形式

市政燃气管道根据建筑的分布情况和用气特点，其布置方式可分为四种形式：树枝式，双干线式，辐射式和环状式。

3. 燃气管道的布置

燃气管道在平面上的布置要根据管道内的压力、道路情况、地下管线情况、地形情况、管道的重要程度等因素确定。

（1）高、中压管道的平面布置

高、中压管网的主要功能是输气，并且通过调压站向低压管网各环网配气。一般按以下情况进行平面布置：

高压管道适合布置在城市的郊外或那些有足够空间进行安全埋设的区域，并且应该形成环状结构，以增强供气安全性。中压管道则应该位于城市用气区域，并且易于与低压环网相连的主要道路上，但应避免设置在车流量大或繁华商业区附近的交通要道中，以免给管道的施工和维护带来不便。中压管道应该设计成环状网络，这样做可以提升供气和配气的安全性和可靠性。

在规划高、中压管道的位置时，需要考虑调压站的位置和是否可以向大型用户提供直接供气服务。管道在穿越这些区域时，应尽可能地靠近调压站和大型用户，以减少连接支管的长度。此外，从气源厂连接到高压或中压管道的管段应该采用双线铺设。

直接从高、中压管道接收燃气的大型用户，其连接管道的末端应该预留专用调压站的空间。在布置高、中压管道时，应当尽量避开铁路等大型障碍物，这样做可以降低工程建设的难度和相关的投资成本。

高、中压管道作为城市燃气输配系统的主要输气和配气干线，需要在规划时同时考虑到近期需求和远期发展，以延长现有管道的使用寿命，并尽可能减少未来改道、扩建管道或增加双层管道的工程需求。如果高、中压管网在初期建设时的条件限制下只能实现半环形或枝状的布局，那么在未来的发展中，应当确保这些网络能够与规划中的环网系统有机结合，避免未来形成不合理的网络布局。

（2）低压管网的平面布置

低压管网的主要功能是直接向各类用户配气。据此，低压管网的布置应考虑下列情况：

低压管道的输气压力低，沿程允许的压力降也较低，故低压管网的每环边长一般控制在 300 ~ 600m。

低压管道直接与居民连接，伴随着城市建设的推进，用户数量逐渐上升，因此低压管道通常采用环状网络布局，但在适当情况下也可以采用枝状布局。在可行的情况下，低压管道应尽量布置在街区内部，同时作为庭院管道使用，以减少投资成本。

低压管道可以沿街道的一侧敷设，也可以双侧敷设。在有轨电车通行的街道上，当街道宽度大于 20m、横穿街道的支管过多时，低压管道可采用双侧敷设。

低压管道应按照规划道路布线，并应与道路轴线或建筑物的前沿相平行，尽可能避免在高级路面下敷设。

为为确保在施工和维护期间不会相互干扰，并防止泄漏的燃气对邻近管道造成损害或进入建筑物内，地下燃气管道与建筑物、结构物及其他管道之间应保持必需的水平距离和垂直距离。这些距离应遵循表 2-10 和表 2-11 中具体规定。

表 2-10　地下燃气管道与建（构）筑物或相邻管道之间的最小水平净距（m）（一）

名称　　低压　　中压	地下燃气管道			
	高压 B	高压 A		
建筑物基础	2.0	3.0	4.0	6.0
热力管的管沟外壁、给水管、排水管	1.0	1.0	1.5	2.0
电力电缆	1.0	1.0	1.0	1.0
通信电缆，直埋在导管内　　1.0　　1.0	1.0	1.0	1.0	1.0
	1.0	2.0		
其他燃气管道　管径≤300mm	0.4	0.4	0.4	0.4
管径＞300mm　　0.5	0.5	0.5	0.5	
铁路钢轨	5.0	5.0	5.0	5.0
有轨电车道的钢轨	2.0	2.0	2.0	2.0
电杆（塔）的基础　≤35kV	1.0	1.0	1.0	1.0
＞35kV	5.0	5.0	5.0	5.0
通信照明电杆中心	1.0	1.0	1.0	1.0
街树中心	1.2	1.2	1.2	1.2

表 2-11　地下燃气管道与建（构）筑物或相邻管道之间的最小水平净距（m）（二）

项目	地下燃气管道（当有套管时，以套管计）
给水管、排水管或其他燃气管道	0.15
热力管、热力管的管沟底（或顶）	0.15
电缆　直埋	0.5
在导管内	0.15
铁路　（轨底）	1.2
有轨电车（轨底）	1

低压管网的平面布置应当注意以下几点：

①当次高压燃气管道压力与表中数不相同时，可以采用直线方程内插法确定水平净距。

②若受地形限制不能满足表 2-10 和表 2-11 的要求时，经和有关部门协商，采取

有效的安全防护措施后，表 2-10 和表 2-11 规定的净距均可适当缩小。但低压管道不应影响建（构）筑物和相邻管道基础的稳固性，中压管道距建筑物基础不应小于 0.5m 且距建筑物外墙面不应小于 1m，次高压燃气管道距建筑物外墙面不应小于 3.0m。其中，当对次高压 4 燃气管道采取有效的安全防护措施或当管道壁厚不小于 9.5mm 时，管道距建筑物外墙面不应小于 6.5m；当管壁厚度不小于 11.9mm 时，管道距建筑物外墙面不应小于 3.0m。

③表 2-10 和表 2-11 的规定除地下燃气管道与热力管的净距不适于聚乙烯燃气管道和钢骨架聚乙烯塑料复合管外，其他规定均适用于聚乙烯燃气管道和钢骨架聚乙烯塑料复合管道。

④地下燃气管道与电杆（塔）基础之间的水平净距，还应满足表 2-12 的规定。

表 2-12 地下燃气管道与交流电力线接地体的净距（m）

电压等级（kV）	10	35	110	220	
铁塔或电杆接地体	1	3	5	10	
电站或变电所接地体	5	10	15	30	

（3）燃气管道的纵断面布置

在决定纵断面布置时应考虑下列情况：

①地下燃气管道埋设深度，应在土壤冰冻线以下。管顶覆土厚度还应满足以下要求：埋设在车行道下时，不得小于 0.9m；埋设在非车行道（含人行道）下时，不得小于 0.6m；埋设在庭院（指绿化地及载货汽车不可进入之地）内时，不得于 0.3m；埋设在水田下时，不得小于 0.8m。

随着天然气应用的普及和管道材料的优化，位于人行道、辅路、草地和公园的燃气管道现在可以进行浅埋铺设。

②对于输送含有杂质的燃气管道，无论是主管道还是分支管道，通常要求其坡度不小于 0.3%。在规划管道布局时，尽量使管道的坡度与周围地形相匹配，这样可以减少挖掘工作的土方量。此外，在管道的最低位置应当安装排水设备。

③地下燃气管道不得从建筑物和大型构筑物（不包括架空的建筑物和大型构筑物）的下面穿越。

④通常情况下，燃气管道不应穿越其他管道。如果因特殊情况必须穿越其他大直径管道（如污水管道、雨水管道或热力管道沟），则必须获得相关部门的批准，并且燃气管道必须被放置在钢制保护套管内。

⑤燃气管道与其他各种构筑物以及管道相交时，应按照规范规定保持一定最小垂直净距离，如表 2-12 所示。

（三）燃气管网附件

为确保燃气管网系统的顺利运行管理，同时考虑到维修及连接的需求，应在管网的关键位置安装必要的配件，如补偿器、排水装置、放散管道等。

1. 补偿器

燃气管道会因燃气和环境温度的变化而发生长度变化，这种变化会产生很大的应力，容易导致管道损坏。所以，在管道上需要设置补偿器，以缓解管道因热胀冷缩而产生的应力，这种装置通常用于空中管道和需要进行蒸汽吹扫的管道。另外，补偿器安装在阀门的下游，利用其伸缩性，便于阀门的拆卸和维修。考虑到基础沉降、地裂带错动等可能导致管道位移的因素，同样需要在管道上设置补偿器。这些补偿器的形式已经在前面讨论过。

补偿器通常安装在空中管道、桥梁管道、高层建筑的燃气立管等位置。对于埋地铺设的聚乙烯管道，它们通常位于较长的管段上，并常采用钢制波形补偿器。波形补偿器因其可靠性高、结构紧凑、重量轻、位移补偿量大、产生的变形应力小等优点，在管道与管道、管道与设备、设备与设备之间的串联中发挥着了重要作用。它不仅能够提供足够的轴向位移补偿，还能提供横向或角向的位移补偿，其补偿能力大约为 10 毫米。为了防止补偿器内部积水导致锈蚀，会通过套管的注入口注入石油沥青。在安装时，注入口应位于下方。补偿器的安装长度应该是补偿器在无螺杆受力情况下的实际长度，如果安装不当，不仅补偿器无法发挥其应有的补偿功能，还可能给管道或管件带来额外的应力。

在中、低压燃气管道穿越山区、隧道以及地震频发的地区时，可以采用橡胶－卡普隆补偿器来应对管道的变形需求。这种补偿器由带法兰的螺旋纹理软管构成，软管内部是由卡普隆布作为夹层的橡胶管，外部则用粗壮的卡普隆绳索进行加固。橡胶－卡普隆补偿器在拉伸状态下的补偿能力达到 150 毫米，在压缩状态下的补偿能力为 100 毫米，它能够在纵横两个方向上进行变形，以适应管道的位移需求。

2. 排水器

凝水器是燃气管道系统中不可或缺的配套设备，也被称作凝水缸或积水井。为了有效地排出燃气管道中的冷凝水和石油伴生气管道中的轻质油，燃气管道在铺设时需要保持一定的倾斜度（不应小于 0.003），而凝水器则应当安装在管道倾斜度变化处的最低点。凝水器的安装间隔取决于冷凝液的产生量，通常每隔 200 至 300 米设置一个，而出厂和出站管道线上需要更密的设置。对于河底管道，排水器的井杆需要延伸到岸边，以便于进行定期的排水作业。此外，排水器还可以用来监测燃气管道的运行情况，并作为解决管道堵塞问题的一种工具。

依据燃气管道内压力和凝结水量的差异，排水器分为不可自动排放和可自动排放两种类型。在低压燃气管道系统中，通常会安装不可自动排放的低压排水器，这些排水器通常由铸铁材料制成。排水器中的水或油需要通过抽水设备来进行排出。排水管上装有电极，用以测量管道与地面之间的电位差，但如果设计中没有特别要求，这些电极可以不安装。

在高压和中压的燃气管道系统中，会安装能够自动排放的高压和中压排水器，这些排水器通常由钢制成。由于管道内的压力较高，一旦排水管的旋塞被打开了，水或油就能自动流出。为了避免在冬季排水管内残留的水结冰，会设置一个循环管路，以保持排水管内水柱的压力平衡，让水依靠重力流回下方的集水器。为了避免燃气中的焦油和其他杂质堵塞排水管，排水管和循环管的直径需要适当扩大。排水管被安装在套管内，并在排水管的上部设置了一个直径为 2 毫米的小孔，以实现燃气管道和排水管之间的压力平衡，防止凝结水沿着排水管上升并避免在管道内残留导致冻结。

排水器需要确保在炎热的夏季和寒冷的冬季都能稳定排水，安全运作，并且易于维护和清除内部固体杂质。在气候温和的区域，排水器可以露天地安装，并根据需要进行适当的保温或加热措施。而在气温较低的地区，排水器则应安置在加热的小室内以防止冻结。

3. 煤气放散管

在煤气系统当中，用于在特定情况下释放煤气或管道内空气的管道称为煤气放散管。在管道开始运营前，使用放散管排出管道内的空气；在进行管道或者设备的维修时，放散管用于排放管道内的燃气，避免在管道内积聚可燃气体混合物。放散管的常见类型包括超量放散管、紧急放散管和吹扫放散管等。放散管的尺寸应确保在规定时间内能够释放一定量的煤气。由于放散管排出的煤气具有可燃性，其布置需要考虑消防安全。放散管通常安装在管道的最高点，并在其上安装球形阀门，以在燃气管道正常运行时保持关闭状态。放散管应安装在阀门井中，在环形管道网络中，在阀门的前后都应安装放散管，而在单向供气的管道上，则应安装在阀门以前。

第三章　市政道路工程建设

第一节　道路建设节能分析

一、城市道路节能概述

（一）城市道路节能的本质和实现途径

城市道路节能的核心在于打造一个可持续发展城市道路系统，在确保满足交通需求的同时，重视资源和能源的高效使用。根据国内外研究，城市道路节能的内容非常丰富，涉及的方面众多。一方面，它关系到城市道路建设与资源能源消耗之间的联系，比如在道路建设过程中所用建筑材料的消耗和施工设备的能源需求；另一方面，它也涉及到城市道路的服务性能与资源能源消耗之间的关联，比如道路建设对车辆行驶里程的缩短和通行条件的改善，从而减少车辆的燃油消耗。

城市道路节能的实现途径可以从如下四个方面考虑：

第一，满足合理的道路交通需求；

第二，优化建设过程和进行资源充分利用；

第三，降低道路运营能耗与行驶车辆的油耗；

第四，优化路用资源分配，倡导绿色出行。

（二）城市道路节能因素分析

1. 城市道路规模影响因素分析

（1）道路规模的确定与资源利用效率

为了确保城市道路的基本通行能力，其进行节能优化设计的基础，合理的道路等级规划变得至关重要。在城市道路的规划与设计过程中，必须基于实际的通行需求来恰当地设定道路等级，以避免不必要的资源能源浪费，同时也要防止因等级设置不当导致的道路拥堵，这会影响车辆的行驶效率并增加燃油消耗。此外，还需避免过早进行道路的扩建或改建，以减少资源和能源的浪费。总的来说，选择恰当的道路建设规模不仅能够显著延长城市道路的使用寿命，而且根据城市道路不同等级对交通性能和生活性能的侧重，合理的等级设定将影响道路在设计寿命期内是否能提供舒适、安全的行驶条件，以及满足便捷生活的需求。在判断待建道路设计等级的节能性时，应考虑道路的通行能力、服务水平和交通分流能力等因素。

（2）实际行车速度与油耗节约分析

车辆的燃油消耗与其实际行驶速度密切相关。研究表明，汽车在经济速度范围内行驶时，其百公里燃油消耗量最低。在城市道路行驶当中，车辆面临拥堵、非机动车和行人等因素的干扰，这些都会影响车辆的正常行驶。因此，如何减少车辆的停车、制动等操作，以便让车辆能在经济速度下保持连续行驶，是分析车辆节能性能与道路状况时需要重点考虑的因素。

2. 城市道路选线节能因素分析

城市道路几何线形设计与道路的总里程相互影响和关联，在于不考虑道路总里程的情况下，道路的几何线形选择间接影响城市道路筑路材料的投入量，而线形选择对运行车辆的油耗影响则较为直接。

（1）交叉口设计通行能力分析

这句话帮我深度降重

（2）城市道路平面线形节能影响分析

城市道路的平面线形设计需要与实际地形保持协调，合理的道路平面线形设计能够有效节约道路建设过程中筑路材料的投入量。同时，由于汽车在进出平曲线特别是较小平曲线时会经历换挡进行减速、匀速、加速的过程，这就使得车辆动能大量损失，同时车辆滚动阻力和内摩阻力增大，导致车辆油耗量急剧增加。因此，控制车辆进出平曲线的次数也是道路线形节约油耗的关键因素。现有的部分研究认为，平曲线的半径关系到车辆速度变化的突变程度，决定了车辆每一次换挡的能耗损失，在平面设计节能因素当中也需要考虑。

（3）城市道路纵断面线形节能影响分析

在城市道路的纵向规划中，不同的坡度设计对能效有着显著的影响。一方面，设计是否与地形特征相吻合，直接关联到对地形地貌的破坏程度以及土建工程的填挖量。另一方面，研究表明，一旦道路坡度超过3%，车辆的油耗率会随着坡度的增加而上升，且坡程越长，上坡时的燃油消耗量也越高。另外，在下行过程中，车辆需要使用刹车来控制速度，这一过程将动能转化为热能，导致额外的能量损失。综合来看，道路坡度每增加一度，车辆的燃油消耗量和能效损失都会相应增加。

3. 城市道路路面结构设计节能因素影响

（1）城市道路路面节能性能影响分析

道路的路面状况会直接影响行驶车辆的行车速度、行车安全和舒适性。根据相关的研究成果，高等级路面在提高行车速度，增强车辆行驶的安全性和舒适性方面占有极大优势。例如，沥青路面与砂石路面相比，行车速度可以提高到 1.7 ~ 2 倍，轮胎使用寿命增加约 20%；与在非高架路面上行驶相比，汽车在高级或次高级路面上行驶能够节约 20% ~ 30% 的燃油。

（2）城市道路筑路材料节能影响分析

在道路施工过程中，耗用了大量的建设材料。《加拿大道路维护节能指南》通过研究统计了多种常用路面材料在生产、运输和铺设过程中的能耗数据，并据此制定了建材能耗的评估指标。目前，沥青、砂石、混凝土等材料的可再生利用技术正逐渐成熟，通过回收和再利用这些旧路面材料，不仅能提升资源的使用效率，而且还能减少生产新原材料所必需的能源消耗，有效实现了节能目标。因此，在设计路面结构时，再生建材的应用比例成为了一个关键的节能考量因素。

二、城市道路照明设计及节能措施

（一）城市道路照明设计

1. 接地系统的设计

第一，TNS（Totally Neutral System）是一种道路照明接地方式，其中城市道路照明系统的电源部分与地直接连接。电力从配电变压器的低压侧中性点（即电源端）引出中性线（N 线）和保护线（PE 线）供应至用电设备端。在这种系统中，所有外露的导电部件都应接入保护线（PE 线）以保障安全，同时中性线（N 线）与保护线（PE 线）必须严格区分，以确保电气安全。

第二，在 TT 接地系统中，城市道路照明设施的电源和用电设备两端均直接与地面连接。与 TNS 系统不同，TT 系统不通过电源的中性线来引入保护线（PE 线）连接到照明设备的壳体。相反，TT 系统为照明设备专门设立了接地电极，并从该电极引出保护线（PE 线）以连接到设备的外壳，以确保安全并且防止电气故障。

2. 确定道路照明系统灯杆设计

首先，城市道路照明规划应依据实际需求来决定灯杆的布局方式。在市区道路、居民区、工业区、政府机关等地，通常采用单侧灯杆布置，此时需合理控制照明范围，以确立规范的照明宽度。而对于城市主干道和高等级道路，则通常选择双侧布置灯杆，以避免单向照明引起的眩光，确保道路照明的均匀性。其次，城市道路的设计应决定合适的灯杆高度，一般而言，标准灯杆高度应保持在 6 到 10 米之间，而对于主干道和快速路，则应不超过 12 米。此外，灯杆的挑臂长度和角度也需要适当控制，防止超过 2 米的挑臂长度或仰角大于 15 度，以保障城市道路照明的质量。

3. 确定道路照明系统的功率密度

道路照明的功率密度（Roadway Lighting Power Density，简称 RLPD）是指为单位路表面积所需的基本照明功率。在设定道路照明系统的 RLPD 时，应考虑道路的功能和位置来进行细分，并根据车道的数量进行适当的调整。对于城市快速干道双向六车道，由于设计速度较高，其 RLPD 通常应超过 30 勒克斯（lx）；而对于城市主干道，由于交通负荷较大，双向六车道的 RLPD 应介于 30lx 至 20lx 之间，以保障行车安全。对于城市次干道，由于交通压力较小，四车道道路的 RLPD 应控制在 20lx 至 15lx 之间，而少于四车道的道路则应将 RLPD 控制在 15lx 至 10lx 之间。总的来说，通过合理控制 RLPD，可以实现更有效的道路照明，保障道路的通行能力和安全，同时也有助于构建适合城市发展和节能要求的基础照明体系。

（二）城市道路照明设计节能对策

1. 充分利用天然的采光

实施照明节能措施之前，必须理解照明的基本概念。照明是指使用不同类型的光源，以人工或自然的方式照亮工作和生活空间以及物体，以便人们能够清晰地看到周围的环境和物品。照明主要分为天然采光和人工照明两种形式，其中天然采光依赖太阳光，而人工照明则使用人工光源。照明节能的目标是减少人工照明的能耗，并最大化天然光的有效利用。在不依赖人工照明的情况下，应尽可能地采取节能措施，利用自然光进行照亮，这不仅更健康、更环保，而且符合低碳生活的原则。充分利用自然光在照明系统中至关重要，它是系统中不可缺少的部分。自然光是一种无限的、宝贵的能源。如果在电气照明中充分利用自然光，节能就不再是难题。例如，白天应尽量减少开灯，利用自然光照亮室内，对于阳光无法照射区域，可以使用反光镜等设施进行补光。如果天然光的亮度不足以满足人们的需求，可以设计一种亮度可调节的照明系统来满足室内照明的需求，同时，自然光照明的效果通常比人工照明更为健康和舒适。随着照明材料研究的深入，利用导光技术和材料已经成为城市道路照明的首选方案。

2. 推广使用高光效灯具

灯具的恰当选择对于控制城市道路照明能源消耗至关重要。在挑选灯具时，应结合市政照明需求和自然采光条件，确保灯具有优良的光照效果并符合节能减排的标准。同时，灯具的耐用性、操作便利性、实用性和成本效益也应得到充分考虑。在选择灯具时，以下几个因素应予以重点考虑：对于较低的城市道路，则可以选用荧光灯，这种灯具能在充分利用自然光的前提下，满足室内照明需求；而对于较高高度的城市道路，则可以选择金属卤化物灯，这类灯具有出色的照明效果、较长的使用寿命和较高的稳定性，因此在室外道路照明中应用广泛。在大型场地或高耸的城市道路上，金属卤化物灯能有效提供照明并实现节能减排。对于那些高大且维护不便的城市道路，建议使用无极荧光灯进行照明。需要注意的是，荧光高压灯和热辐射灯的能耗较高，应在城市道路照明中尽量避免使用。

3. 选用 LED 灯

LED 光源因其低能耗、高效率和紧凑的体积等特性，正逐渐受到广泛关注，并已在路灯领域得到应用，对城市照明技术的进步做出了显著贡献。

随着人们对于照明品质标准的提升，照明设备的设计不再仅仅关注亮度，还涉及到照明色彩、外观和质感等方面。这促使 LED 路灯设计需持续创新与优化，以提升城市照明的整体质量。

在城市基础设施中，道路扮演着关键的连接角色和主要的功能单元。为了增强城市交通的安全性和流畅性，必须重视城市道路照明系统的规划与实施。这样做不仅能够确保交通的安全与效率，还能增强道路系统的关键职能和连接功能。在开发城市道路照明系统时，应将系统的效能和节能效率放在首位。利用设计阶段的引领作用，采取多种策略来加强市政道路照明系统的设计，确保照明功能得到满足，提升城市道路的经济和社会效益，为城市化进程和经济建设提供系统性、功能性的支持。

三、城市道路建设节能环保分析

（一）城市道路施工环保节能概念

在进行道路建设时，应把环保和节能作为核心关注点。施工方应采纳先进的新技术和设备，以确保资源和能源的高效利用并实施严格的管理。首先，交通基础设施建设应掌握关键的节能技术，以便利用这些技术提升行驶舒适度。在施工行业当中，道路建设的环保和节能理念至关重要。通常，人们认为这涉及到在施工过程中应用节能技术以减少能源消耗，并通过采用各种节能措施来控制能源和资源的消耗，从而实现节能和环保的目标。此外，在保证工程质量的同时，还能形成一种新的道路建设技术体系。应当深刻理解道路建设中的环保和节能理念，交通工程不应以破坏环境为代价，而应在保护环境平衡的前提下为人民提供福祉。

（二）城市道路中的节能设计

1. 电力节能

路灯的电力消耗是一种直接的能源消耗，可以通过以下技术手段来实现节能：首先，对高压钠灯、汞灯和无极灯等灯具进行单灯电容补偿，以确保补偿后的功率不低于 0.85；其次，LED 路灯因其环保、低功耗、高光效、高光利用率、长寿命等优势，逐渐成为路灯市场的首选；第三，在选择电缆时，除了要满足压降、灵敏度等基本要求外，还应考虑经济电流密度，以减少运行中电缆的铜损耗；最后，通过安装智能照明系统，实现照明的精确控制，以按需调节的方式，显著减少照明的电力损失。智能照明系统可以是集中式的，也可以是单灯控制的，具体选择应当根据实际需求和整体成本效益来决定。

（1）电器自控设计

实施全程自动监控系统，通过计算机的精确监控，对机械和电气设备实施智能控制，并利用信息技术网络，实现集中的监控和分散的控制。变压器的安装应尽量靠近负荷中心，以减少供电线路的长度。较短的供电距离可以降低电路在供电过程当中的损耗。在低压侧可以设置无功补偿装置，以实现集中补偿，确保线路的无功传输损失最小化，从而达到节能的效果。对于泵站的动力负荷，可以采用电机的变频调速技术，根据集水池中的实时水压自动调整水泵电机的启停及转速，以达到最佳的节能效果。

（2）照明设计的节能措施

鉴于城市道路工程庞大且结构复杂，采用风力和太阳能互补的 LED 路灯能显著减少工程量，简化安装和运输流程，从而节省时间、人力和物力。这种方法可以省去埋管和布线等步骤，显著降低材料费、人工费、运输和管理费用，以及电费等。最重要的是，其运营成本极低，无需承担高额的电能消耗费用。风力和太阳能互补路灯能够利用这两种可再生能源，无需支付电费，也不消耗城市电网的电力。在安装这种路灯时，还能减少电缆的成本。因此，在城市道路工程中使用风光互补路灯不仅能减少初期投资，还能充分利用地理优势，利用丰富的风力和太阳能资源，有助于解决传统发电所带来的能源消耗问题。

2. 工艺设计

在污水管道建设过程中，采用抗腐蚀和耐磨损的塑料管材可以减少初期投资，同时降低水流阻力，减少输送过程中的水资源损失，从而达到节约成本的目的，并带来一定的节能效果。此外，在污水管道敷设时，应尽可能利用重力流，提升管道高度，减少污水泵站的建设，以此降低长期运营成本。对于给水管网，进行压力平衡计算，以优化管网布局，避免不必要的费用支出，减少运营成本，提升系统运行效率。

3. 燃油节能

在汽车行驶过程中，会对燃油消耗造成影响的因素较多，除去汽车本身因素外，道路、交通、行驶状况等，都是导致汽车行驶燃油消耗的主要原因，可表现以下几个方面：

（1）车辆特点

在车辆行驶过程中，燃油消耗受多种因素影响，包括物理特性、车辆设计特性、载重、车辆重量、发动机运转速度和功率等，这些因素都是导致燃油消耗增加的关键因素。

（2）道路调节因素

道路的设计应考虑其几何特性，比如曲率、坡度和宽度等。此外，路面的平整度、道路的纵向和横向线性也需合理规划，以优化设计并减少长度，维持线性的美观。

（3）交通状况因素

交通状况是衡量道路服务品质的关键，涵盖了车流量、不同类型交通的混合、分布均匀性、横向干扰、行人干扰、交通设施的完备性以及行车速度等因素。在设计阶段，应依据交通流量预测来优化交通规划，合理选择道路断面设计，同时考虑行人设施和交通节点的组织设计，以提升道路的服务水平和通行能力，确保道路功能最大效能的发挥，并追求最佳的节能效果。

（4）地域因素

在项目规划中，还需考虑所在地区的交通管理状况，以及当地驾驶员的常见驾驶习惯，这些因素同样需要在燃油节能设计中予以考虑。

（三）加强道路施工环保节能的措施

1.加强道路施工中的节能环保意识

作为施工单位或者工程人员，若想做好节能环保的工作，就必须从内心认清其重要性，从意识层面认清环保节能的意义。

相关部门和责任机构应积极推广道路建设中的环保节能理念，并定期举办宣传教育活动。特别是在工程早期阶段，这样做有助于让施工企业深刻理解环保节能的必要性，并且能够激励社会各界提升对节能环保施工的认识，增强各自的社会责任感，并自发地培养节能环保自觉意识。

第二，发挥交通运输领域的人力资本优势，加大对技术人才、管理人才以及一线施工人员的培养力度。要让大多数道路施工人员充分了解和掌握节能环保施工的相关要求、原则和方法，以便在实际施工过程中能够及时和灵活地应用这些知识，以确保工程的实施效果。

第三，建立环保节能的先进企业单位典范，并通过报纸、电视等媒体广泛传播其成功经验，为道路施工行业树立积极的榜样，发挥引领作用，从而为整个行业带来正面的循环影响。

2.加强施工阶段的环保监测管理

在交通工程项目的建设过程中，可能会出现一些环境问题，需要环保部门的监控和管理。环保监管部门有责任定期检查道路施工的环境影响，并对违规排放和环境破坏行为进行揭露和控制。对于那些严重损害环境且不愿配合整改的施工单位，应依法采取措施阻止其不当行为，以保护环境。

3.采用先进设备

在交通工程的建设过程中，施工企业应运用现代化的施工机械和技术，避免墨守成规。通过持续的自我提升和优化，可以确保道路工程在使用过程中的最佳性能。使用先进设备不仅能提升工程品质，还有助于最大限度地降低污染物排放，尤其是道路施工产生的废水和废渣。施工过程中，必须考虑现场的具体环境和生态状况，制定相应的环境保护措施，避免对周边环境造成破坏，并依据不同条件制定差异化方案。同时，在道路施工中，应提前部署隔离防护设施，并对施工过程中的项目采取封闭式管理，以减少废水、噪声等污染的产生。另外，施工中产生的粉尘等污染物若处理不当，可能对人体健康造成直接影响。

第二节　道路建筑材料

一、道路建筑材料应具备的性质

建筑材料是工程项目的基础组成部分，其质量的好坏和选用是否得当直接关系到工程结构的质量。在道路与桥梁建设中，材料成本通常占到总费用的 30% 至 50%，对于某些关键工程，这一比例甚至可高达 70% 至 80%。所以，为了控制工程投资和降低成本，合理选择和利用建筑材料成为一个关键环节。

在道路与桥梁工程领域，实现创新设计、技术、工艺和材料是相辅相成的。许多创新设计因受到材料限制而未能如愿以偿，而新材料的诞生又往往催生新技术的进步。因此，对道路建筑材料的研究是推动道路与桥梁技术进步的关键基础。

道路与桥梁工程构建了承受持续交通负载的结构，且暴露于自然环境中无任何保护。这些结构不仅承受着车辆带来的复杂力的作用，还必须抵御各种恶劣自然条件的侵袭。因此，用于建造道路和桥梁的材料必须能够在这种复杂应力环境中保持优异的力学性能，并且在长期受自然因素影响下仍能保持其性能不明显衰减，即所谓的耐久稳定性。这要求建筑材料应具备以下四项关键特性。

①力学性质。材料的力学特性指的是其对抗车辆负载复杂应力的能力。目前，建筑材料的力学特性主要通过测量各种静态强度来进行评估，例如抗压、抗拉、抗弯和抗剪等强度。此外，还包括一些特定设计下的经验性指标，如耐磨性和抗冲击性等。在某些情况下，假设材料的不同强度之间存在某种关联，通常以抗压强度作为参照，通过折算得到其他类型的强度值。

②物理性质。材料的力学强度受其所在环境的影响而有所变化。物理因素，如温度和湿度，是主要影响材料力学特性的因素。随着温度的上升或湿度增加，材料的强度往往会降低。这种强度随环境条件变化的现象，通常通过热稳定性或者水稳定性来衡量。对于质量较高的材料，其强度的变化对环境条件的敏感度应该较低。另外，还经常测量一些物理参数，如密度和孔隙率等，这些参数反映了材料的内部结构特征，并与材料的力学性质相关联，能够用来预测材料的力学表现。

③化学性质。材料的力学强度受其所在环境的影响而有所变化。物理因素，如温度和湿度，是主要影响材料力学特性的因素。随着温度的上升或湿度增加，材料的强度往往会降低。这种强度随环境条件变化的现象，通常通过热稳定性或水稳定性来衡量。对于质量较高的材料，其强度的变化对环境条件的敏感度应该较低。另外，还经常测量一些物理参数，如密度和孔隙率等，这些参数反映了材料的内部结构特征，并和材料的力

学性质相关联，能够用来预测材料的力学表现。

④工艺性质。工艺性能指的是材料适应特定加工过程的能力。例如，在水泥混凝土浇筑之前，它需要具备一定的流动性，以便于形成预定的构件形状。然而，不同的加工技术对材料的流动性要求各不相同。

建筑材料这四个方面性能是互相联系、互相制约的，在研究材料性能时，往往要把各方面性能联系起来统一考虑。

二、特种水泥混凝土

（一）高性能混凝土

高强度混凝土是一种采用先进技术制成的新型混凝土，它在提升了传统混凝土性能的同时，也将耐久性作为其设计的核心。根据不同的应用需求，高强度混凝土在耐久性、施工便捷性、适应性、强度、体积稳定性和成本效益等关键性能上进行优化。所有强度等级的混凝土都可以通过高强度化来实现。高强度混凝土的制备特点包括较低的水胶比，使用高质量的原材料，并且除了常规的水泥、水和骨料外，还需要添加较多的矿物掺合料和高效减水剂，以此来降低水泥的用量。

1. 原材料的选择

①外加剂的选择。通常的减水剂达不到高性能混凝土要求的减水程度及提高的工作性能，一般需要加超塑化剂（或叫高效减水剂）。

②胶结材料（水泥与矿物掺和料）的选择。因加入了大量的矿物掺合料，高性能混凝土在外加剂与水之间的相容性上取得了改善，从而提高了对水泥的兼容性。在应用时，需要确保水泥的种类和来源保持一致。粉煤灰、细磨矿渣和膨胀剂等材料应根据具体要求进行合理搭配，并在使用之前进行试配工作，优先选择需水比较低的粉煤灰。对于强度要求不高的混凝土，可以选择需水比超过1的粉煤灰；而对于C50等级以上的混凝土，则应使用需水比不超过1的粉煤灰。

③对骨料的要求。由于砂子在砂浆中的体积比例较大，适合使用细度模数较高的中砂（细度模数≥2.6），并且需要满足砂子的级配标准。尽管砂浆的总量较大，对碎石的级配要求不是很严格，但对碎石的形状却非常敏感。针状和片状颗粒的含量不应超过5%；如果含量超过7%，则可能导致拌和物完全堵塞；而在5%～7%的含量范围内，随着针状和片状颗粒含量的增加，堵塞现象也会逐渐地加重。为了确保足够的团聚性和防止堵塞，最好选择较小粒径的砂子。

2. 设计方法依据

①流动性和抗离析性的平衡。混凝土的拌和过程需要通过控制用水量和添加外加剂来调整其流动性。增加这两者的量通常会提升混凝土的流动性，但可能会降低其抗离析能力。特别是在制作高性能混凝土时，我们追求的是流动性好而没有离析现象。这就带来了一个挑战，因为流动性和抗离析性往往是一对矛盾体。为了找到合适平衡点，我们

需要考虑用水量、外加剂的使用、混凝土的流动性以及它的抗离析能力，这是混凝土配合比设计的核心，同时也是施工成功的关键。这就要求我们在设计配合比时，要根据具体的施工环境，如混凝土浇筑的位置、配筋的密集度、以及采用的浇筑技术等因素来做出调整。

②粗骨料与砂浆。要制备高流动性的自密实混凝土，关键在于确保混凝土具有所需的强度和耐久性，同时获得一种无需或只需轻微振捣就能自流平的拌和物。自密实混凝土的配合比设计应包含两个主要因素：低骨料体积比例和足够的砂浆黏度，其中骨料的体积比例对防止新拌混凝土离析起着关键作用。含有较少骨料的拌和物能更好地抵抗流动过程中的堵塞，但是过多的骨料减少会导致混凝土弹性模量的降低及较大的收缩。因此，在满足流动性的需求的同时，应尽可能增加骨料的用量。然而，增加骨料用量也会导致拌和物间隙的通过性能降低，从而容易发生堵塞问题。

③砂与胶凝材料浆体。当砂子在砂浆中的体积占比小于42%时，可以避免堵塞问题。但是，随着砂子体积占比的降低，砂浆的收缩现象会变得更加明显，因此砂子的体积占比至少应保持在42%以上。如果砂子在砂浆中的体积占比超过42%，堵塞的风险会随着砂子体积占比的增加而上升。当砂子的体积占比达至44%时，将会发生堵塞，因此砂浆中砂子的体积占比应不超过44%。砂浆的黏度与其内部砂子含量以及胶凝材料浆体的浓度有关联。

④胶凝材料和水。混凝土的胶凝材料浆体主要由胶凝材料和水混合而成，这两者之间的比例即为水胶比。当水胶比较大的时候，浆体的浓度会降低，这会使得混凝土的流动性变得更好，然而混凝土的强度却会随着水胶比的增加而减小。为了确保混凝土具有良好的耐久性，高性能混凝土的水胶比需要控制在0.4以下。可以通过添加矿物掺和料来调整混凝土的强度和拌和物的黏稠度。

3. 配合比设计方法和步骤

①设每立方米混凝土石子松堆体积 V=0.5 ~ 0.55m³，根据石子堆积密度计算每立方米混凝土石子用量。

②根据石子表观密度来计算每立方米混凝土石子密实体积，由1m³混凝土密实体积减去石子密实体积，得砂浆密实体积。

③设砂浆中砂体积含量为0.42 ~ 0.44，根据砂浆密实体积和砂在砂浆中的体积含量计算砂密实体积。

④根据砂密实体积和砂表观密度计算每立方米混凝土用砂量。

⑤从砂浆密实体积中减去砂密实体积，得水泥浆密实体积。

⑥根据混凝土设计强度等级，用强度水胶比公式计算，或根据经验估算水胶比（≤ 0.4）。

⑦设掺和料在胶凝材料中的体积含量，根据胶凝材料和水泥的体积比及其各自的表观密度计算出胶凝材料的表观密度。

⑧由胶凝材料的表观密度、水胶比，计算水和胶凝材料体积比，再根据水泥浆体积

分别求出胶凝材料和水的体积，再计算胶凝材料总量。

⑨根据胶凝材料体积和掺和料的体积含量（宜选用30%～60%）及各自的表观密度，分别求出每立方米混凝土中掺和料和水泥用量。

⑩按照上述步骤和要求，计算几组配合比进行试配，评价其施工性，并且检验其强度，选择其中符合要求的配合比。若实测混凝土表观密度值与计算的表观密度值之差的绝对值超过2%，应用校正系数对所计算的配合比进行调整。

（二）粉煤灰混凝土

粉煤灰混凝土是随着现代混凝土技术的发展而兴起的一种成本效益较高的改性混凝土。将粉煤灰融入混凝土中，不仅能够部分替代水泥，还能提升混凝土的多方面性能。在混凝土中，粉煤灰能够与水泥相互补充，实现性能的平衡和协调，因此它可以用作混凝土的减水剂、释水剂、增塑剂、密实剂、抑热剂和抑胀剂等多种复合功能材料。此外，利用粉煤灰还有助于减少环境污染，实现废物利用，因此粉煤灰混凝土展现出显著的技术经济优势。

精确地讲，粉煤灰混凝土可以被归类为硅酸盐混凝土的一种。只要混凝土中加入了粉煤灰，无论采用何种掺加方式或方法，该混凝土均可以被称作粉煤灰混凝土。

将粉煤灰应用于水泥和混凝土中，具有优越的社会、技术和经济效果，可谓一举三得，但由于粉煤灰再循环的途径不同，所得效果也不一样。

粉煤灰的再循环途径是指将粉煤灰掺入水泥和混凝土中的方式和方法。如果再将其范围扩大到粉煤灰的水泥、骨料、混凝土及其制品工业系列，则粉煤灰再循环途径大致有以下五种：

①水泥原料。粉煤灰渣用作水泥生料组合，或利用含碳量较高的粉煤灰作为辅助燃料，直接喷入水泥回转窑中，可以帮助水泥煅烧。

②混合材料。将粉煤灰加入水泥磨机中，与水泥熟料一起磨细，可以制成粉煤灰硅酸盐水泥。炉底灰同样可以和熟料一起磨细使用。另外，还可以制造三成分水泥、低熟料水泥、无熟料水泥或其他适用于特定目的的特殊混合水泥。

③预混合材料。在水泥厂或专为预混合设计的工厂里，可以使用混料机将水泥和粉煤灰混合均匀，制成粉煤灰硅酸盐水泥。预混合设施也可以位于水泥熟料磨粉厂或粉煤灰分配中心，以便生产混合水泥或专用混合胶凝材料。

④混凝土基本材料。将粉煤灰在预拌混凝土工厂、混凝土预制品工厂或混凝土工程现场直接加入拌和机中，从而制备粉煤灰混凝土、砂浆或灌浆材料。

⑤骨料和填充材料。将粉煤灰渣可作为制造人工骨料的材料，包括粉煤灰陶粒、烧结料、炉底灰、液态渣和粗粉煤灰等。这些材料中，有些需要经过繁琐的加工流程，而有些则可以直接加入到混凝土、砂浆或灌浆材料中，替代全部或部分天然骨料，或者作为工程填充材料使用。

（三）碾压混凝土

压实的混凝土，由于其低含水率，在经过振动碾压的施工方法之后，能够实现高密实度和高强度。这种混凝土以其特有的干硬性和碾压成型的工艺，使得压实的混凝土路面在技术经济方面展现出多项优势，包括减少水泥使用、收缩量小、建设速度快、强度高以及尽早开放交通等。

碾压混凝土路面在原材料上和传统水泥混凝土路面大体一致，主要包括水、水泥、砂、碎石或砾石以及添加剂。其主要区别在于碾压混凝土采用了水分较少、硬化程度高的特干硬性混凝土，因此在水泥使用上可比普通水泥混凝土节约 10% 至 30%。在配合比设计方面，碾压混凝土采用正交设计试验法和简洁设计试验法，以"半出浆改进 VC 值"作为流动性指标，以及小梁抗折强度作为力学性能指标。在制作小梁抗折强度试件时，依据 95% 的压实率来计算试件的质量，并使用上振式振动成型机进行振动成型。

碾压混凝土路面的施工流程包括拌和、运输、铺设、压实、切割缝隙和后期养护等等步骤。混凝土的拌和可以通过间歇式或连续式搅拌机进行；铺设时，使用能够实现高密实度的强夯摊铺机；压实过程分为初步压实、再次压实和最终压实三个步骤。压实步骤是实现碾压混凝土路面密实性的核心，完成压实后，路面表面应保持平整和均匀，且满足压实度的标准要求；切割缝隙应在混凝土路面边缘不被破坏的情况下尽快进行，切缝的最佳时间与混凝土的配合比和天气条件有关，需要通过实验确定；在压实和切割缝隙之后，应通过洒水和遮盖来进行混凝土的养护，养护时间取决于水泥类型、配合比和天气条件，通常为 5 至 7 天；只有在碾压混凝土路面板达到设计强度后，才能允许车辆通行。

碾压混凝土路面与普通水泥混凝土路面相比，因碾压混凝土的单位用水量显著减少（只需 $100kg/m^3$ 左右），拌和物非常干硬，可用高密实度沥青摊铺机、振动压路机或轮胎压路机施工，成为一种新型的道路结构形式。碾压混凝土路面与沥青混凝土路面和普通水泥混凝土路面的特性比较见表 3-1。

表 3-1 碾压混凝土路面与沥青混凝土路面和普通水泥混凝土路面的特性比较

与沥青混凝土路面的比较	与普通水泥混凝土路面比较
1. 车辙少	1. 可用沥青路面摊铺机械进行施工
2. 抗磨耗性好	2. 施工简单、快速，可不用模板，能缩短工期
3. 耐油性好	3. 经济性优越，估计初期投资费用约节省 15% ~ 40%
4. 平整性差	4. 单位用水量和水泥用量少，干缩率小，可以扩大接缝间距，有利于行车舒适性
5. 使用寿命长，维修费用少	
6. 重交通或某些层结构，初期投资费用有可能较省	5. 初期强度高，养护期短，可早期开放交通

从表 3-1 看出，碾压混凝土路面的最大优点是较普通水泥混凝土路面初期投资费用可节省 15% ~ 40%，在重交通或某些厚层结构的情况下，初期投资费用甚至低于沥青路面的投资。

普遍的观点认为，在最初的投资成本上，传统的水泥混凝土路面通常高于沥青路面。

然而，随着交通量的增加和重型车辆的频繁使用，水泥混凝土路面需要设计得更厚，这导致其与沥青路面的成本差异逐渐缩小。如计算路面在使用过程中的维护费用，水泥混凝土路面在经济性上则展现出较大优势。目前的数据表明，碾压混凝土路面的初期投资相比普通水泥混凝土路面更为经济。因此，从经济角度分析，碾压混凝土路面具有较大的优势。

碾压混凝土路面成本的降低取决于三个方面：①提高路面施工效率，降低铺筑施工成本；②由于接缝减少，使接缝的成本降低；③常规水泥混凝土路面的水泥用量一般为 $300 \sim 350 kg/m^3$，碾压混凝土路面水泥用量一般为 $250 \sim 300 kg/m^3$，至少节约水泥 $50 kg/m^3$ 以上。

路面碾压混凝土达到普通混凝土相同强度时，它的水泥用量比较少，这是碾压混凝土路面比较经济的原因之一。材料的品质要求大致与普通混凝土路面材料要求一样，只是石子最大粒径一般以 20mm 为标准。

三、沥青混合料

依据现代沥青路面施工技术，通过将沥青与各种矿质骨料混合，可以构建出多种类型的沥青路面结构。常见的沥青路面类型包括沥青表面处理层、沥青贯入式路面、沥青碎石路面以及沥青混凝土路面等。随着沥青路面技术的持续进步，许多创新性的沥青路面技术也被开发出来，并在高速公路等关键工程中得到了广泛应用。

在路面结构中，沥青混合料直接承受着车辆的负载，因此需要具备一定的力学性能。同时，受到诸如温度、湿度、紫外线等多种自然环境的作用，它还应具有良好的耐久性。为了确保行车既安全又舒适，沥青混合料还需要具备良好的抗滑性能。另外，为了施工的便捷性，它还应具有适宜施工的和易性。

（一）SMA *沥青混凝土*

沥青玛蹄脂碎石（Stone Matrix Asphalt，SMA）混合料是一种新型沥青混合料结构。

1.SMA 结构特点

① SMA 是一种由沥青、纤维稳定剂、矿粉和少量的细骨料组成的沥青玛蹄脂填充间断级配的粗骨料骨架间隙而组成的沥青混合料。沥青混合料是由矿质骨料、沥青胶浆和空气构成的三相系统。矿质骨料由粗骨料和细骨料组成，它们是不连续的分散相，而沥青胶浆则作为分散介质。基于沥青混合料的内部结构特点，可以将沥青混合料分为两种常见类型：一种是基于连续级配原理的密级配沥青混合料，这种混合料由于细骨料较多，矿料颗粒被自由沥青粘结，粗骨料被细骨料推开，导致粗骨料以悬浮状态存在于细骨料之间，形成悬浮式密实结构，这种结构具有较高的密实度和较差的稳定性；另一种是连续开级配的沥青混合料，这种混合料细骨料较少，粗骨料之间不但紧密相连，而且存在较高的空隙，空隙结构中的内摩擦阻力起着关键作用，黏结力仅用于稳定骨料，这种结构对沥青材料的变化影响较小，稳定性较好。

②SMA 是一种间断级配的沥青混合料，它结合了目前常用的两种结构形式，形成了骨架密实结构。这种混合料包含有一定比例的粗骨料来形成骨架，并且有足够的细骨料来填充粗骨料之间的空隙。粗骨料（4.75mm 以上）的含量在 70% 到 80% 之间，细骨料（0.075mm 筛孔）的通过率不超过 10%，粉胶比超过了通常 1.2 的上限。沥青结合料的用量比普通混合料多出 1% 以上。由于沥青用量增加，通常会加入纤维稳定剂。在配合比设计时，并不完全依赖马歇尔配比方法，而是主要根据体积指标来确定。在施工过程中，对材料的要求更高，拌和时间更长，施工温度也需要提高。SMA 因其粗骨料含量高、矿粉多、沥青结合料多、细骨料少、添加纤维增强剂以及材料要求严格的特点，既保留了排水性路面表面大孔隙的优点，又克服了其耐久性不足的缺点，同时具备了嵌挤型和密实型混合料的优点，即具有较高的粘结力和内摩擦阻力。

2.SMA 的路用性能

①优良的温度稳定性。在 SMA 混合料中，粗骨料构成了 70% 以上的骨架，混合料中的粗骨料之间接触面较多，其空隙主要由高粘度的玛蹄脂填充。粗骨料颗粒间的良好嵌挤作用提高了传递荷载的能力，使得荷载能够迅速传递至下层，并能够承受较大的轴载和高压轮胎；此外，骨架结构增强了混合料的抗剪切能力，即便在高温条件下，沥青玛蹄脂的粘度降低，对路面结构的抵抗力影响也相对较小。因此，SMA 混合料具有强大的抗车辙能力和优秀的高温稳定性。

在寒冷环境下，混合料的抗裂性主要取决于结合料的延展性。SMA 混合料中，由于粗骨料间填充了大量的沥青玛蹄脂，形成了较厚的沥青层。随着温度的降低，混合料会收缩并导致骨料之间的分离，此时沥青玛蹄脂展现出的良好粘结性能和柔韧性，有助于混合料抵抗低温引起的变形。

②良好的耐久性。沥青混合料的耐久性包括水稳定性、耐疲劳性和抗老化性能。

SMA 混合料的空隙率控制在 3% 至 4% 之间，对水的侵蚀具有很强的抵抗力。沥青玛蹄脂与石料之间的黏结力强，加之 SMA 的不透水性质，为下层的沥青层和基层提供了有效的保护与防水层，从而提升了路面的整体强度和稳定性，并且显著提高了其水稳定性，与其他类型的混合料相比较有显著优势。

SMA 混合料内部由沥青结合料完全填充，导致沥青层较厚且空隙率较低，从而减少了沥青与空气的接触。这增强了沥青混合料的抗老化、抗松散和耐磨性能。因此，SMA 混合料展现出优秀的耐老化特性，其耐疲劳性能也显著超过了传统的密级配沥青混凝土。这一特点使得 SMA 混合料具备了出色的耐久性。

③优良的表面特性。SMA 混合料对骨料的要求是使用硬度高、表面粗糙且耐磨的高品质石料，并且采用间断级配，其中粗骨料的比例较高。这使得压实后的路面具有较大的表面构造深度，从而提供了优良的抗滑性能和良好的横向排水能力。在雨天行驶时，这种路面能减少水雾和溅水，提高行车能见度，并降低夜间路面的反光现象，同时还能减少路面噪声 3 至 5 分贝，使得 SMA 路面具备优秀的表面特性。

④投资效益高。SMA 结构通过显著提升沥青混合料及沥青路面的性能，有效降低

了维护和养护成本，进而延长了路面的使用寿命。尽管 SMA 的初始投资比传统的沥青混凝土高出 20% 至 25%，且需要大约两年的使用期来弥补这一初始成本，但根据欧洲早期的经验，SMA 路面的使用寿命比密级配混合料路面增加了 20% 到 40%。德国早期建设的 SMA 路面平均寿命达到 17 年。因此，SMA 路面寿命的延长提高了投资回报，减少了道路使用过程中的维修和养护需求，降低了维护成本，并提升了社会效益。

（二）纤维加筋沥青混凝土

沥青混合料，作为沥青路面铺设的关键材料，呈现出一种具有三维网状结构的多相分散系统。从宏观角度来看，它主要由骨料、沥青和空气构成一个三相体系。因此，为了提升沥青混合料的性能，科研人员聚焦于两个主要的研究方向：一是通过优化矿质骨料的级配，增强沥青混合料在高温下的抗变形能力，例如采用 SMA 技术；二是通过提升沥青本身的质量，增强混合料的粘聚力，以及其抵抗永久变形的本领，并且降低对温度变化的敏感性，例如通过使用 SBS、SBR、PE 等改性沥青；三是向沥青混合料中添加纤维增强材料，以改善其整体的物理和力学性质，这些纤维增强材料主要包括钢纤维和有机纤维两大类。

钢纤维由于其高强度、耐高温性、高弹性模量和良好的方向性等特性，在道路工程中具有重要的应用价值。然而，钢纤维的金属腐蚀性质是其性能发挥的关键障碍，因为它增加了混凝土的导电性，进而促进了电解作用的化学腐蚀。此外，金属和混凝土之间的不相容性导致了钢纤维与混凝土结合力的不足。由于金属的摩擦系数低于混凝土，钢纤维混凝土路面在使用过程中可能会出现"凸尖现象"，这对轮胎的磨损是有害的。因此，近年来钢纤维在沥青混凝土路面的应用推广上遇到了显著的限制。

将合成纤维掺入混凝土或者沥青混凝土中，以增强其性能，这一做法在早期已有应用。例如，在 20 世纪 60 年代的英国西部海岸工程项目中，聚丙烯纤维被剁碎并掺入混凝土块中，用以构建防波堤。在中国，民间传统上也会将麦秆、切断的毛发或麻丝等纤维材料搅拌进泥土中，用以建造土坯墙体等结构，以解决墙体开裂问题并增加其强度。纤维混凝土技术在 20 世纪 70 年代末至 80 年代初得到了进一步发展。软纤维主要是指合成纤维，包括玻璃纤维和聚合物纤维等。

软纤维混凝土是在钢纤维混凝土之后得到发展的一种材料。软纤维由于其惰性特性，不会因混凝土的酸碱性环境而衰减，也不会吸收水分；换句话说，它不会随着时间的推移而减弱，反而具备高强度、高延伸率、高取向性以及易于混合等道路应用性能。在纤维混凝土路面的应用中，软纤维混凝土成功解决了钢纤维混凝土路面可能出现的"腐蚀锈蚀"和"凸尖"等问题。因此，合成纤维混凝土的发展势头迅猛。

玻璃纤维因其材料本身的抗拉强度，能够达到 1400 至 1500MPa，这使得它在提高混凝土韧性和增强结构方面表现出色。然而，玻璃纤维非常脆弱，在搅拌过程中容易断裂。这一问题导致了在混凝土中使用玻璃纤维时需要采取非常严格的工艺操作，从而限制了其应用。将纤维掺入混凝土中以充当加强筋的关键在于确保纤维在混凝土中均匀分布。不均匀分布或结团的纤维不仅不能增强混凝土，还可能产生负面影响。为了实现纤维的均匀分布，钢纤维和玻璃纤维需要使用特殊的拌和设备，或者对现有的拌和设备进行改造，以达到更理想的分布效果。

聚合物纤维要替代其他纤维作为沥青混凝土加强筋，首先解决的两个问题是纤维的断裂伸长率和纤维的高温性能。聚合物纤维材料只有聚酯和聚丙烯腈纶，熔点温度分别为 250℃ 和 200℃。表 3-2 为聚酯纤维和聚丙烯腈纶纤维的主要参数。

表 3-2 聚酯纤维和聚丙烯腈纶纤维的主要参数

内容材料	直径 / μm	拉伸强度 /MPa	断裂伸长率（%）	熔点温度 /℃	相对密度
聚酯纤维	20	> 517	50	> 250	1.36
聚丙烯腈纶纤维	13	910	8 ~ 12	< 240	1.18

从表 3-2 中可以明显看出，这两类纤维的直径很细，拉伸强度很高（热轧钢纤维的拉伸强度仅为 509.96MPa）。沥青混凝土中的加强筋纤维应承受大幅度温差和荷载冲击引起的拉伸力，除要求具有较高的拉伸强度外，还应当具有适宜的断裂伸长率协同青混凝土变形，避免纤维过早断裂，失去加强筋作用。另一个重要指标是高温性能，沥青混合料中矿质混合料的拌和温度在 150 ~ 180℃，聚合物纤维的熔点温度应满足拌和、摊铺的温度要求。比较著名的有聚酯类纤维博尼维、聚丙烯腈纶纤维德兰尼特 AS。

聚酯纤维博尼维纤维是由杜邦公司的化学工程师 Boni Martinez 在 20 世纪 70 年代研发出来的，该纤维以其发明者的名字命名，并且由 KAPEJO 公司拥有其专利。在美国，这种纤维已经被用于多个州的桥梁铺装，包括密歇根州的 Mackinac 桥和纽约州的 Tappan Zee 桥等长桥项目。博尼维纤维在 20 世纪 90 年代被引入中国，并在新疆高速公路、江苏南京长江二桥、四川 108 国道、河北省石黄高速公路等工程中得到了应用，并且表现出了良好的性能。

德兰尼特 AS 纤维是由英国科特尔兹公司在德国赫斯特的工厂和一家主要道路建设公司联合研发的，这种纤维专门设计用于沥青混合料，并且是由腈纶制成的。它通过干法生产，与湿法生产的传统纺织腈纶纤维相比，其纤维分子链更长，由 5 万至 7 万个分子组成。这些大分子链纵向排列更为有序，纤维横截面呈现花生形状，表面具有均匀的纵向条纹。每克德兰尼特 AS 纤维含有约 87 万根 4 毫米长的纤维，因其良好的均匀分散性和高取向性，以及与沥青良好的亲和力，使其在改性沥青混合料中应用时，有研究指出其用量只需混合料的 0.1% 就能达到木质纤维 0.3% 的增强效果。德兰尼特 AS 纤维主要用于 SMA 混合料的添加剂，每克沥青混合料中大约含有 24000 根这种纤维。该纤维已在德国、法国、西班牙、匈牙利和奥地利等国家得到应用，并且在中国国内的河北石黄高速公路、沪杭高速公路以及上海市中外环线一期工程中表现出了优异使用效果。

（三）高速公路沥青路面层间黏结材料

用于增强路面沥青层与层之间，以及沥青层与水泥混凝土路面之间的粘结的沥青材料，被称为黏层油。

　　高速公路的沥青路面结构通常由面层、基层、底基层和垫层等级组成。面层通常由三层构成，它们直接承受车辆荷载的重复作用和自然环境的影响，分别被称为表面层、中间层与底面层。这些层根据路面强度和荷载应力随深度变化的规律，采用不同的混合料级配，以确保沥青面层具有良好的承载力和耐久性。为了增强不同结构层之间的粘结，提高路面的整体性，需要采取特定的技术措施，以防止层间滑移。沥青混合料是由石质骨料、沥青结合料和残留空隙组成的，它是一种颗粒材料，其强度主要来源于沥青的粘结力和骨料的内摩擦阻力。然而，在铺设每个结构层时，包括水泥稳定碎石基层，都需要进行充分的振动和碾压，以达到表面平整和密实状态。因此，沥青层间的摩擦阻力通常会低于混合料本身，层间结合面的强度主要依赖于粘结力。如果不能使用更优质的材料来处理层间粘结，确保结合面的强度至少与混合料相当，那么层间结合面就会成为薄弱环节。因此，沥青路面层间技术的重要性不容忽视。

第三节　道路工程施工技术

一、城市道路工程施工内容和基本要求

（一）城市道路施工分类

城市道路根据项目建设的性质分为新建和改建两类。

　　新建设道路：这指的是在城市的规划或交通规划中明确提出的新建道路，或者是决策机构选定的新建项目，包括新区、高新技术区、城市扩展区域的道路建设。这类道路的施工过程通常较为便捷，对周围道路的交通影响相对较小。不过，在与其他道路交汇的区域，需要考虑施工期间可能造成的交通阻塞，以及施工运输车辆可能导致的交通拥堵问题。

　　改建道路：在城市大规模改造中，一些旧有道路因为无法满足日益增长的交通需求而需要进行改造或扩建，以及进行绿化和美化工作。这些改造的道路往往位于交通流量较高的区域，其施工不仅会影响到自身路段的交通状况，还可能会将部分或全部的交通负荷转移到周边道路上，从而加剧已经处于饱和状态的交通网络的压力，经常导致整个区域出现交通拥堵问题。根据改造项目的级别、规模和影响，以及其对城市道路施工占据情况的不同，改建道路的施工可以分为完全占道、部分占道和不占道施工三种类型。

　　全面封闭施工：这种施工方式会导致道路完全封闭，中断所有交通流。其对交通的影响包括：迫使车辆必须绕行，增加其他道路的交通负担，有时甚至会导致相连道路变成死路；阻碍了周边建筑物的出入交通，既影响车辆也影响行人；占用了行人通行的人行道，影响了行人的正常通行；施工期间可能需要调整公交路线，给市民出行带来不便；改变现有的交通布局，对周边环境产生了影响。这种施工方式对城市交通的影响最为显

著，因此在进行道路交通组织时需要谨慎考虑。

部分道路施工：这种施工方式会分区域或分方向地对道路进行施工。其对交通的影响包括：道路的部分封闭容易造成交通拥堵，降低了道路的通行能力；影响周边建筑物的出入交通，既影响车辆也影响行人；可能需要移动公交停靠站点，增加乘客的出行距离；对周边交通环境造成较大影响。这种施工对地区交通较为敏感，处理不当可能会导致交通瘫痪，几乎不占用道路的施工：此类施工通常适用于那些道路红线宽广、断面形式易于改建的工程，且少有越线违章建筑。主要通过改造断面来进行改建，影响范围较小，几乎不占用现有道路。这种情况下，对道路交通的影响相对较小，但施工车辆的出入可能会对相邻道路的交通造成一定影响，给周边建筑物的出入交通带来不便。应根据具体情况，合理处理施工对交通的影响。

（二）城市道路施工内容

城市道路施工的核心内容包括：铺设地下管线、处理软土地基或特殊地段地基、建造路基、铺设路面、安装路缘石、建设人行道和进行绿化工作。在管线施工环节，各类管道被预埋于地下，这样既能有效利用城市道路下的空间资源，也便于管线的后续维护。这些管道通常位于车道分隔带、非机动车道和道路两侧绿化带之下。由于不同类型的管道具有不同的施工工艺和工序，因此它们的施工方法也大有相同。对于软土地基或特殊地段的地基处理，目的是为了防止地基不稳造成的路面破坏和沉降等问题。这需要对软土地基进行加固，以提高其固结度和稳定性。目前，常用的处理方法包括：更换填料、抛石填筑、设置盲沟、铺设排水砂垫层、采用石灰浅坑法等。

路基建设主要通过挖掘和填筑土石方，构建符合设计性能要求的路基结构，为路面层的施工创造基础平台。尽管路基建设的工艺相对简单，但工作量庞大，影响范围广泛，包括土方工程的调配、管线工程的配合等。路面施工则包括底基层、基层和面层的施工。路面施工的质量要求很高，必须保证路面具备足够的承载力，以抵御车辆对路面的破坏并控制形变；保持良好的稳定性，防止路面强度因水文、温度等自然因素影响而发生过大变化；确保一定的平整度，减少车轮对路面的冲击，确保行车安全舒适；提供适当的抗滑性，防止车辆在路面行驶时发生滑移；并减少路面和车辆部件损坏，降低环境污染。路缘石的设置用于标识路面与其他构造物的界限，它划分了机动车道、非机动车道和人行道，并指导行车视线。

人行道作为城市道路的重要组成部分，为行人提供了专属的行走区域，通常设计在机动车和非机动车道之上。人行道的设计需要遵循规定，布置便于盲人通行的无障碍路径，并确保其与周边建筑设施的连接顺畅。城市道路绿化包括在道路两侧及中央分隔带种植树木、花草和防护林带，旨在减少噪音污染、净化空气和美化城市景观。道路绿化不仅对改善城市生态、增强城市美观有重要作用，同时也要确保其不会对交通安全造成不利影响。除此之外，城市道路建设还包括公交站点、交通信号控制系统、交通标志与标线、照明和美化等配套设施施工。

（三）城市道路施工基本要求

路基建设要求具有足够的坚固性，保证变形量在容许范围内，且具有良好的整体稳定性，同时也需具备适当的水稳定性。路面施工应确保其能够承受设计规定的负荷，保持较高的平整度，并展现出良好的温度稳定性，其抗滑性和透水性能也需符合相应的标准，同时努力减少车辆行驶时的噪音。桥台和管线埋设完成之后，应进行回填并压实，压实作业应严格遵循相关规范执行，以防止桥台出现跳车问题，确保管线周围路基无沉降现象。位于行车道路的管井口需进行周围加固，以防止井口沉降，施工中需严格控制井口高度，确保管井口与路面接合平滑，无跳动问题。施工完成后，管线和管廊需要进行清理，雨水管的出口应明确，并与现有的水系正确连接。道路景观设计应充分利用周边的自然地形和地貌，依据实际情况进行绿化配置，在满足交通需求的基础上，注重自然与人文、景观与生态的融合，打造具有城市特色的绿化景观文化。

路缘石的施工需要确保其质量满足设计规范，安装稳固，顶面平整，接缝紧密，线条流畅，弯角平滑美观；基层槽底和支撑填充料必须紧密夯实；施工过程当中应保持清洁，排水口应整齐、畅通，无堵塞积水问题。

人行道的建设应确保铺装坚实耐用，表面平整无凹凸，缝隙直顺一致，砂浆填充饱满均匀，无任何翘动、倾斜、凹陷或积水的情况。在铺设盲道时，砂浆应填充充足，表面平整光滑，缝隙均匀整齐。在盲道与窨井、立柱等设施连接处，应做到接缝平滑且美观，避免出现反坡现象。严禁在石材下使用砂浆填充或使用垫高方法找平。铺设完成后，应立即进行缝隙灌注。人行道施工完毕后，必须采取交通管制措施，并进行适当养护，确保水泥砂浆达到设计强度后，才可允许行人通行。在铺设盲道时，应确保盲道砖与提示砖区别使用。盲道设计时应绕过树木、检查井、电线杆等可能造成障碍的物体，并在路口处采用无障碍设计。

二、路基施工技术

（一）填方路基施工技术

路基施工应做好施工期临时排水总体规划和建设，临时排水设施应与永久性排水设施综合考虑，并与工程影响范围内的自然排水系统相协调。

1.路基填料

①含草皮、生活垃圾、树根、腐殖质的土严禁作为填料。

②泥炭、淤泥、冻土、强膨胀土、有机质土及易溶盐超过允许含量的土，不得直接用于填筑路基；使用时，必须采取技术措施进行处理，经检验满足设计要求后方可使用。

③粉质土不应直接填筑于路床，不得直接填筑于冰冻地区的路床及浸水部分的路堤。

2.路堤施工

施工取土：

①路基填方取土，应根据设计要求，结合路基排水和当地土地规划、环境保护要求进行，不得任意挖取。

②施工取土应不占或少占良田，尽量利用荒坡、荒地，取土深度应结合地下水等因素考虑，利于复耕。原地面耕植土应先集中存放，以利再用。

③自行选定取土方案时，应符合下列技术要求：

第一，地面横向坡度陡于 1 ： 10 时，取土坑应设在路堤上侧。

第二，桥头两侧不宜设置取土坑。

第三，取土坑与路基之间的距离，应满足路基边坡稳定要求。取土坑与路基坡脚之间的护坡道应平整密实，表面设坡度为 1% ~ 2% 向外倾斜的横坡。

第四，取土坑兼作排水沟时，其底面宜高出附近水域的正常水位或与永久排水系统及桥涵出水口的标高相适应，纵坡不宜小于 0.2%，平坦地段不宜小于 0.1%。

第五，线外取土坑等与排水沟、鱼塘、水库等蓄水（排洪）设施连接时，应采取防冲刷、防污染的措施。

④对取土造成的裸露面，应采取整治或防护措施。

选择施工机械，应考虑工程特点、土石种类及数量、地形、填挖高度、运距、气象条件、工期等因素，经济合理地确定。填方压实应配备专用碾压机具。

压实度检测应符合以下规定：

①用灌砂法、灌水（水袋）法检测压实度时，取土样的底面位置为每一压实层底部；用环刀法试验时，环刀中部处于压实层厚的 1/2 深度；用核子仪试验时，应当根据其类型，按说明书要求办理。

②施工过程中，每一压实层都应检验压实度，检测频率为每 $1000m^2$ 至少检验 2 点，不足 $1000m^2$ 时检验 2 点，必要时可根据需要增加检验点。

3. 土质路堤

（1）地基表层处理应符合的规定

①二级及二级以上公路路堤基底的压实度应不小于 90%；三、四级公路应不小于 85%。路基填土高度小于路面和路床总厚度时，基底应按设计要求处理。

②原地面坑、洞、穴等，应在清除沉积物后，用合格填料分层回填分层压实。

③泉眼或露头地下水，应按设计要求，采取有效导排措施后方可填筑路堤。

④当地基由农田、松散土壤、水田、湖泊、软土、高液限土等类型时，应依据设计规范进行相应的加固处理。对于局部软土或弹簧土等不稳定的部分，也应采取有效的改善措施。

⑤地下水位较高时，应按设计要求进行处理。

⑥陡坡地段、土石混合地基、填挖界面、高填方地基等都应按照设计要求进行处理。

（2）路堤填筑应符合的规定

①性质不同的填料，应水平分层、分段填筑，分层压实。同一水平层路基的全宽应采用同一种填料，不得混合填筑。每种填料的填筑层压实后的连续厚度不宜小于 500mm。填筑路床顶最后一层时，压实后的厚度应不小于 100mm。

②对潮湿或冻融敏感性小的填料应填筑在路基上层。强度较小的填料应填筑在下层。在有地下水的路段或临水路基范围内，宜填筑透水性好的填料。

③在压实层透水性较差且需在其上填筑透水性较好的材料之前，应在压实层表面设置坡度为 2% 至 4% 的双向横坡，并实施适当的防水措施。不允许在由透水性较好的材料构成的路堤边坡上使用透水性较差的填料进行覆盖。

④每种填料的松铺厚度应通过试验确定。

⑤每一填筑层压实后的宽度不可小于设计宽度。

⑥路堤填筑时，应从最低处起分层填筑，逐层压实；当原地面纵坡坡度大于 12% 或横坡坡度陡于 1 ： 5 时，应按设计要求挖台阶，或设置坡度向内且大于 4%、宽度大于 2m 的台阶。

⑦填方分几个作业段施工时，接头部位如不能交替填筑，则应先填路段，应按 1 ： 1 的坡度分层留台阶；如能交替填筑，则应分层相互交替搭接，搭接长度不小于 2m。

4. 高填方路堤

高填方路堤填料宜优先采用强度高、水稳性好的材料，或采用轻质材料。受水淹、浸的部分，应采用水稳性和透水性都好的材料。

基底处理应符合下列规定：

①基底承载力应满足设计要求。特殊地段或承载力不足的地基应按设计要求进行处理。

②覆盖层较浅的岩石地基，宜清除覆盖层。

高填方路堤填筑应符合下列规定：

①施工中应按设计要求预留路堤高度与宽度，并进行动态监控。

②施工过程中宜进行沉降观测，按照设计要求控制填筑速率。

③高填方路堤宜优先安排施工。

（二）挖方路基施工技术

1. 土方开挖

在进行路堑挖掘时，应按照预设的放样桩和边界线、设计坡度和高度从顶部开始逐层向下挖掘，同时，挖出的材料应按照施工计划运送至填土区或者指定的堆放区，同时进行边挖边填和边压实的工作。如果需要废弃土石，应将其堆放在路堤坡脚或路堑两端，且边坡的坡度不应超过 1 ： 1.5。挖掘时应避免乱挖和超挖，禁止掏洞取土的行为。当挖掘接近设计的边坡时，应人工修整；在接近路床设计高程时，应预留一定厚度的土层以保护、调平和压实路床，并保持适当的排水坡度。在雨季，预留的土层厚度一般为 20 ~ 50cm，而在冬季，应根据当地的冻土深度来确定。在施工期间，应确保截水沟和临时排水设施的排水畅通。根据路堑的深度和纵向长度，可以采用横向挖掘法、纵向挖掘法或纵横混合挖掘法来组织施工。

①横挖法。横向挖掘法即沿着道路纵向全面挖掘路堑的宽度，适合于较短但深度较

大的路堑。挖掘时，按照分段逐渐形成并向前推进，土方运输则通过相反方向进行，这种方法能够实现较大的挖掘深度，但施工面相对较窄。如果路堑挖掘深度过大，可以将其分为多个台阶进行同时挖掘，以扩大工作面积并加快工程进度。每个台阶应设有独立的土方运输出口和排水系统，以避免相互干扰和影响效率或引发安全事故。人工开挖的台阶高度建议在 1.5 至 2 米之间，而机械开挖的台阶高度则在 3 到 4 米之间。每个台阶应有独立的土方运输通道，人工运输通道的宽度不应小于 2 米，机械运输的单车通道宽度不应小于 4 米，双车通道宽度不应小于 8 米。挖掘的纵向坡度可以设置为 2% 至 3%。

②纵挖法。顺着路堑的纵向方向，将挖掘的高度划分为多个不大的层次逐一进行挖掘，这种方法被称为纵向挖掘法，它适合用于挖掘较长的路堑。如果路堑的宽度和深度都较小，可以采用全宽纵向分层挖掘的方法，也称为分层纵向挖掘法。在挖掘过程中，地面应该向外倾斜以便于排水。这种方法适合使用铲运机和推土机进行施工。

对于较宽较深的路堑，可以首先在其纵向方向开辟一条通道，再从通道向两侧扩展挖掘，这种方法被称为通道纵向挖掘法。这条通道既可以为机械设备提供通行路径，也可以作为出土通道。如果路堑非常长，可以在合适的位置开设一个或多个横向入口（马口），将路堑分成若干段，每段再进行纵向挖掘，这种方法称为分段纵向挖掘法。这种方法适用于那些一侧堑壁较薄且不太深的沿山长路堑。

③纵横混合法。纵横混合挖掘法是将横向挖掘和通道纵向挖掘相结合的施工方法。首先沿着路堑纵向开挖出一条通道，以扩大挖掘面，但是每个挖掘面应足够大以容纳一个作业组或一台机械设备。纵横混合挖掘法适用于挖掘深度大、土方量多且工期紧迫的工程。在施工前，应采用统筹规划，合理调度，有序进行施工。严格禁止人和机械混合作业。

土方工程开挖施工应符合下列规定：

①可作为路基填料的土方，应分类开挖分类使用。非适用材料应按设计要求或作为弃方并按规定处理。

②土方开挖应自上而下进行，不得乱挖超挖，严禁掏底开挖。

③开挖过程中，应采取措施保证边坡稳定。开挖至边坡线前，应预留一定宽度，预留的宽度应保证刷坡过程中设计边坡线外的土层不受到扰动。

④路基开挖中，基于实际情况，如需修改设计边坡坡度、截水沟和边沟的位置及尺寸时，应及时按规定报批。边坡上稳定的孤石应保留。

⑤开挖至零星、路堑路床部分后，应尽快进行路床施工。如不能及时进行，宜在设计路床顶标高以上预留至少 300mm 厚的保护层。

⑥应采取临时排水措施，保证施工作业面不积水。

⑦挖方路基路床顶面终止标高，应考虑因压实而产生的下沉量，其值通过试验确定。

2. 岩石开挖

依据开挖难度，可以将路基土分为坚硬和软化两类。坚硬土层，通常称为岩石，其开挖手段包括爆破、松动或碎裂法。在开挖前，应参照地质勘探数据，考虑路基土的类型、风化程度、节理分布等因素，以决定最合适的开挖方法及工具选择。对于软化或强风化的岩石，如果可以直接使用机械开挖，则优先采用机械作业；如果石方量不大，且工期允许，也可以选择人工开挖。对于机械或者人工难以开挖的岩石，应使用爆破技术进行破碎。石方工程的开挖施工应遵守一系列规定。

①石方开挖应根据岩石的类别、风化程度、岩层产状、岩体断裂构造、施工环境等因素确定开挖方案。

②深挖路基施工，应逐级开挖，逐级按设计要求进行防护。

③爆破作业必须符合《爆破安全规程》（GB 6722-2014）。爆破施工组织设计应当按相关规定报批。

④石方开挖严禁采用峒式爆破，近边坡部分宜采用光面爆破或预裂爆破。

⑤爆在进行爆破法开挖石方之前，需要详细调查和确认空中缆线、地下管线的位置，开挖边界线外的建筑物结构和居民分布等可能受到爆破影响的情况。基于这些信息，制订一个全面的爆破技术安全计划。

⑥爆破开挖石方宜按以下程序进行：爆破影响调查与评估→爆破施工组织设计→培训考核、技术交底、主管部门批准→清理爆破区施工现场的危石等→炮孔钻孔作业→爆破器材检查测试→炮孔检查合格→装炸药及安装引爆器材→布设安全警戒岗→堵塞炮孔→撤离施爆警戒区和飞石、震动影响区的人、畜等→爆破作业信号发布及作业→清除盲炮→解除警戒测定、检查爆破效果（包括飞石、地震波及对施爆区内构造物损伤、损失等）。

⑦边坡整修及检验：

第一，挖方边坡应从开挖面往下分段整修，每下挖 2 ~ 3m，宜对新开挖边坡刷坡，同时清除危石及松动石块；

第二，石质边坡不宜超挖；

第三，石质边坡质量要求：边坡上无松石、危石。

⑧路床清理及验收：

第一，欠挖部分必须凿除。超挖部分应采用无机结合料稳定碎石或级配碎石填平碾压密实，严禁用细粒土找平。

第二，石质路床地面有地下水时，可设置渗沟进行排导，渗沟宽度不宜小于100mm，横坡坡度不宜小于0.6%。渗沟应用坚硬碎石回填。

第三，石质路床的边沟应与路床同步施工。

（三）路基压实施工技术

1. 一般土路基的压实

路基压实工作的关键要素包括选用合适的压实设备、采用恰当的压实技术，设定合理的压实标准，控制填料的湿度含量，正确进行压实作业，以及检验路基的压实质量。

①选择压实机具。为了确保路基达到所需的压实程度，通常使用机械设备进行压实。在选择压实机械时，需要全面考虑路基土壤的特性、工程量的大小、施工和气候条件，以及机械设备的效率等因素。

②确定路基压实度。

③确定填料的含水量。在铺设土壤之前，应进行标准的击实试验，以确定土壤填料的最佳含水量和最大的干密度。压实时，应在大致最佳含水量的情况下迅速进行，通常在最优含水量的 ±2% 范围内进行压实。如果土壤含水量过高，需要进行翻松、晾干或使用石灰处理。对于过于干燥的土壤，可以通过均匀加水的方式来达到最佳含水量，所需加水量可以通过公式计算得出。加水量最好在前一天均匀地喷洒在土堆或取土坑的表面上，以便其渗透到土壤中。喷洒后，应适当搅拌以保证土壤干湿均匀。

$$m=(\omega-\omega_0)\,Q(1+\omega_0)$$

$$(3-1)$$

式中：m —— 所需加水量（kg）；

ω_0 —— 土原来的含水量（以小数计）；

ω —— 土的压实最佳含水量（以小数计）；

Q —— 需要加水的土的总质量（kg）。

④采用正确方法压实。在道路土基填筑过程当中，需要严格控制松铺土的厚度，以不超过 30 厘米为宜。建议先在试验路段上进行试验，并根据试验数据来确定合适的松铺土厚度。采用机械设备进行填筑和压实时，可使用铲运机、推土机和自卸汽车来推运土料并填筑路堤，分层进行填土并在中线向两侧设置 2% 至 4% 的横向坡度，同时及时进行碾压。在雨季施工时，特别要注意设置较大的横向坡度，并确保土层随铺随压，以保证当天的填筑层达到规定的压实度。在确认填土的松铺厚度、平整度和含水量符合要求后，进行碾压。压路机在进行路基碾压时，应遵循轻压后重压、先稳后振、先低后高、先慢后快以及轮迹重叠的碾压原则，并根据现场压实度试验的结果来确定松铺厚度和控制压实遍数。如果压实遍数超过 10 次，应考虑减少土层厚度，并在检验合格之后才能继续下一道工序，以避免土层底部未能达到规定的压实度。

采用振动压路机碾压时，第一遍应不振动静压，然后由慢到快、由弱到强进行压实。

在启动各种压路机进行碾压作业时，应保持低速行驶，速度上限不应超过 4 公里/小时。直线段区域的碾压应从边缘逐渐过渡到中央，而小半径的曲线段则应从内部向外部进行。碾压应采取纵向进退的方式进行。碾压轮的痕迹应重叠至少 1/3，纵横向碾压的接头部分也需重叠，并确保填土层表面平整、紧密、无裂缝，且无明显的轮迹，这时方可进行取样以检验压实度。

⑤检查路基压实质量。压实度 K 是工地实测干密度 γ 和室内标准击实试验得到的最大干密度 γ_0 之比，其值按下式计算。

$$K=\frac{\gamma}{\gamma_0}\times100\%$$

$$(3-2)$$

2. 路堑及其他部位填土的压实

（1）路堑压实

路堑、零填路基的路床表面30cm内的土质必须符合规范对土质的要求，否则要换填符合要求的土。土质合格的也要经过压实，检验压实度。

（2）桥涵及其他构筑物处填土压实

①桥涵两侧填土。桥台基础以下填土层的最小厚度应至少是2米，而桥台顶部至翼墙端部的距离则应不小于桥台高度加2米；对于拱桥，桥台填土顶部的宽度应不小于台高的四倍；涵洞顶部填土的每侧厚度应不小于孔径的两倍。在桥涵两侧、挡土墙的后方以及路基范围内其他建筑物周边，建议使用透水性好的砂土、碎石土等作为填料；也可以使用粉煤灰、石灰土进行分层对称填筑。主要道路的松铺厚度不应超过15厘米，而其他等级道路的松铺厚度宜小于20厘米。桥台的填土工作最好与锥坡填土同时进行。

②挡土墙填土。挡土墙的填充材料和分层方式应与桥涵填土一致，填土层的顶部应设计成向外倾斜的横向斜坡。对于设有排水孔的挡土墙，其孔周围的反滤层施工应与填土过程同时进行。

③收水井周边、管沟填土。宜采用细粒土或粗中砂回填。细粒土松铺厚度宜为15cm左右，中粗砂宜为20cm一层。填料中不可含有大于5cm的石块、砖碴。填筑时，在井和管沟两边应对称进行。

④检查井周填土。在检查井周围40厘米的范围内，不应使用细粒土进行回填，而应选择砂、沙砾土或石灰土进行填充。砂、沙砾土的松铺厚度不应超过20厘米，而石灰土的松铺厚度宜控制在15厘米左右。填充作业应当围绕井室中心进行对称施工。

3. 高填方路堤的压实

高填方路堤施工除了遵循一般路堤建设的技术准则，还需特别关注地基的承重能力、路堤的沉降问题以及整体稳定性。若地基较为松散，即使经过压实处理，依旧无法达到设计所要求的承重强度和回弹模量，那么就需要对地基进行加强整治。

三、路基防护与加固工程施工技术

（一）坡面防护施工技术

1. 植物防护

植被防护施工应符合下列规定

①植被施工，铺、种植被后，应适时进行洒水、施肥等养护管理，直到植被成活；

②种草施工，草籽应撒布均匀，同时做好保护措施；

③灌木（树木）应在适宜季节栽植；

④养护用水应不含油、酸、碱、盐等有碍草木生长的成分。

三维植被网防护施工应符合以下规定

①三维植被网中的回填土应符合设计要求，宜采用客土，或土、肥料及腐殖质土的

混合物；

②三维植被网应符合设计及有关标准；

③三维植被网的搭接宽度不宜小于100mm。

湿法喷播施工，喷播后应及时养护，成活率应当达到90%以上。

客土喷播施工应符合下列规定：

①喷播植草混合料的配合比（植生土、土壤稳定剂、水泥、肥料、混合草籽、水等）应根据边坡坡度、地质情况和当地气候条件确定，混合草籽用量每1000m³不宜少于25kg；

②气温低于+12℃时不宜喷播作业。

2. 骨架植物防护

（1）浆砌片石（或混凝土）骨架植草防护施工应符合下列规定

①骨架内应采用植物或其他辅助防护措施。植草草皮下宜有50～100mm厚的种植土，草皮应与坡面和骨架密贴。

②应及时对草皮进行养护

（2）水泥混凝土空心块护坡施工应符合下列规定

①预制块铺置应在路堤沉降稳定后方可以施工；

②预制块铺置前应将坡面整平；

③预制块经验收合格后方可使用；

④预制块应与坡面紧贴，不得有空隙，并与相邻坡面平顺。

3. 圬工防护

（1）喷浆防护施工应符合的规定

①喷护前应采取措施对泉水、渗水进行处置，并按设计要求设置泄水孔，排、防积水；

②喷射顺序应自下而上进行；

③砂浆初凝后，应立即开始养护，养护期一般是5～7d；

④应及时对喷浆层顶部进行封闭处理。

（2）喷射混凝土防护施工应符合的规定

①作业前应进行试喷，选择合适的水胶比和喷射压力。喷射混凝土宜自下而上进行。

②做好泄水孔和伸缩缝。

③喷射混凝土初凝后，应立即养护，养护期一般为7～10d。

④喷射混凝土防护施工质量应符合相关规定。

（3）锚杆挂网喷射混凝土（砂浆）防护施工应符合的规定

①锚杆应嵌入稳固基岩内，锚固深度根据设计要求结合岩体性质确定。锚杆孔深应大于锚固长度200mm。

②钢筋保护层厚度不宜小于20mm。

③固定锚杆的砂浆应捣固密实，钢筋网应和锚杆连接牢固。

④铺设钢筋网前宜在岩面喷射一层混凝土，钢筋网与岩面的间隙宜为30mm，然后

再喷射混凝土至设计厚度。

⑤喷射混凝土的厚度要均匀，钢筋网及锚杆不得外露。

⑥做好泄、排水孔和伸缩缝。

⑦锚杆挂网喷射混凝土（砂浆）防护施工质量应符合相关规定。

（4）干砌片石护坡施工应符合的规定

①边坡为粉质土、松散的砂或粉砂土等易被冲蚀的土时，碎石或砂砾垫层厚度不宜小于100mm。

②基础应选用较大石块砌筑，如基础与排水沟相连，其基础应设在沟底以下，并按设计要求砌筑浆砌片石。

③砌筑应彼此镶紧，接缝要错开，缝隙间用小石块填满塞紧。

（二）沿河路基防护施工技术

①沿河路基防护工程基础应埋设在局部冲刷线以下不小于1m或嵌入基岩内。

②导流构造物施工前，应根据现场具体情况，采取相应的措施，避免冲刷农田、村庄、公路和下游路基。

③植物防护施工应符合下列规定：

第一，经常浸水或长期浸水的路堤边坡，不宜采用种草防护。

第二，沿河路堤边坡铺草皮防护，宜采用平铺、叠铺草皮的方法，坡面及基础部分的铺置应符合设计要求。基础部分的铺置层的表面应和地面齐平。

第三，植树防护宜采用带状或条形。防护河岸路基或防御风浪侵蚀，宜采用横行带状；防护桥头引道路堤，宜采用纵行带状。

第四，植树应选用喜水性树种，林带应由多行树木组成，乔灌木要密植。

第五，植树后，应采取有效措施加以保护。

④砌石或混凝土防护应符合下列规定：

第一，石料应选用未风化的坚硬岩石。

第二，开挖基坑时，应考察地质情况，与设计要求不符时，应进行处理。基础完成后应及时用符合设计要求的材料回填。

第三，铺砌层底面的碎石、沙砾石垫层或反滤层，应符合设计要求。

第四，坡面密实、平整、稳定后方可铺砌。砌块应交错嵌紧，严禁浮塞。砂浆应饱满、密实，不得有悬浆。

第五，每10～15m宜设伸缩缝，基底土质变化处应设沉降缝，并且按设计要求做好伸缩缝、沉降缝及泄水孔。

第六，在运用干燥或水泥浆砌的片石施工时，不应进行平面铺设，而是要确保石块间交错搭接，保持结构的稳定。对于干砌或者浆砌的河卵石，应保证其沿垂直于坡面的方向排列，形成横向牢固的栽砌结构。在铺设混凝土预制块时，必须先确保这些块材符合设计的尺寸和标准，然后才能进行铺设。而在现场浇筑混凝土板时，应当采取措施以提升混凝土的早期强度，并确保混凝土表面平整且光滑。

⑤护坦防护施工中，护坦顶面应埋入计算河床以下 0.5 ~ 1.0m。

⑥抛石防护施工应符合下列规定：

第一，抛石体边坡坡度和石料粒径应根据水深、流速和波浪情况确定，石料粒径应大于 300mm，宜用大小不同的石块掺杂抛投。坡度应当不陡于抛石石料浸水后的天然休止角。

第二，抛石厚度，宜为粒径的 3 ~ 4 倍；最大粒径时，不得小于 2 倍。

第三，抛石石料应选用质地坚硬、耐冻且不易风化崩解的石块。

第四，抛石防护除特殊情况外，宜在枯水季节施工。

⑦石笼防护施工应符合下列规定：

第一，根据设计要求或根据不同情况和用途，合理地选用石笼形状；

第二，应选用浸水不崩解、不易风化的石料；

第三，基底应大致整平，必要时用碎石或砾石垫层找平；

第四，石笼应做到位置正确，搭叠衔接稳固、紧密，确保整体性。

⑧浸水挡土墙施工应符合下列规定：

第一，浸水挡土墙应选用坚硬未风化且浸水不崩解的石块；

第二，应注意浸水挡土墙与岸坡的衔接。

⑨土工膜袋防护施工应符合下列规定：

第一，按设计要求整平坡面，放线定位，挖好边界处理沟。

第二，膜袋铺展后应拉紧固定，以防止充填时下滑。

第三，充填材料应根据设计要求和实际情况合理选用，充填应连续。

第四，需要排水的边坡，应适时开孔设置排水管。

第五，膜袋顶部宜采用浆砌块石固定。有地面径流处，坡顶应采取防护措施，防止地表水侵蚀膜袋底部。

第六，岸坡膜袋底端应设压脚或护脚棱体，有冲刷处应采取防冲措施。

第七，膜袋护坡的侧翼宜设压袋沟。

第八，膜袋与坡面间应按设计要求铺设好土工织物滤层。

（三）边坡锚固防护施工技术

①对于损坏和不平整的边坡，首先需要移除所有松散的碎石和岩屑，然后使用浆砌片石填充空隙，并对坡面的裂缝进行封闭处理。修整后的边坡应保持平坦、紧实，且不应有滑动体、膨胀体或松动岩体等不良情况。

②边坡开挖和钻孔过程中，应对岩性及构造进行编录和综合分析，与设计相比出入较大时，应按规定处理。

③修整边坡的弃渣应按有关规定堆放，不得污染环境。

④钢筋制作与安装应符合《公路桥涵施工技术规范》（JTG/T 3650-2020）的规定。

⑤浇筑混凝土时，模板应加支撑固定。

⑥锚杆施工应符合的规定：孔深小于 3m 时，宜采用先注浆之后插锚杆的施工工艺。

注浆时，浆体除孔口 200 ~ 300mm 外，应均匀充满全孔。锚杆插入后应居中固定。杆体外露部分应避免敲击、碰撞，3d 内不得悬吊重物，3d 后方可安装垫板。

第四节　道路建设可持续发展

一、城市建设中的可持续发展观念

（一）城市建设中必须贯彻可持续发展观念

城市是国家的经济中枢。将城市比作一个生物体，其功能上依赖于道路如同血脉、绿地如同肺叶、政府如同大脑、通讯网络如同神经、排水系统如同排泄系统等。城市的任何一个部分出现故障，都可能导致整体功能的紊乱。城市由建成区、城郊结合部与郊区三部分构成，其中城郊结合部是实现持续发展的关键所在。在中国，城郊结合部往往是城市建设中投资最多、发展最为迅速的区域，由于城市的扩张主要表现为这些地区通过开发逐步转变为新的建成区。同时，城市建设的不足和问题也往往在这一过程中显现。由于城乡管理机构的差异，管理体制和方式的不同，城郊结合部的建设往往成为城市管理的一个难题。当然，建成区面临旧城改造、公共基础设施的更新与扩展等问题；郊区则涉及农村建设、村镇发展和向城郊结合部的转变等管理与引导控制问题。但在当前中国城市化快速推进的背景下，关键在于如何在城市建设中，通过能力建设来确保和促进以人为本的自然—经济—社会复合系统的协调发展，也就是说，如何在建设活动中实现城市社会经济的可持续发展，特别是在新城区的建设中，问题尤为集中和迫切。

（二）城市建设中可持续发展观念的内容

中国正快速推进城市化，伴随着这一进程，城市交通建设也在全国各地迅速展开。在城市扩张和改造过程中，始终贯彻可持续发展理念至关重要。

1. 自觉控制城市建设规模、速度、方向、结构的观念

城市发展是一种具有目的性的经济行为，其受到众多主观和客观因素的限制，不能无限制地扩张或随意规划。可持续发展的核心在于对"能源""生物多样性"和"空间"三个变量的合理控制。在空间控制方面，重点是对城市空间的合理规划，以确保人类居住的空间与可持续能源供应（以及清洁水资源和其他资源）的能力相匹配，并与维护生物多样性和谐共存的所需空间相协调。城市是人口活动高度集中的区域，它通过高效的空间利用来节省时间，实现生活节奏的加快。然而，这种快节奏的生活方式是以能源、水资源和其他资源的高消耗为代价的，同时也会对自然界生物的生存空间和生物多样性造成负面影响。这种城市空间的无限扩张及其背后的建设活动，从长远和全局的角度来看，是不具备可持续性的，可能会导致得不偿失与弊大于利的后果。

2. 城市建设与环境、社会、经济动态协调的观念

城市发展需要经济、环境和社会三方面的协同发展，这意味着城市建设不仅要满足城市及区域经济的增长和国家的长期可持续发展的基础设施需求，还要肩负起环境保护、生态维护、资源节约以及社会服务、人口稳定、社区和谐等方面的责任。在城市建设的进程中，必须强调这三种功能的相互作用和平衡，确保城市经济、社会和环境的可持续发展。

城市建设的核心经济作用在于为人们在经济上的集中活动提供完备的基础设施和便利的服务，以及有效的空间资源。从可持续发展的视角出发，城市规划与建设不仅需要持续改善人们在城市中的经济活动空间，还要确保为非城市经济活动留出未被破坏的空白区域，并为未来城市扩张和经济发展留有余地。这要求城市建设过程当中必须平衡城市与乡村、现在与未来、发展与保护以及局部与整体的经济效益。

城市道路的环境职能在于促进城市建设与自然及人文环境之间的和谐共存，包括生态系统的健康、自然资源的合理利用以及历史文化的保护。可持续发展要求我们将城市道路视为一个融合了自然和人文元素的复杂生态系统，并维护其动态平衡和持续发展。在城市道路的规划和建设过程中，应从起初的规划阶段就开始注重人造环境与自然环境的和谐统一，以及在施工阶段，要积极采用环保设计、技术和材料，注重环境保护、生态平衡和资源的节约利用。

综上所述，城市道路的构建应充分融合其经济、环境、社会（包括文化及美学）等多重功能，确保城市道路建设与经济发展、环境保护以及社会进步之间的和谐统一，以便居民能在一个美观、便捷的环境中，体验现代都市文明带来的好处。

3. 通过城市道路建设不断自我提高、自我完善的观念

可持续发展战略强调全面提升人的科技、体制、教育等方面的能力，确保这些能力的增强能够支持经济、社会和环境的持续发展，进而实现人的全面素质提升。将这一理念应用于城市道路建设，就意味着在提升城市经济能力（包括生产、流通、服务、管理和创新等方面）的同时，也要增强城市的科技文化、组织制度、思想影响力等方面的能力。城市道路建设应成为推动人类持续进步的动力，成为促进人类自我提升和完善的的关键工具。

在城市道路建设过程中，科技文化能力的提升涵盖了两方面的内容：首先，应当在城市道路建设中广泛采用当代先进科技成果，使用高效、精确、能力强大的现代技术设备，以此提升建设活动的科技水平和科学性。这样做可以在科学理论和方法的指导下，更有效地实现对城市道路建设的自觉管理，确保其与经济、环境、社会的和谐发展，以及与精神文明建设的紧密结合。其次，在城市规划与建设实践中，应重视运用数字化技术来设计和建设城市，利用现代信息技术、自动化控制技术和网络技术来增强城市的经济、政治、文化等方面实时性、敏捷性、灵活性、有效性、合理性、协调性、开放性以及国际化水平。

二、城市道路建设可持续发展的策略

（一）制定交通发展策略，为城市交通提供必要的管制和调控

交通规划是城市整体规划不可或缺的一环，在国家的宏观规划指导之下，交通系统的发展目标应当是构建一个整合性强、效率高、成本效益好的道路网络，并确保其能够持续满足国家和民众的需求。在维护环境质量的同时，还需优化利用现有交通设施，确保公共交通的顺畅运作。随着中国大城市和中城市人口和车辆的急剧增长，交通拥堵问题日益加剧，城市有限的地理空间也限制了通过扩张来解决交通需求的可能。因此，唯一的方法是最大化现有土地和交通资源的潜力，合理调控交通需求的增长，以确保用有限的资源实现道路交通战略的基本目标。

（二）制定高水平的设计方案

市政道路的建设通常依赖于政府财政的支持，因此在设定质量、进度和投资目标时可能会存在较大的灵活性。另外，市政道路的设计需要结合当前城市的短期和长期规划，全面考虑与给排水、电力、燃气和通信等管线系统的布局和交互，以防止路线和管线布置的大规模调整引发冲突。因此，在整个设计过程中，建设单位需要与设计单位保持密切的合作和沟通，处理好不同管线单位之间的协调问题，以确保设计单位能够提交出高质量的设计方案。

（三）制定科学的城市交通发展模式

宏观交通发展战略的宗旨在于确立城市交通的政策导向，以此影响并改善交通组成。城市交通结构优化的核心在于更高效地使用道路资源，这需要通过交通政策的指导和执行来完成，并且需要一个强有力支持体系。在塑造城市交通发展模式时，应强调发展思维。发展是解决问题的关键，它不仅推动了城市和国家向现代化迈进，也促进了汽车技术的进步和城市适应机动化需求。必须确保城市建设用地和道路交通设施的资金投入。同时，要秉持可持续发展的理念，确保短期发展不会妨碍长期目标的实现，不应只关注经济效益而忽视社会和环境效益，且应当在规划中为未来的发展预留足够的空间。

（四）加大立法执法力度并大力宣传交通法规

众多国家和地区的交通管理实践表明，要想有效地管理城市交通，不仅需要制定一套切实可行的交通法规并确保其得到严格执行，还需要激发市民自觉性，让每个人都参与到交通管理中来。首先，可以设立一个专门的城市交通策略委员会，其职责是研究和协调解决城市交通问题，并从供需两端采取措施，科学制定并实施交通法规，以实现综合管理。其次，应严格控制交通污染，利用科技手段减少汽车尾气排放，并继续执行禁止汽车随意鸣笛的规定，以减少对城市交通规划与管理的人为干扰，确保管理法规的权威性。

（五）建立快捷高效的城市公共交通运输体系

要对快速路、主干道、次干道以及支路进行统一的认知，明确它们各自的技术规范、

土地规划和交通管理的规定，并提倡系统性和远近结合的原则。为了应对城市交通机动化的挑战，道路规划和设计应遵循可持续发展的理念，倡导"高标准规划，严格过程管理"，并重视构建城市机动车、非机动车和行人专用的交通系统，以实现交通流的分散。同时，应积极进行交叉口的设计和改造，通过提升平面交叉口的通行能力，以确保交通节点的流畅。

三、城市道路可持续发展的保障体系建设

（一）打造城市道路可持续发展的保障体系

1. 建立城市道路综合管理长效机制

城市道路的规划、设计、建设和管理构成了一个相互依存的整体，然而在中国，这四个环节目前由不同的部门负责。这种分开的管理体系往往会导致城市道路建设和管理上的不协调、不一致以及缺乏长远规划。因此，建立一个涵盖这四个部分的政府统一协调机构，形成从政策制定到执行、从规划建设至管理、从技术标准制定到培训的一体化协调管理体系，可以显著提升城市道路建设和管理的效率和效果。通过以政府为主导，同时吸纳专家和市民多方参与和监督的城市道路建设模式，可以推动城市资源的高效利用，为城市道路的持续发展提供关键支持。

2. 健全城市道路管理法规规章体系

城市道路的法治化和规范化管理是确保其可持续发展的法律基础。针对城市道路可持续发展所面临的问题，以及地方执法和管理依据的不足，可以实施如下策略：首先，迅速修补现有法规和管理文件中关于城市道路管理的缺陷；其次，根据发展需求，发布新的行政规则和规范性政策文件，并在实际操作中不断优化，逐步建立起一个健全的法规政策体系，以缓解当前依法行政与管理效率低下的问题。

3. 形成城市道路发展资金保障制度

为促进城市道路的持续发展，有必要开辟多种资金来源，增加对道路建设的投资，并迅速建立起一个稳固且规范的财政资金投入及管理制度。考虑到中国的具体情况，可以探索的城市道路建设资金筹集途径包括：利用车辆购置税和燃油税的一部分来支持城市道路建设，激励城市通过多种方式筹集建设资金，并制定相应的资金筹集和管理办法，吸引银行和其他金融机构参与城市道路建设的投资，以及鼓励私人资本投入城市道路建设，并为这些投资制定相应的政策措施。

（二）实现城市道路可持续发展的配套措施

1. 城市道路可持续发展的规划

①采取适度的提前规划战略，推动经济社会的发展。以往的城市道路规划缺乏足够的预见性，规模和标准往往不合理，导致难以实现预期的目标。在许多城市，道路规划在划定土地使用红线时，往往只关注道路的宽度，却没有充分考虑快慢车道的合理布局

和断面设计的前瞻性，以及对道路两侧建筑用地的有效控制，这使得城市难以进行有序的未来发展。基础设施的建设即推动城市经济发展的重要因素。

为了适应经济增长和生态文明建设的需求，发挥城市道路在全局、引领和基础设施方面的关键作用，必须采取适当的提前规划和管理策略，确保道路建设投资能够满足设计寿命以及未来一定时期的交通需求。

②倡导进行路网系统的综合规划，同时考虑近期和远期的需求。面对城市交通机动化的挑战，道路规划应贯彻可持续发展的理念，通过明确道路的功能定位，推动城市经济的增长。需要设计城市机动车、非机动车和行人通行的系统，以便实现交通流的有效分散。在分阶段实施的道路工程中，可以在道路断面的设计中预留较宽敞的人行道和分隔带，而不是一次性建成未来所需的全部机动车道宽度，以便在未来的需要时再进行拓宽和改造。

③遵循"以人为本"的设计理念，强调城市的文化底蕴。城市道路交通的根本目标是服务于人，因此在规划道路时，需要关注街道景观、行人空间等元素，以提升市民的出行体验，并创造一个宜人的居住环境。规划决策应具备长远的眼光，不能仅仅停留在规划层面或道路建设本身。应当有意识地保护那些景观优美、历史丰富、具有历史价值的历史街区，以传承和发展历史文化，避免为了满足当代需求而损害后人的利益，确保城市道路与生态文明相协调地发展。

2. 城市道路可持续发展的设计

（1）提倡人性化城市道路设计理念，完善道路设施功能

城市道路不仅需要承担交通职能，还应具备服务生活、传播文化艺术功能。在追求可持续发展的过程中，我们更应该重视道路设计在文化、环境、艺术等方面的要求，细化城市道路的职能，并确保市民拥有高质量的生活空间。此外，道路设计还应充分考虑到残疾人、老年人和儿童等行动不便人群的需求，重视盲道和无障碍设计的实施。同时，城市交通、通信、能源、给排水、环境和防灾等等依赖道路的各类设施，也应与道路设计同步规划。

（2）降低能源消耗和对环境资源的破坏

道在道路设计中，应当注重能源和材料的节约使用，优先选择环保、节能且易于维护的材料，以提升材料的耐用性和延长使用期限。设计过程中应优化结构方案，以减少对原材料的需求，并尽量减少对自然环境和资源的破坏。道路的景观设计应充分利用现有的环境资源和文化历史，保护区域的生物多样性，并尽量减少对自然环境的影响，避免无谓的人造装饰，以实现道路与周围环境的和谐共存和相互促进。

3. 城市道路可持续发展的建设

（1）把城市道路工程质量放在首位

为保证城市道路的建设质量，首要任务是确保设计、建设、监理和施工各方充分承担起各自的责任，并将高质量作为工程的基石。各参与方应发挥各自的长处，紧密协作，加强沟通与的管理，从根本上确保质量控制的有效性。针对道路建设中常见的问题，应采取切实可行的解决措施。同时，应防止把城市道路工程变为"形象工程"，这种倾向

可能导致施工流程无法得到有效规范，使得工程质量控制措施成为空谈。

（2）应用先进技术和工艺

采用创新的建筑材料、设备和施工技术，可以提升工作效率，确保工程品质，压缩施工周期，减少成本投入，并实现显著的社会、经济和环境效益。例如，与传统的沥青混凝土路面相比，推广使用厂拌灰土路基、水泥稳定碎石基层和沥青混合料面层的组合结构，不仅有助于保证工程质量、缩短建设时间，还能有效降低对环境的负面影响。

（3）在建设过程中尽可能减少不良影响，从而提高可持续性

实施的具体措施包括：首先，减少对交通的干扰；其次，控制施工过程当中产生的噪音；接着，优先使用环保节能和可再生的材料；然后，确保公共设施得到保护和完善；在施工期间，保障通行车辆和行人的安全；此外，严格控制工地和运输过程中的扬尘与污染物排放；最后，尽量降低建筑废料的产生。

4. 城市道路可持续发展的管理与养护

（1）加大城市道路管理养护经费投入，改变"重建轻养"现象

转变观念，从重视建设、轻视管理，重视大规模修复、忽视日常养护模式，转变为建设和养护并重的理念。随着城市道路网络的日益发达，道路的养护管理将变得越来越重要。主动开展预防性道路养护措施，能够有效提升道路的使用年限，维持道路的良好状态和水平，确保城市道路设施的正常运作，减少道路生命周期的总体成本，延长中等规模和大修的间隔期，推动城市道路的持续发展。

（2）理顺行业管理体制，明确权责关系，规范和促进行业发展

城市道路的运行特征包括系统性、紧急性、时效性、社会性和政治性，对城市生活和社会民生有着深远影响。因此，道路管理和执行机构肩负着重大的社会责任和职业责任。他们需要明确不同行政层级之间的关系，确保指令的有效传达和协调一致，建立长效的责任落实机制。通过对道路网络进行统一的管理或监督，可以推动交通行业的平衡和健康发展。

（3）构建管理信息系统，规范行业改革发展

城市道路管理信息系统集成了城市道路的空间信息，能够处理和动态更新大量的道路地理信息，为道路规划和管理工作提供精确的数据支持。目前，城市道路养护管理的改革理论在指导全国的工作方面存在不足，缺乏标准化的、统一的、具备宏观指导效力的养护管理方案。所以，建议国家根据市政养护行业当前的状况和主要问题，出台一份具有指导性的政策文件，以规范和促进市政养护行业的改革与发展。

（4）完善道路挖掘许可、道路占用管理程序

首先，实现所有行政许可和行政处罚过程的透明化，通过网络平台公开运行；其次，根据规定标准，对城市道路的开挖活动实施全面的监控。完善监管记录，确保监管工作到位。进一步明确市级和区级在管理和执法方面的责任、职责和权限，强化对非法占用、非法开挖以及后续开挖和占用行为的监管。第三，增强信息的交流与合作，构建健全的信息共享平台，对损害市政设施的任何行为，均要做到及时沟通、迅速处理、反馈和共享信息，以提高管理的现代化水平。

第四章 市政桥梁工程建设

第一节 桥梁的结构形式与施工技术

一、城市桥梁的结构与设计要求

（一）桥梁的基本结构体系

1. 钢筋混凝土梁桥

钢筋混凝土桥梁由于其便于利用当地材料、适宜工业化施工、耐用性佳、适应性强、结构整体性好以及外观美观等优点，已经成为桥梁工程中广泛采用的类型，数量众多，占据着桥梁工程领域的重要地位。

然而，钢筋混凝土梁桥也存在一些缺点，比如其结构自重较大，通常占到整个设计荷载（包括恒载和活载）的30%至60%。这种自重随着跨度的增加而变得更为显著。另外，现场浇筑的钢筋混凝土桥梁施工周期较长，需要大量的支架和模板，这导致了对木材的大量消耗。

在寒冷地带或者雨季施工时，整体式钢筋混凝土桥梁的建设会面临额外挑战。为了应对这些气候条件，可能需要采取蒸汽养护和防雨等措施，这又会显著提高建设成本。

在中国，由于钢材成本的考虑，公路钢桥的建造比较罕见。同时，传统的圬工拱桥建设既耗时又需大量劳动力，且其建设受限于桥位的地形和地质条件。鉴于此，公路建设者在面临中小河流等障碍时，普遍选择建造中小跨度的钢筋混凝土梁桥。对于装配式钢筋混凝土简支梁桥来说，在技术和经济上，其最大合理跨径大约为 20 米。而悬臂梁桥和连续梁桥的最大适宜跨径则可以达到 60 到 70 米。

2. 预应力混凝土桥梁

预应力混凝土是一种通过预先施加适当的压应力来增强的材料。这种材料中，高强度的钢筋（也称作预应力钢筋）在施加预应力的同时，也作为承受由荷载引起的构件内力和变形的受力构件。

预应力混凝土梁桥除了具有一般钢筋混凝土梁桥的优点外，还有下述四个重要特点：

①能最有效地利用现代的高强度材料（高强混凝土、高强钢材），减少构件截面，降低自重所占全部设计荷载的比重，增大跨越能力，并扩大混凝土结构的适用范围。

②与钢筋混凝土梁桥相比，一般可以节省钢材 30% ~ 40%，跨径愈大，节省愈多。

③在全预应力混凝土梁的情况下，在使用荷载的作用下不会出现裂缝。即使是部分预应力混凝土梁，在常见的荷载作用下也通常不会出现裂缝。由于全截面都能够参与受力，因此这类梁的刚度相较于带有裂缝的钢筋混凝土梁要大。

④应用预应力技术，为现代装配式构造提供了极为有效的连接和组装方法。根据不同的设计需求，预应力可以沿纵向、横向以及垂直方向施加，从而使得装配式结构能够紧密结合，形成理想的整体。这种技术拓宽了装配式桥梁的应用领域，并且提升了其运营性能。

3. 板桥

（1）板桥的特点

板桥是小跨径钢筋混凝土桥中最常用的桥型之一。由于它外形上像一块薄板，故习惯称之为板桥。板桥具有如下三个特点。

①建筑高度小，适用于桥下净空受限制的桥梁，以降低桥头引道路堤高度和缩短引道的长度。

②外形简单，制作方便，便于进行工厂化成批生产。

③装配式板桥的预制构件重量不大，架设方便。

板桥的局限性在于其跨度有限，当跨度超过一定阈值时，桥面板的高度必须增加，这会导致结构自重增加，材料使用效率降低，同时难以充分利用其低矮的建筑高度优势。经验表明，简支板桥的经济有效跨度通常保持在 13 至 15 米范围内，而预应力混凝土连续板桥的跨度也不应超过 35 米。

（2）板桥的分类

从结构静力体系来看，板桥可以分为简支板桥、悬臂板桥和连续板桥等。

简支板桥根据施工方式的不同，可以分为整体浇筑式和预制装配式两种结构。整体浇筑式的跨径通常在 4 到 8 米之间，而采用预应力混凝土的预制装配式桥梁跨径可达到

16 米。在施工现场缺乏起重设备但具备模板架设条件时，适合建造现场浇筑的整体式钢筋混凝土板桥，这种桥梁具有优良的整体性能和较大的横向刚度，且施工方便，但缺点是木材消耗较大。在其他常规施工条件下，预制装配式结构更为合适。

悬臂板桥通常采用悬臂式设计，其中间跨度介于 8 至 10 米之间，而两端悬臂的长度约为中间跨度的 0.3 倍。在跨度中间，板的厚度为跨度的 1/18 至 1/14，而在支点处，板厚需增加 30% 至 40%。悬臂端能够直接延伸至路堤，因此无需设置桥台。为了保证行车平稳，两端悬臂的末端应配备搭板与路堤相连。然而，在高速、重载和交通量大的情况下，搭板容易损坏，可能导致车辆在上下桥时对悬臂产生冲击，因此这种设计在当前较少使用。

连续板桥通过让板在不间断地跨越多个桥孔，形成了一个超静定的结构系统。在中国，目前建造的连续板桥孔数包括三孔以及四孔及以上。当桥梁的长度较大时，可以将几个孔洞联合起来，形成多联式的连续板桥设计。与简支板桥相比，连续板桥具有更少的伸缩缝和更平稳的行车条件。由于在支点处产生负弯矩，它能够减轻跨中的弯矩负担，因此可以建造更大的跨径，或者在同跨径下使用更薄的板厚，这一点与悬臂板桥相似。连续板桥的两端直接放置在桥台上，无需额外搭板，从而避免了车辆上桥时对悬臂端部的冲击，这是悬臂板桥所不具备的优点。

4. 预应力混凝土连续梁桥

预应力混凝土连续梁桥是一种超静定体系。得益于预应力技术，这种结构能够充分利用高强度材料的性能，实现结构轻量化和显著的跨越能力提升。其显著特征是能有效防止混凝土出现裂缝，尤其是在负弯矩区的桥面板。连续梁桥的下部结构设计和构造较为简单，材料消耗较少，同时还具有变形缓慢、伸缩缝数量减少、刚度较高、行车舒适性好、承载能力较强和维护方便等优点，因此在现代桥梁建设中得到了广泛应用。

预应力混凝土连续梁可以构建为等跨或不等跨、等高或不等高的形式。预应力筋在结构内部的内力调整能力，使得预应力混凝土连续梁在孔径布置和截面设计上的选择范围远超过传统的钢筋混凝土桥梁。

对于中等跨度，采用流行的顶推法施工时，常选择等跨等高的连续梁桥设计。这种施工技术能够弥补连续梁结构本身的限制，也可以先预制成简支梁，然后在其被放置在临时支座上后，通过在支点顶部张拉预应力筋来形成连续性。对于大跨度桥梁结合悬臂施工，不等跨不等高的预应力混凝土连续梁桥是常见的选择。在城市桥梁或跨线桥的设计中，为了增加中跨跨径，可能会设计边跨与中跨比例小于 0.3 的连续梁桥，这会导致端支点出现较大的负反力，所以需要设计特殊的支座来抵抗拉力，或者在跨端部分增设平衡重以消除负反力。

在布置预应力筋时，需要考虑张拉操作的便利性。无论是将预应力筋锚固在梁内、梁顶还是梁底，都应根据锚固区受力特性进行局部加强，以防止开裂损坏。

5. 预应力混凝土斜拉桥

预应力混凝土斜拉桥是一种复合结构，其核心组成部分包括斜拉索（亦或称作斜缆）、塔柱以及主梁。从塔柱延伸出来的高强度钢索不仅负责悬吊主梁，也为混凝土主梁提供了弹性支承。这种设计使得主梁能够像一个高度缩减的多跨弹性支承连续梁一样运作，从而实现了梁高的显著降低、自重的显著减轻，并显著提升了桥梁的跨越能力。此外，斜拉索产生的水平分力还能够为混凝土梁提供有益的轴向预压力。

（1）预应力混凝土斜拉桥的优点

①鉴于主梁增加了中间的斜索支承，弯矩显著减小，与其他体系的大跨径桥梁比较，混凝土斜拉桥的钢筋和混凝土用量均较节省。

②借斜索的预拉力可以调整主梁的内力，使之分布均匀合理，获得经济效果，并且能将主梁做成等截面梁，便于制造及安装。

③斜索的水平分力相当于对混凝土梁施加的预压力，借以提高了梁的抗裂性，并充分发挥了高强材料的特性。

④结构轻巧，实用性强。利用梁、索、塔三者的组合变化做成不同体系，可适应不同的地形与地质条件。

⑤建筑高度小，主梁高度一般为跨度的 1/100 ~ 1/40，能充分满足桥下净空与美观要求，并能降低引道填土高度。

⑥与悬索吊桥比较，竖向刚度及抗扭刚度均较强，抗风稳定性要好得多，用钢量较小以及钢索的锚固装置也较简单。

⑦便于采用悬臂法施工和架设，施工安全可靠。

调整索力是确保斜拉桥主梁受力均衡、实现经济和安全目标的关键步骤。然而，这一过程通常较为复杂，在实际建设过程当中，实现设计与施工的理想配合往往具有挑战性。另外，缆索的防腐处理、新型锚具的制作技术和耐久性研究等，都是需要进一步探索和研究的问题。

（2）斜拉桥的结构体系

斜拉桥可以根据相互作用的不同，分为四种不同的结构类型：悬浮体系、支撑体系、塔梁固定体系和刚架体系。每种体系都有其独特的特性，设计时应依据具体情况选择最恰当的结构体系。

①悬浮体系。亦被称为浮动体系，这种结构通过将所有除两端的缆索吊起，使得主梁在纵向能够轻微浮动，形成一种带有弹性支撑的单跨梁。经过动力学空间计算，浮动体系不允许在横向自由"摇摆"，而是需要通过附加的横向约束来增加其振动频率，从而提升其动力特性。采用悬臂施工法时，浮动体系靠近塔柱的梁段应设立临时的支撑点。

②支承体系。主梁在塔墩处设置支座，类似于一个具有弹性支承的三跨连续梁。在这种体系中，主梁在塔墩支座处承受的内力发生显著突变，形成负弯矩峰值，因此通常需要强化这些区域的梁截面。支承体系通常在主梁上安装活动支座，以防止由于一侧的纵向水平约束导致的温度变化产生的不均匀位移，这样可以避免在一侧塔柱内产生过大的附加弯矩。为了提高结构的抗震性，支承体系在横桥方向上也需要在桥台和塔墩处设置横向水平约束。在悬臂施工中，支承体系不需要额外的临时支点，所以施工较为便捷。

③塔梁固结体系。塔梁固结体系可视为在梁顶面使用斜索加固的连续梁。主梁与塔柱的内力和梁的挠度直接取决于主梁与塔柱的弯曲刚度比。这种体系的主要优势在于，它取消了承受大弯矩的梁下塔柱部分，取而代之的是普通的桥墩结构。塔柱和主梁的温度内力很小，并且能显著减少主梁中央段承受的轴向拉力。然而，需注意的是，当中跨满载时，主梁在墩顶处的转角位移会引起塔柱倾斜，导致柱顶产生较大的水平位移，这会显著增加主梁的跨中挠度和边跨的负弯矩，这是该体系的一个缺点。在塔梁固结体系中，所有上部结构的重量和活载都必须通过支座传递给桥墩，这就要求设置高吨位支座，对于大跨度桥梁，支承力可能达至万吨以上。

④刚构体系。塔柱、主梁和柱墩在刚构体系中相互紧密结合，形成了类似弹性支承的刚架。这种体系的主要优势是具有较高的刚度，即主梁和塔柱的弯曲程度较小。在刚构体系中，塔柱处不需安装支座，但会在刚性连接点和墩脚处产生较大的温度引起的附加弯矩，对于大跨度桥梁，这些弯矩可能达到万吨级别。为了减少或消除这些巨大的温度内力，通常在主梁的跨中部位安装允许水平位移的剪力铰，或者增设挂梁。

总体来看，悬浮体系具有足够的刚度，内力分布较为均匀，适合制作等截面主梁，从而简化建造过程，同时具有良好的抗风和抗震性能，因此是较为常用的结构类型。支承体系相较于悬浮体系并没有显著的优越性。塔梁固结体系中，塔柱承受的内力较小，温度内力也较低，但主梁边跨的负弯矩较大，整体刚度较弱，仍然是一个可以考虑的选择，尽管在实际建造时需要解决高吨位支座的问题。由于需要应对巨大的温度内力，刚构体系通常会设计成带有挂梁的形式，它适用于那些对抵御地震和风振没有特别要求场合。

（二）桥梁的规划和设计要求

1. 桥梁总体规划原则和基本资料

桥梁是连接公路或城市道路的关键部分，尤其是大型和中型桥梁对地区的政治、经济和国防具有显著的影响。因此，在设计桥梁时，应考虑其功能需求、桥梁的本质和未来道路发展的需求，并遵循实用性、经济性和美观性的设计原则。对于公路桥梁，还应顾及农田排灌的需求，以支持农业发展。同时，对于位于村镇、城市、铁路附近或水利设施周边的桥梁，设计时应结合当地各方的需求和综合利用的可能性。设计者在工作中应借鉴桥梁建设中的先进经验，推广经济效益高的技术创新，并主动采用新型结构、技术、设备、工艺和材料。

（1）桥梁设计的要求

①使用上的要求。关桥梁结构在生产、运输、安装及运营阶段必须具备足够的强度、刚度、稳定性和耐久性，并应具备一定的安全冗余。桥梁上的车道、人行道宽度（或安全边缘）、路缘石、护栏、栏杆等设施应确保行车和行人的安全，同时要适应未来交通量的增加。桥梁的类型、跨度及下方净空应满足防洪、航行安全或者交通通行的需求。此外，桥梁上应安装照明设备，引桥的坡度不应过于陡峭，且在地震区的桥梁应按照抗震标准采取相应的防震措施。建成的桥梁应确保其使用寿命，并便于未来检查和维护。

②经济上的要求。在经济性方面，桥梁设计通常将其作为最重要的考量点。设计过程中，必须执行彻底而细致的技术经济分析，以实现桥梁建造的总成本和材料消耗的最优化。需要注意的是，全面且精确地计算所有经济因素往往颇具挑战，因此在技术经济分析中，应当充分考虑桥梁在运营期间的各种条件，并兼顾到未来的发展潜力以及养护维护等问题，以确保建造成本和养护费用的总体最小化。

在桥梁的设计过程中，应本着利用当地资源、方便建设施工的原则，选择恰当的桥梁类型。同时，考虑到快速施工的需求，以便于缩短建设周期，这样的设计不但能够节省成本，而且能够早日完工并投入运输，从而带来显著的经济收益。

③结构尺寸和构造上的要求。桥梁的整体结构及其各个组成部分，在生产、运输、安装和使用阶段，必须具备足够的强度、刚度、稳定性和耐久性。桥梁结构的强度要保证所有部件和连接的材料能够承受的力或负荷具有足够的安全余地。刚度的需求是为了确保桥梁在承受荷载时不会产生超过允许范围的变形，过大的变形会导致结构连接松弛，挠度过高还会使高速行车变得困难，引发桥梁剧烈振动，给行人带来不适，严重时可能威胁桥梁安全。稳定性方面，桥梁结构需要在外力作用下保持原有形状和位置，例如，整体结构不会倾倒或滑移，受压构件不会发生纵向屈曲变形等。在地震多发区域建造桥梁时，设计和构造还需满足抗震标准，以抵御地震产生的破坏力。

④施工上的要求。桥梁结构应便于制造和架设。应尽量采用先进的工艺技术和施工机械，以利于加快施工速度，保证工程质量和施工安全。

⑤美观上的要求。桥梁建筑应当展现出动人的外观，并且与周边环境形成和谐。特别是在城市和旅游景点的桥梁，应更多考虑建筑艺术的美学要求。一个合理的结构布局和流线型设计是美观的核心，而美观不应仅仅被视为过度的装饰。同时，施工的质量也会对桥梁的美观程度产生影响。

此外，桥梁设计应积极采用新结构、新材料、新工艺和新设备，学习和利用国际上最新科学技术成就，以利于提高中国桥梁建设水平，赶上和超过世界先进水平。

（2）野外勘测和调查研究

一座桥梁的规划设计涉及的因素很多，必须充分调查和研究，从客观实际出发，提出合理的设计建议及计划任务书。

①调查研究桥梁交通要求。即调查桥上的交通种类和行车、行人往来密度，以确定桥梁的荷载等级和行车道、人行道宽度等。调查桥上是否有需要通过的各类管线（如电力、电话线和水管、煤气管等），为此须设置专门的构造装置。

②选择桥位，测量桥位附近的地形，绘制地形图供设计和施工应用。

③对桥梁选址地点的地质状况进行勘查，这涉及土壤的层位、物理和力学特性、地下水状况等，并将钻探数据整理成地质横断面图。在地质勘查过程中，若遇到不良地质现象，如滑坡、断层、溶洞、裂缝等，应进行详细记录和标注。

④桥位的详细勘测和调查。在选定桥位后，需进一步搜集资料，以确保设计和施工基于可靠的数据。这一阶段的勘测与调查工作可能包括制作桥位周边的高精度地形图、进行桥位地质钻探并编制地质横断面图、以及进行现场水文调查等。为了让地质数据更

贴近实际情况，建议将钻孔位置设置在拟定的桥孔方案的墩台附近。

⑤对河流的水文状况进行勘查与测算，涵盖了对河道特性（如河床及两岸的侵蚀与沉积、河道的自然变化等）的研究，搜集并分析历史上的洪水数据，绘制河床断面图，以及对河槽各部分形态特征、粗糙度等的调查。通过这些数据计算，确定不同的特征水位、流速和流量等参数。同时，与航运管理机构协作，确立桥梁通航的水位和净空要求。此外，还需了解现有水利设施对拟建桥梁可能产生的影响。

⑥调查当地建筑材料（沙、石料等）的来源、水泥钢材的供应情况及水陆交通的运输情况。

⑦调查了解施工单位的技术水平、施工机械等装备情况，以及施工现场的动力设备和电力供应情况。

⑧调查和收集有关气象资料，包括气温、雨量及风速（台风影响）等情况。

⑨调查新建桥位上、下游有无老桥，其桥型布置和使用情况等等。

显然，桥位的确定依赖于地形、地质和水文等多个方面的信息，而对于一旦确定的桥位，则需要更深入的调查来为桥梁设计提供全面的基础数据。因此，这些任务往往是相互重叠和交替进行的。

（3）桥梁设计程序

桥梁设计是一个逐步推进的过程，遵循国家基本建设的规定，中国的大型桥梁设计流程被划分为前期准备和设计两个主要阶段。前期准备阶段涉及预可行性研究和可行性研究。设计阶段则遵循"三阶段设计"模式，包括初步设计、详细设计和施工图设计，每个阶段的设计目标、内容、标准和详细程度都有所区别。

①预可行性研究报告的编制。在这一阶段，通常称为"预可"阶段，预可行性研究报告主要基于工程的可行性，重点探讨建设的必要性和经济上的合理性，以解决是否建设桥梁的问题。对于区域性的桥梁项目，应通过调查拟建桥梁附近的渡口车辆流量，并从发展的角度以及桥梁建成可能吸引的交通流量，进行科学分析以确定预测车辆流量，从而论证工程的必要性。

在预可行性研究报告中，应当提出几个潜在的桥梁设计方案，并对项目的工程成本、投资回报、社会效益、政治及国防重要性等方面进行经济合理性的分析，同时考虑资金筹措的可能途径。设计单位完成预可行性研究报告后，将报告提交给项目所有者，由所有者根据这份报告编制"项目建议书"，进而向上级管理部门申请审批。

②可行性研究报告的编制。这个阶段通常称为"工可"阶段。与"预可"阶段相似，它涉及的内容和目标相似，但研究的深入程度有所区别。可行性研究报告是在预可行性研究报告获得批准之后编写的，它主要关注工程建设和投资的可行性。

在此阶段，需要探讨和确立桥梁的技术规范，这包括设计的荷载标准、允许的最高速度、桥梁的坡度和弯道半径等关键参数。此外，还应与河流管理、航运、城市规划等相关部门进行协作和讨论，以共同确定这些技术规范。

③初步设计。在可行性研究报告获得批准之后，便可以开始初步的设计工作。这一阶段需要进一步进行水文和勘测调查，以收集更精确的水文数据、地形图和地质资料。

在初步设计阶段，需要确定桥梁结构的基本尺寸，对工程量进行初步估计，以及对主要建筑材料的需求量进行预测。同时，还需提出施工的基本建议和编制的设计预算。这个初步设计预算将成为控制整个建设项目投资的基础。初步设计的根本目标在于选定一个合适的设计方案，因此应该制定多个桥梁设计方案，并综合评估每个方案的优势和劣势。通过比较每个方案的主要材料消耗、总体成本、劳动力需求、施工时间、施工难度、维护费用以及美学特征等技术经济指标，选出一个最优的方案，并向建设单位提交审批。

④技术设计。技术设计阶段重点在于深入探讨和解决选定桥梁设计方案中关键而复杂的技术难题。这涉及到科学实验、专题研究、更深入的勘探调查以及技术比较，以进一步完善和细化已批复的桥梁设计方案。该阶段的目标是提供详细的设计图纸，包括结构截面、钢筋配置、细部处理、材料清单以及工程量等，并对初步预算进行修正。

⑤施工图设计。施工图设计阶段，是在技术设计（在"三阶段设计"模式中）或初步设计（在"两阶段设计"模式中）的所有技术文件的基础上，进行的更具体的设计工作。这一阶段的工作内容包括进行详细的结构分析与计算、钢筋配置计算，以及对构件的强度、刚度、稳定性和裂缝控制等各项技术指标进行校核，确保符合规范标准。另外，还需要绘制施工详图，制定施工组织计划以及编制施工图预算。

在我国，大多数桥梁项目采用两阶段设计流程，包括初步设计和施工图设计。但是对于技术性较强、结构复杂的大型桥梁、互通式立交桥或新型结构，需要增加一个技术设计阶段，形成三阶段设计 process。而对于技术含量较低、设计方案清晰的小型桥梁，则可以根据实际情况直接采用施工图设计，即一阶段设计。

2.桥梁纵、横断面设计与平面布置

（1）桥梁纵断面设计

桥梁纵断面设计包括确定桥梁的纵跨径、桥梁的分孔、桥道的标高、桥上和桥头引道的纵坡以及基础的埋置深度等。

①桥梁总跨径的确定。在设计一般性的河跨桥梁时，设计师会依据水文学的计算来确定桥梁的总体跨度。这样的确定是为了确保桥梁下方的河流有足够的通行面积，防止河床因过度冲刷而受损。同时，设计者会考虑河床的土壤类型和基础的深度，根据河床可承受的冲刷程度来调整桥梁的长度，以此来减少建设成本。因此，桥梁的最终跨度需要根据具体的环境和条件进行细致的分析和决策。例如，如果桥梁建在非坚硬岩层上，并且采用浅基础，那么为了防止河床因路堤压实而受到不利影响，设计师可能会选择一个较大的跨度。相反，如果桥梁有深埋的基础，那么可以承受更大的冲刷，因此桥梁的跨度可以相应地减小。在山区河流中，因流速通常很快，设计时应尽量减少对河床的压缩。而在平原地区的宽滩河流设计中，虽然可以接受较大的压缩，但必须考虑到污水可能对河滩路堤、周边农田和建筑物造成的损害。

②桥梁的分孔。在设计较长桥梁时，决定桥梁应划分为多少孔以及每孔合适跨径是一个复杂的问题，它不仅影响桥梁的功能性和施工的便利性，还直接关系到桥梁的总成本。较长的跨径和较少的孔数会导致上部结构成本增加，而下部结构（如墩台）的成本

减少；相反，上部结构成本降低，而下部结构成本上升。这种决策与桥墩的高度和基础工程的复杂性密切相关。最经济的设计是使得上部结构和下部结构的总成本最低

对于需要船舶通行的河流，桥梁的通航孔应位于航行最为便利的区域。考虑到变迁性河流中航道可能的变化，可能需要设置多个通航孔。

在宽阔的平原河流上，多孔桥的设计通常在主河道部分设置较大的通航孔，而在两侧的浅滩区域则根据经济跨径来分孔。若经济跨径大于通航要求，则通航孔也可以采用较大的跨径。

在山区深谷、水流湍急的江河或水库上修建桥梁时，为了减少中间桥墩，通常会采用较大的跨径，甚至在条件允许的情况下，使用超大跨径的单孔桥。

在布置桥孔时，有时需要避开不利的地质条件，如岩石破碎带、裂隙或溶洞等，这时可能需要调整桥基位置或增加跨径。

对于某些特定类型的多孔桥，各孔的跨径应保持适当的比例关系，以合理利用材料。

从战备角度考虑，全桥的跨径应尽量一致，并且跨径不宜过大，以便于战时快速通行和修复。

跨径的选择还受到施工技术能力和设备条件的限制，有时即使经济上倾向于较大的跨径，也可能因为施工能力而选择较小的跨径。在大桥建设中，基础工程往往决定了施工进度，因此，为了缩短工期，可能会减少基础数量，建造较大跨径的桥梁。

桥梁不仅是交通工程的一部分，也是自然环境的美化元素。对于一些具有重要意义的桥梁，其设计应体现出社会主义建设的时代特征。因此，在规划桥梁分孔时，美观性也是一个重要的考虑因素。

总之，桥梁分孔的设计是一个涉及多方面因素的复杂过程，需要根据桥梁的使用功能、地形环境、河床地质、水文条件等技术经济因素进行综合分析和比较，以制定出最佳的设计方案。

③桥道标高的确定。在设计跨越河流的桥梁时，桥面的标高需确保足够的排洪空间和满足船只通行的需要；而跨越道路的桥梁则需确保桥下有足够的空间供车辆安全通行。在平原地区建造桥梁时，提高桥面标高可能会显著增加桥头引道土方工程量。在城市环境中，桥面标高的提高可能影响城市美观或需要设置立体交叉或高架桥，这可能会增加建造成本。因此，必须综合考虑设计洪水位、桥下净空（通航或通车）等需求，以及桥型、跨径等因素，以确定最合适的桥面标高。在某些情况下，桥面标高可能已经在路线纵断面设计中有所规定。

桥面标高的确定主要受以下因素影响：路线纵断面设计要求、排洪要求以及通航要求。对于中等和小型桥梁，桥面标高通常由路线纵断面设计决定；对于跨越河流的桥梁，为了防止结构损坏，桥体必须高于计算水位或最高流冰水位，并满足非通航河流桥下净空的相关规定；对于通航河流，通航孔还需满足通航所需的净空高度；对于跨越铁路或公路的桥梁，必须遵守相应的铁路或公路的建筑限界规定。

④桥梁纵坡布置。桥梁的桥面标高确定后，就可以依据两端桥台的地形条件和道路设计标准来规划桥梁的纵断面线形。根据标准规定，公路桥梁的桥面纵坡通常不应当超过4%，

而桥头引道的纵坡不宜超过 5%。在城镇区域，特别是混合交通繁忙的地方，桥面纵坡和桥头引道的纵坡都应不超过 3%，同时，桥头的引道线形应与桥梁的线形保持一致。

（2）桥梁横断面设计

桥梁横断面的设计主要涉及桥面宽度和跨桥结构的横向截面布置。桥面的宽度是根据车辆和行人的交通需求确定的，而桥面的净空必须遵守公路建筑限界的规定，且任何结构元件不得侵入此限界。在确定车道的宽度、中央分隔带宽度和路肩宽度以及它们的一般值和最小值时，应首先考虑与桥梁相连的公路路段的路基宽度，保持桥面净宽与路肩同宽，以便公路上的车辆可以保持原速通过桥梁，满足在公路上无障碍行驶现代交通基本要求。

行车道宽度是由车道数量乘以每个车道的宽度决定的，车道宽度与设计车速有关，车速越高，车道宽度越大，通常为 3 至 3.75 米，并应满足相关规范的要求。自行车道和人行道的设置应根据需要而定，并应与前后路线的布置相协调。自行车道的宽度一般为 1 米，如果单独设置自行车道，则通常不宜小于两个自行车道的总宽度。人行道的宽度通常为 0.75 米或 1 米，如果超过 1 米，则按照 0.5 米的间隔增加。高速公路上的桥梁通常不设人行道。漫水桥和过水路面可以不设人行道。

在高速公路和一级公路上的桥梁必须设置护栏。在二、三、四级公路上的特大、大、中桥应设护栏或栏杆和安全带，而小桥和涵洞可以仅设缘石或者栏杆。对于不设人行道的漫水桥和过水路面，应设护栏或栏杆。

在弯道上的桥梁应按路线要求予以加宽。

（3）桥梁平面布置

桥梁及其桥头引道的线形应当与路线布局紧密对接，并且所有的技术指标都应遵循路线布局的规范。由于高速公路和一级公路上的车辆行驶速度较快，桥梁与道路的连接必须平滑流畅，以满足高速行驶的需求，所以除了某些特殊的大型桥梁外，高速公路和一级公路上的所有桥梁的布局都应遵循路线整体的布局规则。对于高速公路和一级公路上的特殊大桥，以及二、三、四级公路上的大型和中型桥梁，其线形通常以直线为主。如果需要设置曲线，那么这些曲线的设计指标必须符合路线布局的规范要求。

考虑到桥梁下方泄洪的需求和桥梁的安全性，桥梁的主轴线应该尽可能与洪水的主流方向垂直。对于需要船舶通行的河流上的桥梁，为了确保航行安全，桥梁的主流方向应与桥梁的主轴线垂直。在无法避免斜交的情况下，交角不应当超过 5 度；如果交角超过 5 度，应增加通航孔的跨径。对于一些小桥，为了优化路线的线形，或者因为城市桥梁受到现有街道的限制，也允许建造斜交桥，但从桥梁的经济效益和施工的便利性来看，斜交角通常不应超过 45 度。

二、城市桥梁的管涵和箱涵施工

（一）管涵施工技术

①在管涵基础为非混凝土（或砌体）结构，并且管体直接置于天然地基上时，必须

依照设计规范对管底土壤进行夯实，使其紧实，并制成与管道形状相吻合的弧形座基，以确保管节安装时的完整性。若管底土壤的承载力无法达到设计要求，应当遵循相关规范采取必要的处理和加固措施。

②管涵的沉降缝应设在管节接缝处。

③遇有地下水时，应先将地下水降到基底以下 500mm 方可施工，且降水应连续进行直至工程完成到地下水位 500mm 以上且具有抗浮及防渗漏能力后方可停止降水。

④涵洞两侧的回填土，应在主结构防水层的保护层完成，且保护层砌筑砂浆强度达到 3MPa 后方可进行。回填时，两侧应对称进行，高差不宜超过 300mm。

（二）箱涵顶进前检查工作

①箱涵主体结构混凝土强度必须达到设计强度，防水层及保护层按设计完成。

②顶进作业面包括路基下地下水位已降至基底下 500mm 之下，并宜避开雨期施工，若在雨期施工，必须做好防洪及防雨排水工作。

③后背施工、线路加固达到施工方案要求。顶进设备及施工机械符合要求。

④顶进设备液压系统安装及预顶试验结果符合要求。

⑤工作坑内与顶进无关人员、材料、物品及设施撤出现场。

⑥所穿越的线路管理部门的配合人员、抢修设备、通信器材准备完毕。

（三）箱涵顶进启动

①启动时，现场必须有主管施工技术人员专人统一指挥。

②液压泵站应空转一段时间检查系统、电源、仪表无异常情况后试顶。

③液压千斤顶顶紧后（顶力在 0.1 倍结构自重），应暂停加压，检查顶进设备、后背和各部位，无异常时可分级加压试顶。

④每当液压系统压力上升至 5 至 10 兆帕（MPa）时，应对顶镐、顶柱、后背、滑板以及箱涵结构等关键部位进行细致的观察，以监测是否存在形变。如果检测到任何异常情况，应立即暂停顶进作业。在查明原因并采取有效措施解决之后，方可恢复施加压力进行顶进。

⑤当顶力达到 0.8 倍结构自重时箱涵未启动，应立即停止顶进。找出原因采取措施解决后方可重新加压顶进。

⑥箱涵启动后，应立即检查后背、工作坑周围土体稳定情况，没有异常情况，方可继续顶进。

（四）顶进挖土

①根据桥涵的净空尺寸、土质情况，可采取人工挖土或机械挖土。一般宜选用小型反铲挖土机按设计坡度开挖，每次开挖进尺 0.4 ～ 0.8m，并配装载机或直接用挖掘机装汽车出土。

②两侧应挖 50mm，钢刃脚切土顶进。当属斜交涵时，前端锐角一侧清土困难应优先开挖。如没有中刃脚时应紧切土前进，使上下两层隔开，不得挖通漏天，平台上不得

积存土壤。

③列车通过时严禁继续挖土，人员应撤离开挖面。当挖土或顶进过程中发生塌方，影响行车安全时，应迅速组织抢修加固，做出有效防护。

④挖土工作应与观测人员密切配合，随时根据桥涵顶进轴线和高程偏差，采取纠偏措施。

（五）顶进作业

①每次顶进应检查液压系统、顶柱（铁）安装和后背变化情况等。

②挖运土方与顶进作业循环交替进行。每前进一顶程，即应切换油路，并将顶进千斤顶活塞回复原位。按顶进长度补放小顶铁，更换长顶铁，安装横梁。

③桥涵身每前进一顶程，应观测轴线和高程，发现偏差及时纠正。

④箱涵吃土顶进前，应及时调整好箱涵的轴线和高程在铁路路基下吃土顶进，不宜对箱涵做较大的轴线、高程调整动作。

第二节　桥梁上下部结构构造

一、城市桥梁上部结构施工

（一）装配式梁施工方案

根据吊装设备的不同，梁板的安装技术可分为使用起重机的方法、使用跨墩龙门吊的方法以及采用穿巷式架桥机的方法。每种安装方法的选择都应在进行充分的研究和技术经济评估后决定。

（二）预制构件与支承结构

①在装配式桥梁部件从模具中取出、运输、储存以及吊装至预定位置的过程中，其混凝土的硬度必须满足设计规定的吊装强度要求，通常这一强度不应低于设计强度的75%。对于预应力混凝土部件，在吊装过程当中，其孔道水泥支撑的强度应不低于构件设计强度，若设计中未给出具体要求，通常应不低于30兆帕斯卡。在正式吊装之前，应完成所有必要的检查并确保部件的质量符合标准。

②安装构件前，支承结构（墩台、盖梁等）的强度应符合设计要求，支承结构和预埋件的尺寸、高程以及平面位置应符合设计要求且验收合格。桥梁支座的安装质量应符合要求，其规格、位置及高程应准确无误。墩台、盖梁、支座顶面清扫干净。

（三）吊运方案

①吊运（吊装、运输）应编制专项方案，并且按有关规定进行论证、批准。

②吊装方案需对所有承受荷载的设备和构件进行详尽的计算验证，特别是对起重机械如吊车的安全性评估，以及起吊过程中构件内部应力的计算必须符合规定。对于长度超过 25 米的预应力简支梁，还需要验证裸梁在起吊过程中的稳定性。

③应按照起重吊装的有关规定，选择吊运工具、设备，确定吊车站位、运输路线与交通导行等具体措施。

（四）安装就位的技术要求

①构件移运、吊装时的吊点位置应按设计规定或根据计算决定。

②吊装时构件的吊环应顺直，吊绳与起吊构件的交角小于 60° 时，应设置吊架或吊装扁担，尽量使吊环垂直受力。

③构件移运、停放的支承位置应与吊点位置一致，并应支承稳固。在顶起构件时应随时置好保险垛。

④吊移板式构件时，不得吊错板梁的上、下面，防止折断。

⑤每根大梁就位后，应及时设置保险垛或支撑，将梁固定并用钢板与已安装好的大梁的预埋横向连接钢板焊接，防止倾倒。

⑥构件安装就位并符合要求后，方可允许焊接连接钢筋或者浇筑混凝土固定构件。

⑦待全孔（跨）大梁安装完毕后，再按设计规定使全孔（跨）大梁整体化。

（五）支架法现浇预应力混凝土连续梁施工

①支架的地基承载力应符合要求，必要时，应采取加固处理或其他措施。

②应有简便可行的落架拆模措施。

③各种支架和模板安装后，宜采取预压方法消除拼装间隙和地基沉降等非弹性变形。

④安装支架时，应根据梁体和支架的弹性、非弹性变形，设置预拱度。

⑤支架底部应有良好的排水措施，不得被水浸泡。

⑥浇筑混凝土时应采取防止支架不均匀下沉措施。

（六）移动模架上浇筑预应力混凝土连续梁施工

①支架长度必须满足施工要求。

②支架应利用专用设备组装，在施工时能确保质量和安全。

③浇筑分段工作缝，必须设在弯矩零点附近。

④箱梁内、外模板在滑动就位时，模板平面尺寸、高程、预拱度的误差必须控制在容许范围内。

⑤混凝土内预应力筋管道、钢筋、预埋件设置应符合规范规定和设计要求。

（七）悬臂浇筑法施工

悬臂浇筑技术的核心设备是可移动挂篮，它们位于已经张拉并锚固在墩身上的梁段上。在挂篮上，完成钢筋绑扎、模板安装、混凝土浇筑以及预应力施加等工序。一段梁体施工完成后，挂篮会向两侧对称移动一个段落，然后继续进行下一段梁体的施工，这样的过程会一直重复，直到整个悬臂梁体完成浇筑。

①挂篮结构主要设计参数应符合五项规定：第一，挂篮质量与梁段混凝土的质量比值控制在 0.3 ~ 0.5，特殊情况下不得超过 0.7；第二，允许最大变形（包括吊带变形的总和）为 20mm；第三，施工、行走时的抗倾覆安全系数不得小于 2；第四，自锚固系统的安全系数不得小于 2；第五，斜拉水平限位系统和上水平限位安全系数不得小于 2。

②挂篮组装后，应全面检查安装质量，并且应按设计荷载做载重试验，以消除非弹性变形。

③浇筑段落。悬浇梁体一般应分四大部分浇筑：墩顶梁段（0 号块）；墩顶梁段（0号块）两侧对称悬浇梁段；边孔支架现浇梁段；主梁跨中合龙段。

④悬浇顺序及要求：第一，在墩顶托架或膺架上浇筑 0 号段并实施墩梁临时固结；第二，在 0 号块段上安装悬臂挂篮，向两侧依次对称分段浇筑主梁至合龙前段；第三，在支架上浇筑边跨主梁合龙段；第四，最后浇筑中跨合龙段形成连续梁体系。

托架、膺架应经过设计，计算其弹性及非弹性变形。

悬臂浇筑混凝土时，宜从悬臂前端开始，最后和前段混凝土连接桥墩两侧梁段悬臂施工应对称、平衡，平衡偏差不得大于设计要求。

（八）张拉与合龙

①预应力混凝土连续梁悬臂浇筑施工中，顶板、腹板纵向预应力筋的张拉顺序一般为上下、左右对称张拉，设计有要求时按设计要求施作。

②预应力混凝土连续梁合龙顺序一般是先边跨，后次跨，再中跨。

③连续梁（T 构）的合龙、体系转换和支座反力调整应符合八项规定：第一，合龙段的长度宜为 2m；第二，合龙前应观测气温变化与梁端高程及悬臂端间距的关系；第三，合龙前应按设计规定，将两悬臂端合龙口予以临时连接，并将合龙跨一侧墩的临时锚固放松或改成活动支座；第四，合龙前，在两端悬臂预加压重，并于浇筑混凝土过程中逐步撤除，以使悬臂端挠度保持稳定；第五，合龙宜在一天中气温最低时进行；第六，合龙段的混凝土强度宜提高一级，以尽早施加预应力；第七，连续梁的梁跨体系转换，应在合龙段及全部纵向连续预应力筋张拉、压浆完成，并且解除各墩临时固结后进行；第八，梁跨体系转换时，支座反力的调整应以高程控制为主，反力作为校核。

（九）高程控制

预应力混凝土连续梁，悬臂浇筑段前端底板和桥面高程的确定是连续梁施工的关键问题之一，确定悬臂浇筑段前段高程时应当考虑以下四个问题。

①挂篮前端的垂直变形值。

②预拱度设置。

③施工中已浇段的实际标高。

④温度影响。

因此，施工过程中的监测项目为前三项；必要时结构物的变形值、应力也应进行监测，以保证结构的强度和稳定。

二、城市桥梁下部结构施工

（一）各类围堰施工要求

①围堰高度应高出施工期间可能出现的最高水位（包括浪高）0.5～0.7m。

②围堰外形一般有圆形、圆端形（上、下游为半圆形，中间为矩形）、矩形、带三角的矩形等。

③土围堰施工要求。筑堰材料宜用黏性土、粉质黏土或砂质黏土。填土应自上游开始至下游合龙。

④土袋堰施工要求。堆码土袋，应自上游开始至下游合龙。

⑤套箱围堰施工要求。当岩面有坡度时，套箱底的倾斜度应和岩面相同，以增加稳定性并减少渗漏。

（二）钢板桩围堰施工要求

①有大漂石及坚硬岩石的河床不宜使用钢板桩围堰。

②施打钢板桩前，应在围堰上下游及两岸设测量观测点，控制围堰长、短边方向的施打定位。施打时，必须备有导向设备，以保证钢板桩的正确位置。

③施打前，应对钢板桩的锁口用止水材料检缝，以防止漏水。

④施打顺序一般从上游向下游合龙。

⑤钢板桩可用捶击、振动、射水等方法下沉，但在黏土中不宜使用射水下沉办法。

⑥接长的钢板桩，其相邻两钢板桩的接头位置应上下错开。

⑦施打过程中，应随时检查桩的位置是否正确、桩身是否垂直。

（三）桩基础施工方法

在城市桥梁建设中，常见的桩基类型主要包括沉入桩基和灌注桩基。根据不同的成桩方式，它们可以进一步细分为沉入桩、钻孔灌注桩和人工挖孔桩。在实际应用中，常用的沉入桩材料有钢筋混凝土、预应力混凝土以及钢管等等。

（四）沉入桩准备工作

①沉桩前应掌握工程地质钻探资料、水文资料和打桩资料。

②沉桩前必须处理地上（下）障碍物，平整场地，且应满足沉桩所需的地面承载力。

③应根据现场环境状况采取降噪声措施。城区、居民区等人员密集的场所不应进行沉桩施工。

④对地质复杂的大桥、特大桥，为检验桩的承载能力和确定沉桩工艺应进行试桩。

⑤贯入度应通过试桩或做沉桩试验后会同监理及设计单位研究确定。

（五）沉入桩基础施工技术要点

①预制桩的接桩可采用焊接、法兰连接或机械连接，接桩材料工艺应符合规范要求。

②沉桩时，桩帽或送桩帽与桩周围间隙应为5～10mm。桩锤、桩帽或送桩帽应和桩身在同一中心线上。桩身垂直度偏差不可超过0.5%。

③沉桩顺序：对于密集桩群，自中间向两个方向或四周对称施打。根据基础的设计高程，宜先深后浅。根据桩的规格，宜先大后小，先长后短。

④施工中若锤击有困难时，可在管内助沉。

⑤终止锤击的控制应以控制桩端设计高程为主，贯入度为辅。

⑥沉桩过程中应加强对邻近建筑物、地下管线等的观测、监护。

（六）沉入桩基础沉桩方式及设备选择

①锤击沉桩宜用于砂类土、黏性土。桩锤的选用应根据地质条件、桩型、桩的密集程度、单桩竖向承载力及现有施工条件等因素确定。

②振动沉桩宜用于锤击沉桩效果较差密实的黏性土、砾石、风化岩。

③当在致密的砂土、碎石土或沙砾层中使用锤击法或振动沉桩法遇到困难时，可以考虑使用射水作为辅助手段来辅助沉桩作业。然而，在黏土层中应谨慎使用射水沉桩方法，并且在重要建筑物附近，出于对建筑物的保护考虑，一般不建议使用射水沉桩技术。

④静力压桩宜用于软黏土（标准贯入度 N < 20）、淤泥质土。

（七）钻孔灌注桩泥浆护壁成孔

①泥浆制备。现场应设置泥浆池和泥浆收集设施，废弃的泥浆、渣应进行处理，不得污染环境。

②正、反循环钻孔。钻孔达到设计深度，灌注混凝土之前，孔底沉渣厚度应符合设计要求。设计未要求时端承型桩的沉渣厚度不应大于 100mm。摩擦型桩的沉渣厚度不应大于 300mm。

③冲击钻成孔。冲击钻开孔时，应低锤密击，反复冲击造壁，保持孔内泥浆面稳定。每钻进 4 ~ 5m 应验孔一次，在更换钻头前或容易缩孔处，均应验孔并且应做记录。

④旋挖钻机成孔应采用跳挖方式，并根据钻进速度同步补充泥浆，保持所需的泥浆面高度不变。

（八）钻孔灌注桩干作业成孔施工要点

①钻至设计高程后，应先泵入混凝土并停顿 10 ~ 20s，再缓慢提升钻杆。提钻速度应根据土层情况确定，并保证管内有一定高度的混凝土。

②混凝土压灌结束后，应立即将钢筋笼插到设计深度，并及时清除钻杆及泵（软）管内的残留混凝土。

③钻孔扩底。灌注混凝土时，第一次应灌到扩底部位的顶面，随即振捣密实。灌注桩顶以下 5m 范围内混凝土时，应随灌注随振动，每次灌注高度不大于 1.5m。

④人工挖孔。挖孔桩截面一般为圆形，也有方形桩。孔径为 1200 ~ 2000mm，最大可达 3500mm。挖孔深度不宜超过 25m。

⑤采用混凝土或钢筋混凝土支护孔壁技术，护壁的厚度、拉接钢筋、配筋、混凝土强度等级均应符合设计要求。井圈中心线与设计轴线的偏差不得大于 120mm。上下节护壁混凝土的搭接长度不得小于 50mm。每节护壁必须确保振捣密实，并应当日施工完

毕。应根据土层渗水情况使用速凝剂。模板拆除应在混凝土强度大于 2.5MPa 后进行。

（九）钢筋笼和灌注混凝土的施工要点

①吊放钢筋笼入孔时，不得碰撞孔壁，就位后应采取加固措施固定钢筋笼的位置。

②沉管灌注桩钢筋笼内径应比套管内径小 60 ~ 80mm，用导管灌注水下混凝土的桩钢筋笼内径应比导管连接处的外径大 100mm 以上。

③灌注桩采用的水下灌注混凝土宜采用预拌混凝土，其骨料粒径不宜大于 40mm。

④灌注桩各工序应连续施工，钢筋笼放入泥浆后 4h 之内必须浇筑混凝土。

⑤桩顶混凝土浇筑完成后应高出设计高程 0.5 ~ 1m，确保桩头浮浆层凿除后桩基面混凝土达到设计强度。

⑥当气温低于 0℃以下时，浇筑混凝土应采取保温措施，浇筑时混凝土的温度不得低于 5℃。当气温高于 30℃时，应根据具体情况对混凝土采取缓凝措施。

（十）水下混凝土灌注的施工要点

①桩孔检验合格，吊装钢筋笼完毕后，安置导管浇筑混凝土。

②混凝土配合比应通过试验确定，须具备良好的和易性，坍落度宜为 180 ~ 220mm。

③导管不得漏水，使用前应试拼、试压，试压的压力宜为孔底静水压力的 1.5 倍。

④开始灌注混凝土时，导管底部到孔底的距离宜为 300 ~ 500mm。导管首次埋入混凝土灌注面以下不应少于 1m。正常灌注时导管埋入混凝土深度宜为 2 ~ 6m。

⑤灌注水下混凝土必须连续施工，并应控制提拔导管速度，严禁将导管提出混凝土灌注面。灌注过程中的故障应记录备案。

⑥场地为浅水时宜采用筑岛法施工，筑岛面积应按钻孔方法、机具大小而定。岛的高度应高出最高施工水位 0.5 ~ 1.0m。

（十一）重力式混凝土墩、台施工

①墩台混凝土浇筑前应对基础混凝土顶面做凿毛处理，并且清除锚筋污、锈。

②墩台混凝土宜水平分层浇筑，每层高度宜为 1.5 ~ 2m。

③墩台混凝土分块浇筑时，接缝应与墩台截面尺寸较小的一边平行，邻层分块接缝应错开，接缝宜做成企口型。分块数量，墩台水平截面积在 200m² 内不得超过 2 块。在 300m² 以内不得超过 3 块。每块面积不得小于 50m²。

第三节　桥梁加固技术

目前，中国大部分在用的桥梁都是由钢筋混凝土或预应力混凝土建造的。随着时间推移和使用年限的增加，这些桥梁普遍出现了一些问题，尤其是在近几年来交通量增加和重型车辆频繁使用的情况下，桥梁的病害更为严重。许多桥梁已经到了需要加固的程度，以确保安全和可靠性。对于需要加固的桥梁，常常需要限制或者中断交通，并动用专项资金进行紧急修复。而对于那些虽不需要加固但数量众多的桥梁，养护管理单位也在努力筹集资金，以尽快进行维修加固工作。本文所讨论的桥梁病害主要是指那些直接影响桥梁结构承载能力、属于结构受力性质并需要加固的问题，而对于那些只需要进行常规养护和维修的非结构受力缺陷则不予过多考虑。

一、钢筋混凝土及预应力混凝土简支板桥

简支板桥是小跨度桥梁中广泛采用的一种结构类型。钢筋混凝土制成的板桥通常跨度在 5 到 13 米之间，分为空心和实心两种类型，并且可以通过预制装配或现场浇筑的方式进行施工。预应力板桥的跨度一般在 10 到 20 米，多数为空心板，并且常常采用预制装配的方式建造。

（一）钢筋混凝土整体现浇简支板桥

常见的病害有：

①在简支板桥的跨中区域，底部出现向上发展的垂直裂缝，这种裂缝通常不止一条，其静态裂缝宽度可能超出规范的允许范围。此外，跨中部位有时会发生下沉，这表明桥梁的抗弯承载力已经下降。

②通常在桥梁跨中区域，板底会出现多条纵向裂缝，其中有些裂缝的宽度可能会超出规范的标准。这种现象可能是由于设计时预用了预制构件的标准图进行配筋，但在实际施工过程中，却采取了现场浇筑的方法，使得原本单向板变成了整体双向板，这样的做法改变了板的受力模式，进而导致板底横向钢筋配置不足。在受到横向弯矩的影响下，这就导致了板底纵向裂缝的形成。

（二）钢筋混凝土及预应力混凝土预制、装配简支板桥常见的病害

①装配式简支板桥在桥面铰接缝位置可能会产生纵向裂缝，其通常是由于铰接缝的施工质量不达标，导致各个板块之间的整体连接不紧密。

②存在支座脱空现象。每块板端部各设有两个支座，因此每座桥会有许多支座。如果施工过程中支座垫石的高度存在偏差，或是预制板在安装时发生翘曲，或者墩台出现不均匀沉降，都可能导致部分支座失去支撑。

③钢筋混凝土简支板桥跨中附近板底有由下而上的竖向裂缝，缝宽有可能超过规定要求，或有跨中下挠，抗弯能力不足。

④纵向裂缝出现在板底。在预应力混凝土的装配式简支板桥施工中，通常采用先张法。如果施工过程中底板厚度不足，导致预应力筋附近的混凝土承受局部过高应力，或者由于混凝土中氯盐添加剂的影响或混凝土碳化引起钢筋锈蚀，这些都可能导致沿着钢筋的板底出现纵向裂缝。

⑤传统的空心板在支承端附近通常不会出现剪切斜裂缝。然而，近几年来一些桥梁

开始使用单块宽度达到 1.5 米甚至更宽的空心板，这种板材在实质上类似于小箱梁。当腹板厚度不足时，边板的腹板位置可能会出现斜向裂缝。

对上述各种病害可选的加固方法有：

①对板底产生的纵、横向裂缝，当缝宽超过规范限值时，均可采用粘贴钢板法或粘贴纤维复合材料法加固，但对解决跨中下挠的效果不好。

②预应力加固法，在板底锚固多根平行的预应力细钢丝，张拉后覆盖特制混凝土；或者设转向托架后折线形布钢束张拉，预应力筋穿过两端板中斜孔锚固于铺装层下。

③改变结构体系法，如简支板变连续板，对于小跨径板桥可在跨中或跨中附近增设桥墩或斜撑，但应注意在中支点负弯矩区，应结合桥面改造，增设足够的受拉钢筋。以上两种方法对解决跨中下挠效果较好。

④对桥面铰缝处的纵向裂缝，只能通过桥面改造来解决，如增加桥面横向钢筋布置，加厚铺装层等。

⑤对板桥支座脱空现象，可采用更换支座、加钢垫板、楔紧等等方法解决。

二、钢筋混凝土及预应力混凝土连续板桥

连续的钢筋混凝土和预应力混凝土板桥通常采用实心或空心板截面，并且大多数情况下使用现场浇筑的方法建造，其跨度通常不超过 20 米。对于预应力混凝土连续板桥，跨度会稍微大一些，一般采用后张法进行施工，包括等高度和变高度的设计。在城市桥梁中，跨线桥和人行桥是这类结构的应用重点。

常见的病害有：

①钢筋混凝土连续板桥各跨中附近板底出现由下而上的多条竖向裂缝，横向有可能贯通，属弯矩引起的裂缝，表明抗弯能力不够。

②钢筋混凝土连续板桥各墩顶处桥面出现开裂，桥下渗水，一般都横向贯通，裂缝可有一条到多条，可由活荷载引起，也可以由墩台不均匀沉降引起。

③在桥梁的各个跨中区域，板底经常出现纵向裂缝。这些裂缝可能是由于钢筋混凝土板底横向钢筋的数量不足，或者混凝土保护层的厚度不够，导致预应力筋附近的混凝土承受过大的局部应力，或者是混凝土中的添加剂引起的钢筋锈蚀，从而在沿钢筋的路径上形成裂缝。

④跨中下挠，要么是施加的预应力不足，要么是跨中钢筋混凝土板底竖向裂缝过多、过宽，导致其刚度降低、挠度增大。

上述病害可选的加固方法有：

①对板底裂缝，当缝宽超过规范要求时，可以采用粘贴钢板或粘贴碳纤维复合材料法加固。

②对墩顶处桥面开裂，可采用在负弯矩区的混凝土铺装层内增设受拉普通钢筋或预应力钢筋，提高支点截面抗弯能力。

③预应力加固法，在板底设转向托架，按折线形布钢束张拉，此法对各种因受力产

生的病害均有利。

三、钢筋混凝土及预应力混凝土简支梁桥

钢筋混凝土和预应力混凝土简支梁桥在所有使用的桥梁中占据了最大的比例。这类梁桥的截面设计包括 T 形、工字形、箱形以及多种组合形式。钢筋混凝土简支梁的跨径一般在 10 ~ 20m，预应力混凝土简支梁跨径一般在 16 ~ 50m，少量有更大的跨径。施工方式大多采用预制装配，少量采用现浇施工。由于呈肋板形截面，自重轻，抗弯能力及跨径比板桥大，病害种类也要多些。

（一）钢筋混凝土简支梁桥

常见的病害有：

①跨中附近梁底出现由下而上的竖向弯曲裂缝，数量随跨径增大而增多，恒荷载裂缝宽度有可能超过规范限值，有的还伴有跨中下挠过大。

②两支承端附近腹板上的斜向裂缝系主拉应力过大或者腹板抗剪不足等引起的剪切病害。

③梁的腹板区域出现了垂直方向的裂缝，这些裂缝通常出现在腹板较薄的部分，宽度从中间向两端逐渐减小，并未沿垂直方向扩展。这类裂缝大多是由于混凝土养护不当、温度变化影响或腹板中的水平钢筋数量不足引起收缩裂缝，它们主要对结构的长期稳定性造成影响。

④桥面的翼缘板接缝处出现了纵向裂缝，这种现象在预制 T 梁的翼缘部分，尤其是在采用铰接连接或者横向联系受损较为严重的装配式简支梁桥中较为常见。这种病害可能会导致恶性循环，进一步加剧单片梁的其他病变。

⑤其他施工原因产生的裂缝，这些裂缝在工程竣工之前就能发现。

（二）预应力混凝土简支梁桥

对于设计为部分预应力混凝土 B 类构件的简支梁桥而言，其可能会出现与钢筋混凝土简支梁桥类似的病害，尽管严重程度可能有所不同。在这种情况下，不详细赘述这些病害。不过，这类梁桥与全预应力混凝土简支梁桥有一些共有的病害。对于全预应力混凝土构件和部分预应力混凝土 A 类构件，在正常使用条件下，裂缝是不被允许出现的。如果出现了裂缝，无论宽度大小，都应当查明原因并进行相应的处理或加固。

预应力混凝土简支梁桥不同于钢筋混凝土简支梁桥的其他常见病害如下：

①张拉锚具的锚下纵向裂缝，长度一般不超过梁高，主要为锚下局部应力集中产生的劈裂拉力所致。

②跨中下挠过大，超过规范容许值，跨中截面不一定开裂，主要为施加预应力不足或预应力损失过大所致。

③沿预应力钢束的纵向裂缝，主要由于预应力钢束保护层过薄，钢束处局部应力过大产生劈裂或是混凝土保护层碳化后预应力筋生锈所致。

上述各种病害可选的加固方法有：

①针对梁底的弯曲裂缝以及沿预应力筋的纵向裂缝，可以通过粘贴钢板或纤维复合材料进行加固，同时也可使用增加截面尺寸的方法。增加铺装层的厚度可以扩大截面的受压区域，从而有助于提升梁的抗弯强度和刚度。然而，此种方法提升的高度是有限的，并且还会增加结构的自重。如果选择增加梁底的截面高度，实际上等同于增加了配筋量。

②针对腹板上的斜向裂缝，可以沿着与裂缝相反方向且大约与水平线成 45 度角，即大致垂直于斜裂缝的方向，粘贴钢板或纤维复合材料进行加固。当梁的高度较低，导致钢板或纤维材料的锚固长度不够时，可以选择粘贴 U 形箍或加压条来补充加固。

③对桥面纵向裂缝，可结合铺装层改造增加厚度和横向配筋，增加或加大横隔板。

④对于腹板上的收缩裂缝和锚固区的裂缝，视缝宽大小采用环氧胶封闭或灌缝处理。

⑤对在某些情况下，对于那些病害较为严重且数量较多的单片梁，如果条件允许，可以考虑割断横向连接，更换为刚度更大新梁，这样做的同时也有助于减轻其他梁承受的荷载分布。

四、钢筋混凝土及预应力混凝土连续梁桥与悬臂梁桥

连续梁桥和悬臂梁桥通常采用 T 形、I 形或箱形截面。跨度超过 30 米的桥梁大多采用箱形截面，并使用变高度的不等跨梁设计。对于等高度的钢筋混凝土连续梁，其跨度通常不超过 30 米，而变高度的钢筋混凝土连续梁或悬臂梁的跨度通常不超过 50 米。当跨度较大时，继续使用钢筋混凝土材料会导致材料消耗增加，并且桥面的负弯矩区域容易产生横向裂缝。等高度的预应力混凝土连续梁的跨度一般不超过 60 米，而变高度的预应力混凝土悬臂梁的跨度多数不超过 100 米，尽管 100 米以上的跨度也并不罕见。连续梁的跨度大多在 200 米以下，但也有超过 200 米的实例。这类桥梁在跨越障碍物或城市立交桥的建设中较为常见，不管跨度大小，都可能出现多种病害。

（一）钢筋混凝土及预应力混凝土悬臂梁桥

常见的病害有：

①悬臂梁的牛腿端出现了过大的下沉，常见的情况是在墩顶处桥面出现裂缝。这主要是因为悬臂部分的刚度不足、尺寸较小、承受超重车辆的影响，或者是纵向预应力的损失较多，以及施工质量不达标等因素引起的。

②悬臂梁牛腿部位出现的局部裂缝，主要原因是配筋量不足、结构高度不够、温度变化影响，或者是挂梁与牛腿连接不够顺畅，导致车辆通过时产生跳跃，局部受到较大的冲击力等引起的。

③如果悬臂梁的锚固孔跨径过大，在尺寸偏小或配筋不足时，很有可能出现跨中下挠或跨中梁底竖向裂缝。

④预应力筋锚固齿板后的斜向裂缝，这是所有预应力箱梁可能出现病害，主要是齿板附近应力集中过大、普通钢筋配置偏少、预应力束锚固过于集中等引起。

⑤箱型梁的顶部和底板出现的纵向裂缝，主要是由顶板和底板承受的横向弯矩超过了设计预期、缺乏横向预应力、箱梁在横向弯曲时的空间效应、板厚不足、横向钢筋配置不够、以及箱梁内外温差引起的温度应力等多种原因造成。

⑥箱型梁顶板和底板梗腋部位出现的纵向裂缝，其中顶板梗腋处的裂缝主要原因可能是该区域预应力纵向钢筋束集中，导致局部应力集中，或者是设计时未充分考虑箱梁的正剪力滞后效应，亦或是偏心荷载导致箱梁产生畸变扭转，从而在腹板上下端造成局部应力过大。

⑦箱型梁腹板上的斜向裂缝通常出现在从墩台支承点到反弯点之间的梁段，这些裂缝属于剪切裂缝。其产生的原因较为复杂，可能包括预应力纵向或者竖向施加不足或损失过多，箱梁内外温差造成的温度应力，箱梁的弯曲或扭转刚度不足，偏心荷载导致的箱梁畸变应力过大，腹板厚度不足，剪力滞后效应的影响，非预应力钢筋配置不够，混凝土原材料及添加剂的影响，施工过程中的问题，纵向预应力束的直线型布置，以及跨度布置的不合理等因素。

⑧箱梁腹板中部的竖向裂缝，常发生在脱模 2 ~ 3d 内，上下没有延伸，施加预应力后大多会闭合，这主要与混凝土收缩、箱梁内外温差、腹板水平筋不足、混凝土混合料质量有关。

⑨箱型梁腹板上的水平裂缝主要是由箱梁在横向弯曲时产生的空间效应和内外温差引起的应力，这些应力会在腹板内侧或外侧产生较大的竖向应力。此外，裂缝的产生还可能与箱梁的横向刚度不足、畸变应力的影响以及竖向预应力不足等因素有关。

⑩对于较宽的箱梁，横隔板或横梁的中央部分更容易出现竖向裂缝。这通常是由于横隔板或横梁在中央部分承受的横向预应力不足或损失较多，或者是因箱梁的抗扭性能不足所导致的。

⑪悬在悬臂施工过程当中，接缝处可能会出现裂缝，这通常是由于施工接头处理不当，导致形成薄弱环节。在受到纵向弯矩、混凝土收缩或显著温差应力的影响时，这些接缝可能发生开裂。另外，预制拼装接缝如果不够严密，可能会导致桥面裂缝，进而引起接缝渗水和钢筋锈蚀等问题。

（二）钢筋混凝土及预应力混凝土连续梁桥

常见的病害有：

①跨梁体过度下沉通常会伴随跨中区域梁底出现横向裂缝、墩顶部位的桥面裂缝或腹板的斜向裂缝。这主要是由于梁的抗弯性能不足，如梁高不足、腹板厚度不够、纵向预应力施加不足或损失较多等因素引起的。

②其他病害与钢筋混凝土及预应力混凝土悬臂梁桥的④ ~ ⑪相同。

上述钢筋混凝土及预应力混凝土悬臂梁桥和连续梁桥各种病害可选的加固方法有：

①针对悬臂梁牛腿端下沉过大的问题，最直接有效的解决措施是施加额外的预应力。可以利用变高度梁的特性，在桥面铺装层中设置通长的无粘结预应力束，并将其锚固在牛腿上。同时，铺装层与箱梁顶板之间需要通过植入大量锚筋来传递桥面的预应力。

对于单箱多室截面的梁，在腹板顶部两侧可以布置通长的体外预应力束，并将其锚固在腹板上。在实施这些措施时，都应考虑到锚固孔对结构的影响。

②对于牛腿处裂缝，常在两侧粘贴块形钢板或钢板条。如果箱内牛腿处能进人操作，可考虑从外面钻斜孔后穿预应力筋张拉锚固。

③针对连续梁跨中和悬臂梁锚固孔位置过度下沉的问题，采用体外预应力加固是一种有效的解决策略。可以依据变高度梁的特性，在箱型梁的腹板两侧设置直线型或折线型体外预应力束来进行加固。

④对预应力锚固齿板附近的裂缝一般采用灌缝后粘贴薄钢板或碳纤维复合材料等加固。

⑤为了解决墩顶部位桥面出现的横向裂缝问题，可以考虑以下几种方法：一是清除桥面铺装层的混凝土，然后在顶板表面添加纵向的普通受拉钢筋或无粘结预应力筋，并将预应力钢束锚固在现浇层中；二是可以在箱型梁内部，腹板两侧的截面重心轴以上位置设置体外预应力束进行加固。

⑥针对连续梁跨中区域梁底出现的横向裂缝，或者是分段接头的横向裂缝，常见的加固方法包括纵向粘贴钢板或使用碳纤维复合材料等。此外，也可以通过施加体外预应力索来进行加固。对于分段拼装接头处的裂缝，如若是由非受力因素引起的，通常只需要进行灌胶封闭处理。

⑦为了处理箱型梁顶板和底板上的纵向裂缝，常见的修复方法包括横向粘贴钢板、使用其他类型的纤维复合材料，或者增加横向的连接构件进行加固。如果顶板的底面出现纵向裂缝，这通常是因为顶板的横向跨度太大，而且没有设置横向预应力。在这种情况下，可以考虑在桥面铺装层中加入横向预应力筋，并通过在铺装层与顶板之间植入较多的锚筋来传递桥面的预应力。

⑧针对腹板上的水平裂缝，常见的加固措施包括在腹板处粘贴垂直方向的钢板或纤维复合材料，增强横向的结构连接，例如增设横隔板，或者施加竖向的预应力来进行加固。

⑨对箱梁顶、底板梗腋处的纵向裂缝及腹板竖向裂缝，可采用封闭、灌缝或粘贴纤维复合材料加固。

⑩对腹板上的斜裂缝，可以采用在腹板上粘贴钢板或纤维复合材料，也可采用适当增加腹板厚度，或在纵向或竖向施加预应力等方法加固。

⑪对箱梁内的横隔板或横梁跨中竖向开裂，可在横隔板两侧补加横向体外预应力，并穿出箱壁锚固；或增设横隔板，增强抗横向弯曲及扭转的能力。

五、预应力混凝土 T 型刚构桥

在中国，20 世纪 70 年代末至 90 年代初建造的大跨度梁式桥梁中，带有挂梁或铰接的预应力 T 型刚构桥是常见的一种设计。然而，近年来，这种结构逐渐被预应力连续刚构桥所取代。预应力连续刚构桥的主要特征是梁和桥墩紧密结合，这种结构的上部类似于连续梁桥，而桥墩需要承受较大的纵向弯矩。和悬臂梁桥和连续梁桥相比，预应力

T 型刚构桥在受力特性上有所不同，并且其跨度能力也显著提高，例如，带有双薄壁墩的连续刚构桥的跨度可以达到大约 300 米。不管是带挂梁的 T 型刚构桥还是连续刚构桥，它们通常都采用变高度的箱梁设计。这些结构可能会遭受与预应力混凝土悬臂梁和连续梁桥相似的病害，并且可以采用类似的加固方法进行修复。由于这些加固方法已经在前面的讨论中提到，这里就不再详细说明了。

区别在于，带有挂梁的 T 型刚构由于其较长的悬臂，如果施工或设计存在缺陷，尤其是施工质量不佳导致预应力损失较大，以及悬臂的抗弯刚度不足，这可能会导致牛腿部位出现过度下沉等缺陷。在采用体外预应力束进行加固时，无粘结预应力钢绞线可以被布置在箱梁顶部的铺装层内，并在两端的牛腿处进行锚固。同时，需要在新的和现有的混凝土之间植入大量的锚筋，以传递桥面预应力。

对于单箱多室结构的箱梁，可以在中腹板的两侧设置全长体外预应力束以实现加固，并确保这些预应力束穿过墩顶横隔板的开孔，最终在两端腹板的两侧锚座上进行锚固。

六、钢筋混凝土板拱、肋拱及箱形拱桥

板拱、肋拱和箱拱是根据主拱圈截面形状来分类的类型。在这里，我们主要讨论的是上承式拱桥，它主要由主拱圈和拱上结构组成。拱上结构可能包括腹孔（拱形或梁板式腹孔）、腹孔墩（立柱或横墙）、桥面板、填充材料、侧墙和桥面系统等，具体内容取决于腹孔的类型。跨度可以从几十米到很大，例如箱形肋拱可以达到 420 米。虽然构造形式多样，但许多病害相似。

常见的病害有：

①主拱圈的拱顶底部和侧面出现的横向裂缝，以及拱脚顶部和尚侧面出现的横向裂缝，主要是由于这两个部位的抗弯承载力不足。导致这种情况的原因多种多样，包括尺寸不当、钢筋配置不足、拱轴线设计不合理、墩台不均匀沉降或向路堤方向的滑动或转动、重载车辆的影响、结构整体性较差、以及施工质量不高等。如果裂缝的上下缘位置与上述描述相反，这通常表明墩台向桥孔方向滑动或者转动。

②主拱券（板拱券）或腹拱券出现纵向裂缝。墩、台帽或帽梁上常见的纵向裂缝，如果裂缝大致位于中心位置，这可能是由于墩、台基础的上游和下游不均匀沉降所导致。而如果裂缝仅出现在边拱箱的接缝处，这通常是因为接缝连接不牢固、结构整体性不佳，或者是在偏心载荷作用下边拱箱产生较大的应力变形所致。

③主拱券的部分区域出现混凝土的破碎和脱落等损坏情况，这通常发生在承受较大压应力的区域，例如角落、等截面拱券的拱脚附近等。这种破坏可能是由于材料抗压强度不足导致的劈裂或压碎，或者是由于内部钢筋锈蚀膨胀引起的。

④双曲拱桥的拱波顶出现纵向裂缝或拱肋与拱波连接处环向开裂，多为各肋间横向联系弱，整体性差，横截面的组合不合理，墩台横向不均匀沉降等所致。

⑤拱立柱、梁、柱体出现裂缝，特别是短柱的两端容易发生裂缝以及压碎现象。墩、台或实腹段附近的腹拱券在拱脚和拱顶部位开裂，并且裂缝会延伸至侧墙直至桥面。此

外，侧墙与拱券的连接处可能发生脱离，侧墙上还可能出现其他裂缝。这些现象的主要原因是短柱和腹拱券未设置铰接，相应位置的侧墙和桥面也未设置伸缩缝，导致在主拱券变形或墩台位移时受到拉伸而开裂。

⑥主拱券拱脚处的径向裂缝，主要是由材料抗剪强度不足引起的。

⑦桥面纵向裂缝，常伴有横向联系竖向开裂，特别是跨中横向联系开裂严重，说明桥梁的横向整体性差，荷载横向分布不好。

⑧主拱券采用分段预制拼装时，接缝处可能出现裂缝。

⑨当拱肋使用钢管混凝土构造时，钢管的外壁可能会出现类似收缩的褶皱，或者内部存在空洞和分离现象。这些问题通常源于钢管壁厚不够，导致套箍作用部分丧失，或者钢管的格构布局不当，以及管壁加劲肋的数量不足。

上述常见病害可选的加固方法有：

①由于主拱券通常承受偏心压力，若出现拱顶或拱脚处的横向裂缝或局部破坏，建议通过增加腹面或背面的截面面积来进行加固，例如，凿去原有混凝土表面的毛糙处理、植入钢筋并浇筑新的混凝土或喷射混凝土。特别是在拱脚区域，需要在墩台帽中设置钢筋，并扩大拱脚截面。其他可行的加固方法包括粘贴钢板或纤维增强复合材料，但需注意，如果粘贴材料过长，可能在受弯时产生径向撕裂。对于中小跨度的拱桥，可以考虑使用体外预应力进行加固，同时要考虑这种方法对其他结构部分的影响。还可以通过减轻拱上建筑的自重来进行加固，例如更换填料、移除填料，或将侧墙从拱式腹孔改为全空腹式梁板腹孔，以减轻主拱券的负担。这种方法可能会改变主拱轴线的形状，因此需要进行相应的验算。如果病害是由墩台位移引起的，并且仍然在不断发展，应首先加固墩台，以消除病因。

②针对主拱券或腹拱券出现的纵向裂缝，以及墩、台帽和墩台身的纵向或竖向裂缝，如果裂缝持续扩展，需要首先对基础和其他下部结构进行加固。对于拱券裂缝，应根据裂缝的宽度选择合适的加固方法，包括灌浆封闭、增加截面面积、横向粘贴钢板或纤维增强复合材料；或者增加多道钢箍，并尽可能形成闭合箍；或者通过钢拉杆施加横向预应力等措施进行加固，这类措施在城市桥梁的养护和维修中常见。

③针对双曲拱桥中拱波顶部或拱肋与拱波接合部位出现的纵向裂缝，可以通过增强或增设横向连结构件、扩大拱肋或拱板的截面、增加拱肋的数量等方式来减轻拱上结构的自身重量。这可能包括更换腹拱和实腹段的填充材料、将横墙式腹孔墩改造为立柱式腹孔墩、将拱式腹孔改造为梁板式腹孔等策略。如果墩台的开裂是由横向不均匀沉降引起的，那么首先需要对地基进行加固处理。

④对于拱上矮立柱的上下端出现的裂缝，最有效的解决方法是将其改造为缩颈铰接，使其能够适当旋转。对于靠近墩台和实腹段的腹拱券在拱脚或拱顶处的裂缝，如果裂缝较宽，达到了断裂的程度或者两侧存在显著的高度差，那么就需要考虑将其拆除并重建为具有三个或两个铰接的腹孔。如果裂缝窄且未达到这个程度，可以暂时不进行处理。但是，必须确保在这些位置的侧墙和桥面安装适当的变形缝，以防止漏水的问题。

⑤针对桥面出现的纵向裂缝和横向联系的竖向裂缝，应当提升结构的横向整体稳定

性，这可以通过增厚或增设横梁来实现，并结合桥面翻新工作，适当地增加混凝土铺装层的厚度和强度，以及加强桥面的横向钢筋配置。对于填充材料较多的拱桥，可以移除这些填料，并用现浇混凝土进行加固。

⑥针对拱顶过度下沉和底面出现横向裂缝的拱桥，可以采用体外预应力系统，在拱券的弹性中心下方位置在拱背上设置锚固点并进行张拉，以此产生负弯矩和反拱度，以补偿拱顶的下沉。然而，这种方法也会在拱脚处产生负弯矩，所以需要通过增加拱脚段的截面面积来进行补偿。体外预应力索的具体位置和张拉伸长量应基于拱券内力（尤其是弯矩）的分布经过多次试算后确定。

⑦当肋拱、双曲拱等由于拱脚的水平位移和下沉导致主拱券过度变形和开裂，且拱轴线与压力线显著偏离，使得其他加固措施无效时，可以考虑使用拱脚顶推的方法来恢复拱轴线，以此改善拱券的受力状态。然而，这种方法技术上复杂、风险较高且成本较大，因此并不常用，具体的实施细节此处不再展开。

⑧对主拱券接头不好产生的裂缝，可采用灌缝、植筋连接或补焊连接等方式加强。

⑨针对钢管混凝土钢管表面的皱褶问题，最优的解决办法是外部包裹一层钢筋混凝土以增加截面面积，或者增加格构间的缀体板以增强结构，或者在管壁上增加加劲肋以提高稳定性。对于钢管内部的空隙，应通过钻孔注入环氧树脂胶浆或水泥浆来填充以确保结构的完整性。

⑩以上各种加固方法中，若对拱上建筑进行改造或对主拱券增大截面时，在卸载和加载过程中应注意单孔和多孔间的均衡对称性，保证拱券以及墩台的稳定。

七、圬工拱桥

石材和混凝土预制块砌筑的圬工拱桥分为实腹式和空腹式两种类型。实腹式拱桥一般跨度较小，不超过 20 米，其主拱券通常采用板拱结构，虽然自重较重，但具有较高的承载能力。而空腹式拱桥的主拱券多采用板拱、箱板拱或肋拱，其中最长的石肋拱跨度可达到 130 米。圬工拱桥均为上承式结构，其病害和加固方法大多与钢筋混凝土板拱、肋拱和箱形拱桥相似，但是鉴于圬工的特殊性，其病害和加固措施也有所不同，以下将重点讨论圬工拱桥的特定病害和加固策略。

常见的病害有：

①拱券出现大面积的严重风化剥落、灰缝脱空。原因是砌体和砂浆的材质差，或者受到腐蚀性强的水和气体的侵蚀。

②拱券的个别拱石出现裂缝、灰缝脱落、压碎或外凸。

③如果主拱券的拱顶下缘出现了一条或多条横向贯穿的裂缝，且裂缝两侧存在显著的高度差，这通常表明墩台存在不均匀沉降。如果裂缝两侧没有明显的高度差，但拱顶整体有轻微下沉，这可能是墩台向桥梁外侧滑动或旋转，或者是由于拱券承载能力不足所导致的。而如果拱顶出现上拱并伴随着下缘横向的压碎裂纹，这可能表明墩台向桥梁内侧滑动或者旋转。

④当拱券采用分层砌筑的方法时，如果沿砌缝出现了环向裂缝，这通常与施工过程中的砌筑顺序、支架的变形、砌缝的处理及砂浆的强度等因素有关。

⑤拱上侧墙外倾或伴有斜向沿竖向砌缝成锯齿状的裂缝，特别是实腹式拱桥的侧墙，主要是拱上填料在车辆作用下产生较大土侧压力所致。

⑥砌体表层沿砌缝无规则开裂，主要是砂浆强度等级低或砂浆不饱满。

⑦拱上侧墙沿拱券的拱背开裂或脱离，主要是墩台下沉、温度变化或车辆作用时主拱券与拱上建筑变形不协调，或砌缝未处理好引起。

其他一些病害与钢筋混凝土上承式拱桥病害类似。

上述病害可选的加固方法有：

①当砌体表层出现风化剥落和灰缝脱开的情况时，可以先清除掉那些松动的剥落层，暴露出干净的表面，然后使用高强度等级的水泥砂浆来填充灰缝。根据灰缝的厚度，可以分层涂抹或喷涂水泥砂浆进行修补。为了增强抗裂性能，砂浆中可以掺入一些化学纤维。

②针对墩台不均匀下沉导致的拱顶横向裂缝，若下沉仍在继续，首先应对墩台基础进行加固，然后对裂缝进行水泥浆注浆处理，并在拱腹位置植筋、挂上钢筋网并浇筑或喷射混凝土内衬，以增加拱券的截面面积进行加固。如果下沉已经基本停止，则可以直接对拱券进行加固，如果裂缝不严重，也可以仅通过注浆封闭。对于墩台滑动或转动引起的拱顶裂缝，如果墩台位移仍在发生，应先对墩台进行加固，然后封闭裂缝并进行钢筋混凝土浇筑，以增大截面面积进行加固。对于因承载能力不足导致的拱顶横向裂缝和下沉，除了增大拱背或拱腹的截面面积外，还可以通过减轻拱上建筑的自重来减少恒载，例如将实腹拱改为空腹拱，更换轻质填料，或将拱式腹孔改为梁板式腹孔或采用全空腹式拱上建筑。对于小跨径拱桥，可以在拱顶上浇筑钢筋混凝土的简支板或垫板，将原桥改造成拱梁组合体系，以减轻主拱券的活荷载，提升其承载力。在上述加固过程中，如果墩台的负担显著增加，需要评估墩台及其基础的承载力和稳定性是否满足加固要求。

③当拱券中个别石块出现问题时，可以清除损坏的部分。根据裂缝的宽度，选择使用环氧胶、高强度水泥砂浆或环氧砂浆进行灌缝或填缝，之后用水泥砂浆或小石子混凝土进行修补。如果石块严重碎裂，则需要彻底清除并用混凝土进行填充。

④当主拱券出现沿砌缝的环向裂缝时，可以在拱券两侧竖向嵌入由钢板或铸件制成的楔形键或抓钉。如果裂缝范围较大且严重，可以在拱券上沿径向钻孔并穿入长锚栓，适当加压后进行锚固，具体的锚栓间距应根据环向裂缝的程度来决定，原有的裂缝则使用水泥浆进行灌缝封闭。

⑤如果拱桥的侧墙出现外倾现象，根据外倾的程度，可以采取不同的加固措施。对于较轻的外倾，可以通过挖掘侧墙内的填料，并替换为砂砾石、浆砌片石等材料，这些材料可以减少侧压力。对于空腹式拱桥，如果腹拱侧墙或实腹段侧墙外倾，由于填料较少，可以考虑更换为低强度等级的混凝土。对于实腹式拱桥，可以考虑增加侧墙的厚度，或者在侧墙两侧钻孔并设立多根钢拉杆进行锚固。

⑥如果拱上侧墙在与拱背接触的地方出现开裂或分离，并且这种情况是由基础下沉

引起的并且尚未停止，首先应当对基础进行加固。然后，使用高强度等级的水泥浆或砂浆来填充裂缝并封闭。同时，需要检查两个拱脚上方的侧墙与桥面之间的伸缩缝是否处于良好状态，因为如果伸缩缝损坏，可能会导致拱上建筑与主拱券的变形不协调。

⑦砌体表层砌缝开裂，采用水泥砂浆灌缝封闭或勾缝。

八、中、下承式拱桥

中下承式拱桥，亦称肋拱桥，其拱肋通常由钢筋混凝土构成，采用的截面形状包括矩形、I形和箱形，此外也常见使用钢管或钢管混凝土，或是这两者的组合。根据受力特性，中下承式拱桥可以分为普通拱（带推力拱）和系杆拱（无推力拱）两种类型，与上承式拱桥相比，其主要差异在于增添了吊杆、吊杆横梁（有的还配备纵梁）以及系杆这些构件。

吊杆分为刚性吊杆和柔性吊杆两种类型，其中柔性吊杆更为常见。系杆同样有刚性和柔性两种类型。中承式（飞燕式）系杆拱通常采用高强度的柔性钢丝作为系杆，而下承式系杆拱则分为柔性系杆刚性拱、刚性系杆刚性拱和刚性系杆柔性拱三种形式，其中前两种形式更为普遍。

除了有类似于上承式拱桥的病害外，中、下承式拱桥还可能有以下病害：

①吊杆锚头松脱、锈蚀或钢丝锈蚀、剪断，重点在桥面下的锚头及短吊杆的两端锚头容易出现。

②吊作为简支梁或双悬臂简支梁的吊杆横梁，一般由钢筋混凝土或预应力混凝土建造。在跨度中间，梁底部可能会有竖向的弯曲裂缝，而在吊点两侧的腹板区域，可能会出现斜向裂缝。另外，在吊点处的横梁顶面，也可能形成纵向裂缝。对于带有纵梁的梁格系桥面结构，纵梁与横梁的连接节点以及拱肋与刚性系杆的连接节点也是开裂的潜在区域。

③系杆锚头的松动、锈蚀或钢丝锈蚀、断丝。刚性系杆因要承受轴力及局部弯矩，类似于弹性支承的连续梁，也具有受弯构件的常见病害，这里不再复述。

上述病害可选的加固方法有：

①当吊杆或系杆的锚头出现松动或者有滑丝的情况，如果条件允许，应该重新张紧锚头来调整内力或标高。对于柔性吊杆，通常使用墩头锚，可以通过增加钢垫块的方式来收紧。如果系杆采用夹片锚，则需要重新补拉以加固锚点。对于那些严重锈蚀、断丝或者无法通过张拉收紧的吊杆或系杆，应该考虑通过预留的孔道来更换索具。如果没有预留孔道，就需要采取其他手段，比如临时卸载所更换的吊杆或系杆，然后再进行更换。

②针对吊杆横梁、纵梁或刚性系杆出现的裂缝问题，可以采用与钢筋混凝土或预应力混凝土简支梁、连续梁和悬臂梁类似的加固方法，如体外预应力、粘贴钢板或纤维复合材料等加固技术。

③对纵、横梁节点及拱脚节点裂缝,简便处理方法是粘贴块状钢板或者纤维复合材料。

第五章 市政工程建设项目合同、技术与进度管理

第一节 项目合同策划及管理

合同管理在项目管理中扮演着至关重要角色，它的主要目的是依据项目的特定需求，评估并选择恰当的采购模式，论证并制定公平、合法且风险共担的合同条款，并且监控合同的执行过程，以确保项目目标的顺利实现。

一、项目采购模式

（一）采购分类

市政工程项目属于公共工程项目，一般由政府、国有企业、事业单位等部门或者单位使用公共资金进行投资，上述单位称为公共部门业主。为了规范公共资金的有效使用，多数国家和地区针对公共工程制定了专门的采购法律、法规，如在中国，市政工程项目的相关采购就必须遵照《中华人民共和国招标投标法》（简称《招投标法》）、《中华人民共和国政府采购法》（简称《政府采购法》）中的相关规定执行。

公共工程采购应遵循的原则为公开透明原则、公平竞争原则及诚实信用原则。按照采购的标的物的属性划分，和市政工程相关的采购形式有工程建设项目、工程货物和工程服务三类。

1. 工程建设项目

工程建设项目是指土木工程、建筑工程、线路管道和设备安装工程、装饰装修工程等建设以及附带的服务。

2. 工程货物

工程项目所需的物资包括必要的材料、设备以及与供应相关的服务，这是项目采购的关键部分。这些物资通常可以在国内外进行采购。所以，在进行采购时，需要掌握相应的贸易知识，特别是在进行国际采购时，还需了解相关国际贸易规则。

3. 工程服务

工程服务工作贯穿于项目的整个周期，是指除工程建设项目和工程货物以外的采购内容，如勘察、设计、工程咨询（审图、造价咨询、工程监理、项目管理）等服务。

（二）项目采购

项目采购有两种基本类型，直接发包和招标。其中《招标投标法》规定的招标采购又分为公开招标和邀请招标两种方式。《政府采购法》规定，政府采购工程进行招标投标的，适用《招标投标法》，其他纳入《政府采购法》管理监督范围。

1. 工程采购模式

（1）施工平行发包

平行发包，亦称作独立发包，是指发包方在考虑建设项目的特性、进展状况以及管理目标的前提下，依据特定准则将整个项目拆分为若干部分。设计部分则会委托给多个设计机构，施工部分则会分别交给不同的施工队伍。这些设计机构和施工队伍各自与发包方签订相应的设计和施工协议。

（2）施工总承包

项目委托方将某个工程的施工和安装工作全面委托给一家满足资质标准的建筑公司。在此基础上，总承包商在法律允许的界限内，可以将工程划分成不同的部分或专业领域，并分别将这些部分委托给一个或者多个分包商，这些分包商需满足项目委托方或其工程师审核的资质和信誉要求。

（3）EPC（设计、采购和施工总承包）

EPC模式是建设项目总承包的一种形式，其中工程总承包公司根据合同条款，负责整个项目的设计、采购、建造、试运行等服务，并对工程的质量、安全、进度和成本负总责。EPC总承包可以涵盖一个建设项目的所有系统，或者仅针对项目的某个特定系统。

2. 采购组织的选择

对于法律要求必须通过招标方式进行施工的工程项目，若招标人打算自行组织招标活动，则必须具备编写招标文件和组织评审的资质。这通常意味着招标人应设有专门负责施工招标的机构；此外，招标人还应拥有与工程的大小和复杂性相匹配的专业团队，该团队应具备在相似工程中进行招标的经验，并且深入了解相关的施工招标法律法规以及工程技术、预算和工程管理方面的专业知识。

没有上述条件的，招标人应当委托具有相应资格的工程招标代理机构代理施工招标。

3. 招标采购管理委托

招标人可以委托招标代理机构承担勘察、设计、施工、项目管理招标的业务。

①协助招标人审查投标人资格。

②拟订工程招标方案，编制招标文件。

③编制工程标底或工程量计算。

④组织投标人踏勘现场和答疑。

⑤组织开标、评标和定标。

⑥草拟工程合同、监督合同的执行。

⑦其他与工程招标有关的代理咨询业务。

大型或者复杂工程招标代理，可以由两个以上的工程招标代理机构联合共同代理，联合共同代理的各方都应当在代理合同上签字，对代理合同承担连带责任。

4. 招标采购管理的要点

招标代理服务可以委托给具有专业资质的项目管理单位或专业招标代理机构，并应注意以下要点：①工程招标代理必须采用书面形式。②被代理人应当慎重选择代理人。因为代理活动要由代理人实施，且实施结果要由代理人承受，因此，如果代理人不能胜任工作，将会给被代理人带来不利的后果，甚至还会损害被代理人的利益。③委托授权的范围需要明确。④委托代理的事项必须合法。⑤代理人应依据法定或约定，善始善终地履行其代理责任。⑥代理人不得和第三人恶意串通损害被代理人的利益。

二、合同管理

（一）合同管理的主要内容和流程

1. 合同管理的主要内容

①接收合同文本并检查、确认其完整性和有效性。

②熟悉和研究合同文本，全面了解和明确业主的要求。

③确定项目合同控制目标，制订实施计划和保证措施。

④依据合同变更管理程序，对项目合同变更进行管理。

⑤依据合同约定程序或规定，对合同履行中发生变更、违约、争端、索赔等事宜进行处理和／或解决。

⑥对合同文件进行管理。

⑦进行合同收尾。

2. 合同的订立原则和要求

项目部应按下列要求组织合同谈判：

①明确谈判方针和策略，制订谈判工作计划。

②按计划要求做好谈判准备工作。

③明确谈判的主要内容，并按计划组织实施。

④项目部应组织合同的评审，确定最终合同文本，经授权订立合同。

3. 合同履行的管理要求

①合同管理人员应对分包合同确定的目标实行跟踪监督和动态管理。在管理过程中进行分析和预测，及早提出和协调解决影响合同履行的问题，以避免或减少风险。

②合同管理人员在监督合同履行过程中，防止因承包人的过失给发包人造成损失，致使发包人承担连带的责任风险。

4. 合同变更处理程序

①建立项目合同变更审批制度、程序或规定。

②提出合同变更申请。

③合同变更按规定报项目经理审查、批准，必要时经项目企业合同管理部门负责人签认。

④合同变更应送业主签认，形成书面文件，作为总承包合同的组成部分。

⑤当合同项目遇到不可抗力或异常风险时，项目部合同管理人员应根据合同约定，提出合同当事人应承担的风险责任和处理方案，报项目经理审核，并经合同管理部门确定后予以实施。

5. 同争端处理程序

①当事人执行合同规定解决争端的程序和办法。

②准备并提供合同争端事件的证据和详细报告。

③通过和解或调解达成协议，解决争端。

④当和解或调解无效时，可按合同约定提交仲裁或者诉讼处理。

⑤当事人应接受最终裁定的结果。

6. 合同的违约责任

①当事人应承担合同约定的责任和义务，并对合同执行效果承担应负的责任。

②当发包人或第三方违约并造成当事人损失时，合同管理人员应按规定追究违约方的责任，并获得损失的补偿；项目部应加强对连带责任风险的预测和控制。

7. 索赔处理程序

①应执行合同约定的索赔程序和规定。

②在规定时限内向对方发出索赔通知，并提出书面索赔报告和索赔证据。

③对索赔费用和时间的真实性、合理性及正确性进行核定。

④按最终商定或裁定的索赔结果进行处理，索赔金额可作为合同总价的增补款或者

扣减款。

8. 合同文件管理要求

①明确合同管理人员在合同文件管理中的职责，并且按合同约定的程序和规定进行合同文件管理。

②合同管理人员应对合同文件定义范围内的信息、记录、函件、证据、报告、图纸资料、标准规范及相关法规等及时进行收集、整理和归档。

③制定并执行合同文件的管理制度，保证合同文件不丢失、不损坏、不失密，并方便使用。

④合同管理人员应做好合同文件的整理、分类、收尾、保管或移交工作，以满足合同相关方的要求，避免或减少风险损失。

9. 合同收尾

①合同收尾工作应按合同约定的程序、方法和要求进行。

②合同管理人员应对包括合同产品和服务的所有文件进行整理及核实，完成并提交一套完整、系统、方便查询的索引目录。

③合同管理人员确认合同中规定的"缺陷通知期"已结束且所有缺陷已被修复，并且按照规定流程获得批准，他们应立即以书面形式通知业主。通知内容涉及组织最终工程结算以及颁发合同完成证书或者合同项目验收证书。

在试运行阶段结束之后，项目部门应与企业的合同管理部联合开展总结性评估。这次评估将涵盖多个方面，包括合同的制定和执行成效、合同条款的评价、合同履行的情况以及合同管理流程的评估。

为完成一个市政工程项目的建设，伴随着项目的进展，建设单位会和项目相关单位建立合同关系，最为主要的合同包括勘察设计合同、建设施工合同、监理合同等。

（二）勘察设计合同的管理

1. 业主的主要工作和义务

①按照合同约定提供开展勘察、设计工作所需的原始资料、技术要求，并对提供的时间、进度和资料的可靠性负责。

②发包人应当提供必要的工作条件和生活条件，以保证其正常开展工作。

③按照约定向勘察、设计人支付勘察、设计费，并应支付因工作量增加而产生的费用。

④保护知识产权，业主对于勘察设计人交付的勘察成果、设计成果，不得擅自修改，也不得擅自转让给第三方重复使用。

2. 勘察、设计人的主要工作和义务

（1）按照合同约定向发包人提交合格的勘察、设计成果

完成勘察和设计任务是勘察和设计方的基本责任，同时也是发包方签订勘察设计合同的核心目的。勘察和设计方有义务按照合同中确定的时间表完成相关的工作，并在规

定的时间内将勘察报告、设计图纸和相关说明、材料设备清单、概（预）算等提交给发包方。如果勘察和设计方未能按时完成任务并提交成果，他们应承担相应的违约责任。

（2）勘察、设计人对其完成和交付的工作成果应负瑕疵担保责任

即便在勘察工作完成后，如果在工程建设过程中发现了勘察质量问题，勘察方仍需负责重新进行勘察。若此质量问题导致发包方遭受损失，勘察方应承担相应的赔偿责任。同理，在设计合同履行完毕后，如果由于设计不符合要求导致了返工，设计方应继续改进设计。若此情况给发包方带来损失，设计方也应进行赔偿。

（3）按合同约定完成协作的事项

在勘察和设计方提交了相关的资料和文件以后，他们应依据规定参与审查流程，并根据审查的结果对不超过原定范围的内容进行必要的调整和补充。勘察和设计方还应按照合同要求，为工程建设提供施工配合，向发包方和施工单位进行技术说明，解决与勘察设计相关的各种问题，并参加竣工验收。

（4）维护发包人的技术和商业秘密

勘察和设计方必须遵守保密协议，不得向任何第三方披露或转让发包人提供的产品图纸和其他技术经济资料。若违反此规定导致发包人遭受经济损失，发包人享有向勘察和设计方提出赔偿的权利。

（三）建设施工合同的管理

根据中华人民共和国住房和城乡建设部建筑市场监管司颁发的《建设工程施工合同示范文本》（征求意见稿），发包人、承包人的一般义务如下。

1. 发包人的一般义务

①发包人应按合同约定向承包人及时、足额地支付合同价款。

②发包人应按专用合同条款约定向承包人提供施工场地以及基础资料，并使其具备施工条件。

③发包人应获得由其负责办理的批准和许可，并且协助承包人办理法律规定的有关证明和批准文件。

④发包人应按合同约定向承包人提供施工图纸和发布指示，并组织承包人和设计单位进行图纸会审和设计交底。

⑤发包人应按合同约定及时组织工程竣工验收。

⑥发包人应按合同约定时间颁发部分或全部工程的接收证书、解除工程担保、返还质量保证金。

⑦发包人应负责收集和整理工程准备阶段、竣工验收阶段形成的工程文件，并应进行立卷归档。

2. 承包人的一般义务

①承包人应按合同约定的关于竣工验收和工程试车的条款，实施、完成全部工程，并修补工程中的任何缺陷。

②承包人应按合同约定的工作内容和施工进度要求，编制施工组织设计，并对所有施工作业和施工方法的完备性和安全可靠性负责。

③承发包人必须根据合同中的相关条款，实施安全文明施工、职业健康和环境保护的措施，确保工程建设及施工过程中的人员、材料、设备和设施安全，避免工程施工引发的人身伤害和财产损害。

④承包人应保证及时支付专业承包人和劳务分包人的工程款或报酬，及时支付临时聘用人员的工资。

⑤承包人应按照合同关于安全文明施工、职业健康和环境保护的约定负责施工场地及其周边环境与生态的保护工作。

⑥承包人应将本单位形成的工程文件立卷，并负责收集、汇总各分包单位形成的工程档案，及时向发包人移交。

⑦承包人应按监理人的指示为他人在施工现场或者附近实施与工程有关的其他各项工作提供可能的条件。

⑧工程接收证书颁发前，承包人应负责照管和维护工程。

（四）监理合同的管理

1. 委托人的主要权利

①委托人有选定工程总承包人，以及与其订立合同的权利。

②委托人有对工程规模、设计标准、规划设计、生产工艺设计和设计使用功能要求的认定权，以及对工程设计变更的审批权。

③监理人调换总监理工程师须事先经委托人同意。

④委托人有权要求监理人提交监理工作月报及监理业务范围内专项报告。

⑤如果委托方观察到监理人员未能依照监理合同的规定执行其职责，或者有证据表明监理人员与承包方勾结导致委托方或工程项目遭受损失，委托方有权要求监理方更换监理人员。在极端情况下，委托方甚至可以终止合同，并要求监理方承担相应的赔偿责任或连带责任。

2. 委托人的主要义务

①委托人在监理人开展监理业务之前应向监理人支付预付款。

②委托人应当负责工程建设的所有外部关系的协调，给监理工作提供外部条件。

③委托人应当在双方约定的时间内免费向监理人提供与工程有关的为监理工作所需要的工程资料。

④委托人应当在专用条款约定的时间内就监理人书面提交并要求作出决定的一切事宜做出书面决定。

⑤委托人应当授权一名熟悉工程情况、能在规定时间内作出决定的常驻代表（在专用条款中约定），负责与监理人联系。更换常驻代表，须提前通知监理人。

⑥委托方有责任及时以书面形式向选定的承包合同中的承包人传达监理人获得的监

理权限，以及监理团队主要成员的职责分配和监理范围，并在与第三方签订的合同中明确这些信息。

⑦委托方应在不妨碍监理人员执行监理任务的时间内，提供如下资料：本工程所需的原材料、建筑构件、机械设备的供应商名单；以及与本工程相关的协作和配合单位的名册。

⑧委托人应免费向监理人提供办公用房、通信设施、监理人员工地住房及合同专用条件约定的设施，对监理人自备的设施给予合理的经济补偿。

⑨根据情况需要，如果双方约定，由委托人免费向监理人配备其他人员应在监理合同专用条件中予以明确。

3. 监理人的权利

①选择工程总承包人的建议权。

②选择工程分包人的认可权。

③对工程建设有关事项包括工程规模、设计标准、规划设计、生产工艺设计和使用功能要求，向委托人的建议权。

④工程设计中的技术问题，按照安全和优化的原则，给设计人提出建议。

⑤审批工程施工组织设计和技术方案，按照保质量、保工期和降低成本的原则，向承包人提出建议，并向委托人提出书面报告。

⑥主持工程建设有关协作单位的组织协调，重要协调事项应当事先向委托人报告。

⑦征得委托人同意，监理人有权发布开工令、停工令、复工令，但应当事先向委托人报告。如在紧急情况下未能事先报告，则应在24h内向委托人做出书面报告。

⑧监理机构拥有对工程中使用的材料和施工质量进行检验的权力。在发现任何不符合设计要求、合同约定或国家质量标准的材料、建筑构件和设备时，监理机构有权要求承包人立即停止使用。同样，对于未遵守规范、质量标准或者存在安全隐患的施工工序、分部分项工程和施工作业，监理机构可以指令承包人暂停作业并进行整改或返工。只有在承包人接到监理机构的复工令后，才能重新开始施工。

⑨监理机构拥有对工程施工进度的检查和监督权，以及对于工程实际竣工日期的确认权，无论是提前还是超出施工合同规定的竣工期限。

⑩在工程施工合同约定的工程价格范围内，工程款支付的审核和签认权，以及工程结算的复核确认权与否决权。未经总监理工程师签字确认，委托人不支付工程款。

⑪监理人在委托人授权下，可对任何承包人合同规定的义务提出变更。

⑫在委托的工程范围内，委托人或承包人对对方的任何意见和要求（包括索赔要求），必须首先向监理机构提出，由监理机构研究处置意见，再同双方协商确定。

4. 监理人的义务

①根据合同条款，监理方有责任派遣必要的监理机构和人员，向委托方提交总监理工程师及监理团队主要成员的信息和监理计划，并按照监理合同的特殊条款完成相应的监理工作。在执行合同期间，监理方还应当依照合同规定，定期向委托方汇报监理进展。

②监理人在履行本合同的义务期间，应认真、勤奋地工作，为委托人提供与其水平相适应的咨询意见，公正维护各方面的合法权益。

③监理人使用委托人提供的设施和物品属委托人的财产。在监理工作完成或者中止时，应将其设施和剩余的物品按合同约定的时间和方式移交给委托人。

④在合同期内或合同终止后，未征得有关方同意，不得泄露与本工程、本合同业务有关的保密资料。

第二节　施工项目技术管理

一、技术管理概述

（一）公路施工技术管理的概念

公路工程施工技术管理涉及依据合同条款和技术规范，通过组织体系，依照既定流程，采用恰当且必要的方法，以确保工程最终品质符合既定标准，满足设计要求，并实现设计目标的一系列的管理动作。

公公路工程施工技术管理通常涉及与技术支持、技术信息、技术文档相关的各项管理活动，包括但不限于选择和配置施工机械设备、制定与调控工程进度设计、选择和制定技术方案、日常技术管理、工程测量控制、工程试验监督、工程变更处理、技术资料整理以及档案管理等方面的工作。

施工技术管理对于企业的经济收益、信誉和生存发展具有重大影响。因此，技术管理工作的重视至关重要。为了有效地进行技术管理，应遵循科学原则进行施工，并将技术管理与经济效益相融合，确保在维护质量的同时，也保障了经济效益。

（二）公路施工技术管理的特点

1. 公路施工技术管理具有系统性

公路建设合同通常要求采用项目法施工，这意味着项目管理机构应当是一个整合了工人、材料、设备的实体项目部。在实际操作中，为了提高管理效率，项目经理部会根据工程的实际分布设定作业分部或工区，负责管理相应管段内的工程任务。考虑到公路工程通常面临复杂的地质和地形条件，以及高技术难度和资料密集性，项目的技术管理呈现出广泛的地理覆盖、复杂的技术要求和繁杂的资料处理等特征。这样的管理活动需要所有相关方面的共同参与和全方位的努力。所以，采用系统性管理方法对于确保项目顺利进行显得格外关键。

2. 技术管理具有及时性

施工过程中可能会遇到各种突发事件，特别是在地质条件复杂、结构设计繁琐的工程中更为常见。因此，技术管理在应对这些突发情况时需要迅速响应，确保处理措施既及时又准确。同时，对于施工现场的任何潜在隐患，技术管理也应进行彻底的分析和迅速的解决。尤其是对安全隐患的技术处理，必须确保其及时性和准确性，以防止安全事故的发生。由此可见，技术管理在工作中需要展现出高度及时性。

3. 技术管理受合同管理的指导和制约

合同文件构成了甲方和乙方行为的基础，并且是双方沟通的桥梁。正确而全面地理解合同文件是每位建设管理者必须达到的标准，这不仅反映了管理者的专业能力，也直接影响到企业的经济收益。因此，合同管理对施工技术管理具有显著的指导和约束作用。为了充分发挥合同赋予承包人的权责，规避潜在的亏损风险，必须对合同进行深入的研究与分析，并通过有效的管理流程来最大限度地减少损失，并为项目创造效益。

（三）公路施工技术管理的主要作用

施工技术管理在整个施工中的作用，主要有如下几个方面。

①确保施工过程遵循技术规范和合同规定，维持施工活动始终在设计文件和图纸所确定的技术范围内以及相应的技术标准之下有序进行，换言之，就是保证工程在整个建设过程中保持可控状态。

②通过实施技术管理，我们不仅提升了技术管理水平，还增强了施工人员的专业素养。在遵循特定的管理流程的基础上，我们有针对性地识别和分析施工过程中可能出现的技术不足之处。这样，我们能够提前预防和解决潜在问题，并采取相应的预防措施，以期在问题初现端倪时便加以解决，确保工程施工的质量能得到保障。

③通过实施动态技术管理，我们能够最大限度地发挥施工过程中人力、材料和机械设备等资源的优势，确保工程质量和生产目标的实现。同时，我们致力于降低工程成本，以提升经济效益和增强市场竞争优势。

④通过技术管理，积极研究、开发与推广新技术、新工艺、新材料、新设备，促进工程管理现代化，增加技术储备和技术积累，提高企业竞争能力。

（四）施工技术管理的基本任务

①遵循国家的技术政策和上级部门关于技术工作的指导方针与决策，高效地组织技术工作团队，积极推动技术革新和技术开发，持续引进新工艺。实施全面的质量管理体系，保障工程质量，并确保安全生产与文明生产。

②加强技术研究的组织和技术教育的开展，努力提高机械化施工水平，做好信息情报和技术资料的管理，促进技术管理工作现代化。

（五）施工技术管理的原则

①从企业实际管理情况和要求出发，正确贯彻国家规定的技术政策、规范和规程。

②按技术规律要求和科学原理办事，对应用和推广的新技术以及新工艺、新材料创造和革新的成果等，要坚持经过试验做出技术鉴定原则。

③要全面考虑技术工作的经济效益。

二、技术管理的基础工作

施工技术管理的基础工作指的是为了达成施工企业在技术管理方面的目标，确保技术管理任务得以实施，并创造有利于技术管理的环境而需要提前进行的一系列根本性任务。

其主要内容有以下几个方面。

①构建和优化技术管理组织架构及技术责任体系，打造一个全面的技术管理体系。建立一套与企业生产实力和规模相匹配的技术管理机构，这是打造成功技术管理体系的基础。从企业到施工队伍的各个层级，都应设立负责技术管理的职能机构和专业人员，清晰界定各自职责。项目管理部门应按照项目规模设定的技术负责人，并且在企业总工程师及技术管理部门的监督和指导下，建立并完善技术管理体系。

②执行和优化各类技术标准、规范和流程。技术标准、技术规范和技术流程构成了技术标准化的核心要素，为现代化施工提供了关键的技术支持，并作为施工及材料性能检验、工程质量评估的根本依据。

公路工程的技术标准和技术规范明确了公路工程的技术要求、质量规格及相应的检验手段，为公路设计和技术施工提供了规范指导。公路工程施工技术规则（涵盖操作指南）是将技术标准和规范具体化，根据它们的要求，对施工流程、操作步骤、设备及工具的应用、以及施工安全标准等方面所做的详细规定。

鉴于不同地区的操作方法和习惯各异，技术规程通常由各地区或企业根据自身情况制定并执行。在制订技术规程时，必须遵循技术标准和规范的具体要求。在总结生产实践经验的基础上，应合理利用企业现有的生产技术资源，并尽可能地借鉴国内外成熟的先进技术，以推动企业生产技术的进步。执行技术标准、规范和规程基本要求包括：组织全体员工学习相关的技术标准、规范和规程，并确保他们自觉地按照这些标准和要求进行工作。加强技术监督和检查，一旦发现有违反技术标准、规范和规程的行为，施工管理人员应立即制止并纠正，对造成严重后果的情况要进行严格的处理。对技术标准、规范和规程进行必要的分解和具体化，例如，对于工程质量标准和操作规程，应从原材料的处理开始，贯穿每个工序、半成品和成品的生产过程，为每个具体工种制定具体的施工生产要求，以便设定清晰的奋斗目标，并将其落实到班组和个人。

③致力于提升员工的技术能力。为了增强企业的整体技术实力和生产效率，借鉴和学习国内外的先进技术经验，进行科技研究和创新，以及贯彻实施技术标准、规范和规程，都要求我们持续提高全体职工的文化知识和技能水平。所以，需要定期组织职工进行文化和技术的培训，举办技术操作竞赛或进行必要的技术能力评估。通过这些措施，才能有效地提升企业员工的技术素养，使他们能够承担更加艰巨和复杂的施工生产任务。

④有效管理信息情报与技术资料：技术信息情报的工作核心在于对技术资料的采集、编纂、发布和交流，同时在条件允许的情况下，可以开展摘要、概要编写和科技文献的翻译工作。技术资料的管理涉及技术文件和资料的接收、复制、编辑、制定、审批、装订、会签、归档、保管、借用和保密等多个环节，需要进行系统而科学的管控。确保技术文件的完整性、准确性和时效性，促进有序的交流，并迅速满足施工生产需求。

⑤构建完善的技术管理体系：形成一套完善的技术管理制度，对企业的技术管理活动进行有序组织，这是确保企业生产技术秩序正常运行的关键任务。

实施技术责任制：通过完善的技术管理制度，可以统一管理企业各级生产组织的技术工作，确保每个技术岗位都有相应的人员负责，避免在施工过程当中出现责任不明确或无人负责的情况，从而保证工程质量和经济效益。为了实现这一目标，需要设立各级技术领导岗位：在工程局或公司层面设置总工程师，科室层面设立主任工程师，施工队伍层面设置技术队长，实施岗位责任制，确保每位技术人员明确职责、权限和责任。

⑥制定相应的工程施工技术文档：工程施工技术文档涵盖了施工组织设计的总体布局、关键施工组织设计、施工方案以及施工技术措施，还包括针对单项或分部工程的施工技术措施等。在制定和改善施工方案时，需要综合考虑市场上的材料供应、技术可行性、施工技术工艺以及经济效益等因素。在制定施工方案之后，应对这些方案进行经济技术上的比较，并结合质量、安全、进度及成本进行综合评估，以选出最优的施工方案。

⑦实行技术交底程序：确保施工活动按照施工组织设计和方案进行。通过技术交底会议，让参与施工的各方和工程技术人员在施工前全面掌握设计图纸（文件）、施工方法和技术规范，便于施工的合理和科学组织，保障工程施工进度、质量和安全的达成。

技术交底工作应分级进行，分级管理。

对于技术复杂或涉及新技术应用的重点工程和关键部位，应由总工程师对主任工程师、技术队长以及相关职能部门的负责人进行技术交底，明确关键的施工技术问题，包括主要项目的施工方法、特殊工程的技术要求和材料规格，以及确定需要进行的试验项目、技术标准和相关注意事项。

普通工程应由主任工程师参照上述内容进行。

技术交底在施工队层面，主要由技术队长负责，面向的技术人员、施工人员、质量检查员、安全员和班组长等。内容涵盖工程量、工期、图纸、测量、施工技术、质量标准、技术措施、操作规程和安全措施等等。

班组级别的交底尤为重要，由施工员负责。在具体操作部位的背景下，施工员需执行上级技术领导的具体指示，确保质量要求和操作注意事项得到执行，并制定相应的质量与安全技术措施。对于关键部位和新技术应用项目，需要进行详尽的交底，并且如有必要，提供书面说明或实地演示。

⑧施工的精确起点是测量作业，必须执行双重校对和互相检验，并且要与周边的基准物进行对比验证。在施工前需完成现场移交和重新测量，这包括路基工程的基准线、中心线、水准点的再次测量，以及横截面的检查和补充测量，增加构筑物的定位点和水准点等。测量工作必须遵循严格的操作程序，包括交替观测和仔细校正，确保测量结果精确无误；在测量前应专门对设计文件进行核查，测量中严格按照规定操作，认真记录测量数据，测量后进行细致检查，以完善测量资料。

试验工作不仅关系着施工质量，也关系着施工的效益，主要包括验证试验、标准试验、工艺试验、抽样试验和验收试验，所有试验原始记录均应作为重要技术管理记录进行保管。

⑨制定物料准入制度：在采购建筑原材料和配套零件时，须建立一系列的质量把关措施。所有用于施工的材料必须附带有效的质量合格证明。对于缺少合格证明的物料，应在使用前按照既定标准进行随机检验和复检。仅当物料通过验证，证明其符合质量标准后，才可被允许进入施工现场。

⑩建立工程验收管理：在竣工验收时，应提交完整的施工原始记录、试验数据、分项工程自检数据等质量保证资料，并进行整理分析，其内容包括以下几个方面：施工完成后，为了进行竣工验收，需要收集一系列文件和记录，包括所用材料和半成品的规格及检验报告；材料配比和试验数据；地基加固以及隐蔽工程的建设日志；各类质量标准的试验报告和汇总表；以及施工期间遇到异常情况的记录等。这些文档不仅是竣工验收的必要条件，也是评价技术管理成效重要标准。

⑪制定工程技术档案和竣工图的保管制度：在工程项目的竣工验收完毕之后，施工实体必须着手进行工程技术档案和竣工图的整理和管理。这些档案和图纸应包含但不限于：设计说明文档、隐蔽工程验收报告、质量检验记录、竣工验收证书、技术档案的鉴定与验收记录、移交接收证明，以及工程的地理位置图、总布局图、施工结构图等相关资料。

⑫建立技术创新激励机制：以项目为基础，推广和实践"四新"（新技术、新设备、新工艺、新材料）。聚焦于缩短施工周期、提升工程质量、减少成本，策划新技术的应用示范项目。在吸取行业内先进技术和经验的基础上，积极进行技术研究和创新，改进施工技术和工艺，解决施工过程中遇到的技术难题。通过不断学习和应用新技术，以及在实践中积累经验，形成企业的技术竞争力。在企业内部建立健全的技术引进、应用、积累、交流和奖励机制。从企业发展的战略角度重新审视及处理人才问题，全面提升专业技术人才的科学素养和创新能力，不断拓展技术创新的领域，为社会和经济发展创造更大的价值。

三、施工技术管理的内容

（一）按施工技术管理的内容组成分

1. 施工技术管理的主要内容

开工报告、技术交底、施工测量、设计变更、工程施工测量设备管理、工程试验与检验、施工日志、隐蔽工程及检验批检查验收、内业资料及竣工文件管理。

2. 其他技术管理工作的主要内容

制定优质项目规划、合约与竞标保证管理、施工方法设计与监管、技术隐患管理、技术品质控制、工程建设验收流程、工程进度与时间表管理、工业产品上线评估体系、产品与半成品保护、成本分析以及管控、工资与计价审核。

（二）按施工阶段分

1. 施工技术准备阶段的重点内容

①项目管理资料传递：对技术文件、招标疑问解答、投标文档、中标告知书、合同条款、与客户达成的共识、投标保证金、设计图纸等进行交接。

需关注的事项：确保所有交接文件完整，并且完成交接程序；保存一套完整的合同副本和设计图样以备编制最终竣工文件之用；根据实际情况，为有关人员提供资料的副本。

②施工前的设计资料移交与基准点复检：在工程项目启动前，由项目的业主（或监理机构）主导，设计单位应向施工单位举行设计资料移交会议，并在现场实地进行。设计单位需向施工单位详细介绍在路线勘察过程中设立的控制导线点、水准点以及其他关键位置的桩位和技术信息。

此次移交应编制详细的记录。施工单位在接收桩位时，应仔细检查桩位是否有位移、损坏或缺失等情况，一旦发现异常，应立即上报并请求设计单位进行桩位补设。接收桩位后，应指派专人负责，并采取必要的保护措施。

施工单位在接收导线控制点和水准控制点的桩位后，应尽快地对这些基准点进行复检，并将复检结果提交给监理工程师进行审核和批准，以确保后续控制测量的准确性。

③图纸复核：图纸审查的关键点包括：是否遵循当前有效的技术规范和标准，是否存在根本性的设计错误；现有的施工技术是否达到设计要求；设计是否适应现场施工条件；设计是否存在进一步优化的空间；图纸内容是否存在内在冲突；图纸中的工程量表和材料表是否准确；控制测量的数据是否精确。

在进行图纸审查时，应确保所有参与施工的技术人员都参与图纸的审查，而不仅仅是由少数人完成；在审查过程中，要全面理解设计意图，避免草率否定设计；应结合现场实际情况进行图纸审查；在审查时要有针对性地解决问题，给设计交底和后续编制具体的施工组织设计和技术方案打下基础，而不是仅仅关注工程量的核对。

④现场核对设计文件：现场验证的内容涵盖：道路与建筑物总体布局、桥梁和结构物的设计是否合理且无冲突；主要建筑物的位置、尺寸、孔洞是否合适；新建设的桥梁和结构物与现有道路、排水系统是否顺畅对接；道路区域的高低起伏与设计图是否有显著差异，是否合理；现有灌溉和排水系统的功能是否受到影响；对于地质条件不佳的区域，所采取的技术处理措施是否适宜；设计方案或竞标文件中提出的整体施工计划以及临时设施、简易道路和桥梁方案是否合理并具备实施性。

⑤搜集现场调研资料以支持施工组织设计和技术方案的制定：考查工地地形和地势；勘探工程区域内的地质状况；调查水文数据；了解区域气候特点；评估周边基础设施对施工的影响，包括交通、电力、通信、文化遗产和建筑物；分析当地的运输和物流条件；考虑当地水源和电力供应；调查当地建材资源；了解当地风俗和文化、医疗和生活设施；研究地方政府对建设的具体规定和条例。

⑥划分单位、分部、分项工程：项目划分单位、分部、分项工程有两种方法：按业主下发的文件或合同文件的规定划分；按照《工程质量检验评定标准》划分。

两种方法以业主的要求为准，当业主没有要求时，按《工程质量检验评定标准》执行。

⑦建立项目试验或委托试验，并提前做好先期工程试验及配合比相关工作。

⑧提前做好机械、材料、设备计划，并提供有关的技术参数、质量要求和最早进场时间。

⑨编制实施性施工组织设计与技术方案。

⑩按业主要求和工程具体工作的需要，配备项目所需的技术标准、规范、规程及有关技术参数资料。

2. 工程项目施工阶段技术管理

①开工报告的提报与审批。在完成所有前期准备之后，应当提交开工报告。工程开工的日期定义为设计文件中指定的永久性工程部分首次动土施工或进行土石方工程的日期。对于不需要开槽的工程，则以建筑物主要部分打桩的日期作为开工日期。在铁路建设中，通常以开始土石方工程的日期为正式开工日期。而工程地质勘查、场地平整、旧有建筑物的拆迁、临时建筑的搭建、施工道路和水电等基础设施建设并不算作工程正式开工。对于分期建设的项目，应分别根据各期工程的实际开工时间来进行计算。

②技术交底。技术交底的目标在于确保所有施工人员理解设计意图，掌握工程的基本情况、关键特点、技术规范、施工计划、施工流程、技术要求、质量标准、安全措施和进度要求。在施工过程当中，项目经理部应向下辖的作业队、班组成员以及协作工种进行详细的技术交底。

③设计变更。工程设计的变更指的是从工程初步设计获得批准开始，直至工程竣工并通过验收正式投入使用，对已经批准的初步设计文件、技术设计文件或施工图设计文件进行的修改和完善等行动。项目的建设单位、监理单位以及其主管部门应强化对设计变更活动的监督和管理。施工图的修改权限属于设计单位和项目设计师，施工单位只应遵循施工图进行施工。除非得到设计单位和项目设计师的明确许可，施工单位不得擅自对设计进行修改。

现场（普遍）涉及设计变更的情况主要因素为：经过会审后的施工图，在施工过程中，发现施工图仍有差错与实际情况不符；或因施工条件发生变化与施工图的规定不符；或材料、半成品、设备等与原设计要求不符。

在进行设计变更时，需遵循的相关内容、程序和要求包括：变更内容应满足强制性标准、技术规范、工程质量和使用功能需求，以及环保标准；设计变更分为重大、较大和一般三级，其中重大和较大设计变更需经过审批，批准后的变更一般不应再次变更；勘察、设计和监理单位可向项目法人提出变更建议，建议应以书面形式提出并说明理由；若因勘察、设计或施工单位的过失导致变更并造成损失，相关单位应承担相应责任和费用；新工艺、新技术或员工的合理化建议被采纳，需要对原设计进行修改时，应通过《变更设计申请》向设计单位办理手续；对于重要部位或重大问题的变更，必须由建设单位、设计和施工单位共同协商，由设计单位进行修改并发放《设计变更通知单》以生效；若设计变更导致建设规模和投资标准发生较大变化，需得到原初步设计批准单位同意；技术文件如《图纸会审纪要》、《设计变更通知单》、《技术联系单》等，都应有详细记录，并制成明细表纳入工程档案，作为施工和竣工结算依据。

④测量管理。测量复核签认制基本要求如下。

第一，在测量流程的每个阶段实行双重检查制度。测量组需对设计文件和监理确认的控制点测量资料进行相互校验，这一过程应由两名测量人员独立完成，校验结果需记录并由相关技术人员和项目总工程师审核确认后方可投入使用；外业测量工作必须进行多次观测，并确保满足闭合检测的要求。对于控制测量、定位测量以及关键的放样测量，必须坚持"两人两种方法"的原则，即使用两种不同的方法（或者仪器）或由不同人员进行重复测量；在利用已知点进行引测、增设控制点和施工放样之前，必须遵守"先检测后使用"的原则；测量完成后，测量结果应由两名测量人员独立进行平行计算，以进行相互校正，测量组应对测量结果进行复核并签认。

第二，各工点、工序范围内的测量工作，测量组应自检复核签认，分工衔接上的测量工作，由测量队进行互检复核和签认。

第三，测量小组负责对控制网点、施工用的桩位以及关键工程放样进行复测，复测结果需经项目技术部门负责人审查并签认，随后由项目总工程师进行复核和签认，确保合格后，再向驻场监理工程师报告并寻求审批通过。

第四，项目总工程师和技术部门主管需对测量小组执行的复测及签认制度进行监督和检查，并保持详细的检查记录。测量记录和资料应进行分类整理，并安全存放，作为工程竣工文件的一部分存档。这包括：项目交接桩资料、监理工程师提供的测量控制网点和放样数据变更文件；项目及各工点、各工序的测量原始记录，观测方案布置图和放样数据计算书；测量内业计算书、测量成果数据图表；计量器具周期检定文件。控制测量和单位工程施工测量应分别使用单独的测量记录本。测量记录应统一采用水平仪记录本和经纬仪记录本。所有原始观测值和记录项目必须在现场清晰记录，严禁涂改，也不得仅凭记忆补充记录或绘制。记录中不允许连环更改，不合格的数据应重新测量。手记录本必须标明页数，记录观测者、观测日期、起始时间、终止时间、气象条件、所用仪器类型及编号，并详细记录观测时的特殊情况。任何被划掉的观测记录都应注明原因，并保留，不得撕毁。测量队应指定专人负责管理原始记录和资料，建立档案台账，及时收集，并根据控制测量、单位工程分项整理立卷。项目工程完工，线路贯通竣工测量完成后，测量队应将整个项目的测量记录和资料档案整理成册，提交给项目技术部门，经验收合格后，双方进行交接手续。项目部应根据交工验收要求，将测量记录资料纳入竣工文件。在内业计算前，应复查外业资料，核对起始数据。计算书要求书面整洁、计算清晰、格式统一，计算者和复核者需签字确认。

⑤材料、构（配）件试验管理。

为确保进场原材料的质量符合规范要求，项目经理部需对材料的质量、型号、规格进行严格控制。在材料采购前，材料采购部门应根据材料部门提供的资料填写《材料试验检验通知单》，并将其提交给项目委托的试验室。试验室会安排技术人员与采购人员一起到原材料来源地进行取样，并对材料进行性能试验。只有经过检验确认合格的材料，才能与供应商签订供应合同。对于进场的主要原材料，试验室将按照施工技术规范规定的批量和项目进行检测试验。对原材料的取样和送样应频繁进行，确保取样具有代表性，不得有虚假行为。如发生质量问题，将追究相关人员的责任。所有进场材料都必须附有合格证或相应的试验报告，且材料类型和规格必须符合图纸要求。一旦发现不合格材料，应立即报告给技术负责人，并通知工地材料员和试验员进行取样、试验，及时提供材质证明和试验报告。进场材料需确保材质证明与材料本身相符，并做好材料的标识工作。

标准试验：标准试验是工程在施工前对各项质量特征进行的必要数据收集工作，它为施工提供了科学的控制和指导。这些试验包括标准击实试验、集料级配试验、配合料配比试验和结构强度试验等。进行标准试验时，应当遵循以下准则：在工程项目开始施工前或合同规定的合理时间范围内，承包人应完成所有标准试验，并将试验报告及原材料提交给监理工程师的中心试验室进行审查和批准；监理工程师的中心试验室应当在承包人进行标准试验的同期或之后，自行进行平行复核（对比）试验，以验证、修正或调整承包人的试验参数和指标。

工艺试验：工艺试验是根据技术规范的要求，在正式施工前对路基、路面及其他需要通过预先试验来确定正式施工方法的工程部分进行试验（例如路基试验段），然后根据试验结果全面指导施工。工艺试验应遵循以下准则进行：首先，应制定工艺试验的施工方案和实施细节，并提交给监理工程师审查和批准；其次，工艺试验的机械设备配置、人员配置、材料选用、施工步骤、预设监测点及操作流程等应包含至少两种不同的方案，以便在试验过程中进行选择；最后，试验完成后应提交试验报告，并经过监理工程师审查和批准。

构（配）件进场验证试验：在安装预制构件之前，必须对构件厂生产的产品进行核查，确保它们附有出厂合格证。该合格证应包含构件的类型、尺寸、数量、强度、出池或出厂日期等信息；核查无误之后，需在该合格证上加盖检验合格的章标。构件安装完成后，应在合格证上标注其在工程中的具体使用位置。对于存在缺陷的构件，如果认为通过采取适当措施可以安全使用，必须在该合格证上注明鉴定处理意见和使用位置，并确保进行了适当的标识。

试验、检测记录管理：实验室应对试验检测的原始记录和报告采用标准化格式进行打印。这些记录和报告必须准确无误，字迹清晰，数据可靠，结论明确，并应有试验、计算、复核和负责人的签名以及试验日期，还需加盖试验专用章。工程试验检测记录应使用签字笔填写，确保内容完整，空白处用"—"号标记，不得留白。原始记录必须真实反映试验检测结果，不得随意修改，也不能有任何删减。如有必要修改原始记录，应将废弃数据划两条横线，并将正确的数据填写在上面，同时需要更改人员的签名。实验室需根据合同要求，向业主提供一定数量的复印件，其余质量记录应由实验室整理装订成册，提交给公司档案室保管。当所有必要的工程原材料检验、过程检验和试验完成后，实验室应将这些试验记录、报告以及分项工程、分部工程和单位工程的评定结果等资料整理成册，以备交工验收之用。

3. 工程项目施工交竣工阶段技术管理

交竣工阶段内容如下：竣工验收准备；组织现场验收；移交竣工资料；办理交付手续。

第三节　项目决策与准备阶段进度管理

一、项目决策阶段进度管理

（一）决策阶段进度管理的主要原则

1. 确定合理工期的原则

项目高层管理者应当结合项目的实际情况，充分考虑那些可能对项目进度产生影响的多种因素，并制定出科学合理且具有实践性的工期计划。这是因为，能否在决策阶段设定的工期内完成项目将直接关系到项目的成败，而且在选择不同设计方案时，应当以能否满足工期目标作为筛选标准。

2. 各项审批流程间紧密衔接、并行开展的原则

在拟定某一阶段审批计划时，应全面考虑必须先完成的前期审批要求，确保各审批步骤之间无缝对接。同时，应合理安排那些可以并行进行的审批流程，避免相互冲突的审批步骤相互等待，以加快整个决策阶段审批速度。

3. 预判性原则

审批过程中，应充分考虑到诸如土地用途等可能对审批进度有显著影响的因素，并且要考虑到征地拆迁、管线迁移等因素对项目实施阶段进度的重要影响。在方案制定阶段，应尽可能地避免这些不利因素，并制定出有效的解决方案和措施来克服难点。

4. 严格控制设计质量原则

在项目的决策阶段，方案设计的质量对项目的实施成功至关重要。所以，在方案设计阶段，应该召集公司的技术精英，并在必要时聘请行业专家，对方案进行严格的评审。这样做可以避免在决策完成后，由于方案不足而需要进行修改，从而避免增加投资、延误工期或需要重新进行审批的情况。

5. 提前沟通介入原则

项目审批过程中，不同手续涉及的政府部门和审批部门各有其职责和考虑因素，导致可能出现审批意见不一致的情况。因此，作为项目建设的主体，业主单位应当尽早与相关审批部门进行沟通，全面考虑各部门的意见，以防止项目内容或方案与审批要求不符，从而避免造成项目返工或失败。

（二）决策阶段进度管理的主要措施

在项目决策阶段，进度管理涉及到从项目立项到获得项目批复的所有前期工作的进度监控，以及这些决策对项目未来工作进度的影响控制。这一管理过程主要通过优化和缩短前期手续的时间，以及对可能延迟工期的因素进行预见和规避，以确保项目能够按照既定的进度目标顺利推进。

1. 合理节约各项前期审批手续办理的时间

（1）项目建议书

项市政项目的建议书是项目决策流程的起点，并为前期准备工作提供了指导。通常，从编制项目建议书到发展和改革委员会的正式批复需要 20 到 30 天。在项目紧迫的情况下，市委和市政府可以研究决定，由发展委员会直接批复一份前期工作函，以此代替项目建议书，这样可以将该阶段的工作周期缩短至 5 个工作日以内。此外，带有投资批复的项目建议书也可作为项目报建和设计招标的参考文件。

（2）方案报批和选址

项目建议书获得批复后，项目便步入了前期工作阶段。此时，设计单位应迅速开展方案设计文件的编制工作。方案确定后，应立即指导设计单位根据项目方案界定项目选址范围。方案设计的周期取决于项目的规模和复杂性：简单项目可能在一周内完成，而复杂项目则可能需要数月时间来完成方案的编制、论证和优化。在方案设计过程中或初步设计成果提交后，建设单位应与发展和改革、规划和国土等部门保持沟通，确保项目投资和建设方案与政府政策和城市规划相符。同时，要了解项目选址用地的性质，识别可能影响未来用地手续的主要因素，如城市规划用地、农用地、林地、海域等等。

在设计过程中，应组织测量和设计单位对项目沿线进行实地考察，详细调查沿线建筑、文物、古树、宗教建筑、水系和管线等情况，并根据调查结果与规划部门协调，尽量规避影响项目进展的关键因素。方案设计完成后，应组织关键技术团队对设计方案进行评审，全面分析方案的可行性、安全性和经济性，以避免在方案批复后出现重大调整或投资超出预算等不利情况。完成这些任务后，应及时向规划部门提交方案和选址审批申请。通常情况下，规划部门需要在 7 个工作日内完成审批。同时，应要求设计单位对设计方案和投资估算进行进一步优化和细化，为编制工程可行性研究报告做好准备。

（3）环境影响评价

在方案得到批复后，业主方应立即委托环境评估机构负责编制环境影响的评估报告书或评估报告表。由于环境评估报告的编制包含了环境监测、公示环境影响评价结果等环节，因此，一般情况下，完成这样一个项目的环境影响评估报告需要 20 至 30 个工作日。对于那些可能对环境产生较大影响的项目，编制时间可能长达 50 个工作日或者更长。环境评估报告编制完成后，应提交给环保局进行审批。

（4）水土保持论证、防洪论证

通常，土方工程量超过 5 万立方米的项目需进行水土保持的评估和获得相应的审批。水土保持评估报告的编制和提交审批大约需要一个月的时间。另外，如果项目涉及到防洪排涝的问题，应当委托有资质的单位来编制防洪评估报告，并在完成后及时提交给水利局进行审批。

（5）海洋环境影响评价、海域使用论证审批

方案获得批准，如果项目涉及海洋使用，业主应及时委托具有相应资质的机构编制海洋环境影响评估报告和海域使用论证报告。通常情况下，这些报告的编制周期约为一个月。然而，如果项目涉及海洋生物保护区等特殊问题，可能需要进行额外的专项观测，从而使编制时间延长。一般项目需向市级海洋与渔业局提交审批申请，但对于吹填造地等涉及较大用海面积的项目，则需向省级海洋与渔业厅或者国家海洋局提交审批。

（6）用地预审办理

规划部门选址批复后应及时委托国土局信息中心对项目用地性质进行勘界定界并出具项目勘界定界报告，根据勘界定界报告内容向国土部门申请用地预审批复。

（7）立项报批

在完成了方案、选址、环境影响评价、水土保持、防洪、海洋环境影响评价、海域使用审查和用地预审等立项关键条件的审批之后，应当立即向发展和改革委员会提交立项审批的申请。方案批复后，应立即指导设计单位着手编制工程可行性研究报告和投资估算，并与各项前置审批工作同时进行。通常，工程可行性研究报告在完成所有前置审批之前即可基本成稿，以期与立项前的审批工作同步完成。在工程可行性研究报告获得批复后，项目建设的内容和投资规模就已基本确定。因此，在设计单位提交初步设计成果后，建设单位应组织核心技术人员和造价人员对项目的可行性、安全性、经济合理性和投资估算进行全面审查，以防止项目方案出现重大变更或投资估算的失误。一旦工程可行性研究报告文件提交给发展和改革委员会，该委员会将委托评审和咨询机构对报告进行评审，并且对项目投资估算进行审核。

2. 预判、规避可能影响工期的各项因素

（1）规避项目用地性质对项目进展的影响

通常，土地用途可以划分为城市建设用地、农业用地、基本农田、林业用地和海洋用地等几类。在项目前期规划阶段，选址应尽量位于城市建设用地内。若项目完全位于城市建设用地上，可以直接向市级土地管理部门申请用地界限，这样可以避免农用地转为建设用地的长时间等待，通常土地界限的批准流程在15个工作日内可以完成。对于使用林业用地的项目，需要先向林业管理部门申请使用许可，该过程从编制可行性研究报告到获得审批通常需要大约两个月。在获得林业用地许可后，才能向土地管理部门申请农用地转为建设用地的许可，这个阶段也需要2到3个月的时间。因此，与使用林地或农用地的项目相比，完全位于城市建设用地的项目可以节省大约四个月的时间来获取用地界限。

（2）规避征地拆迁对项目进展的影响

特别是在城市建设和开发中，征地和拆迁往往是影响项目按时完成的关键因素，其对项目的影响时间和程度往往难以预测。城市建设中的瓶颈道路和未完成工程往往与征

地拆迁的问题有关。所以，在项目决策阶段的方案评审和工程可行性研究报告过程中，必须充分考虑征地拆迁的影响，并尽量避免涉及大规模拆迁的区域。

（3）预判管线迁改对项目进度的影响

随着城市不断扩张，早期建设的项目可能在规模和标准上不再适应城市的发展要求，因此市政工程的升级改造变得必不可少。尤其是市政改造项目，常常涉及众多管线的迁移调整。因此，在项目的决策阶段，应当迅速召集各个管线所有权单位进行讨论和协调，并指令测量和设计单位对项目现场进行彻底的勘查和调研，以便尽可能地选择对市政管线迁移影响较小的方案。

（4）在考虑市政工程项目的实施过程中，必须预见到可能出现的工程成本及措施费用增长，这可能会对项目进度产生影响。由于市政项目通常由财政资金支持，一旦项目概算经过发展和改革委员会的审批，投资总额便基本固化。若实际施工中出现额外费用，则必须向发改委提交投资增加的申请。这项申请往往涉及复杂的程序，耗时较长，可能会对项目进度产生显著不利影响。因此，在编制市政工程的预估和概算时，应当充分评估所有可能的不利因素，以及对工程成本的潜在影响。

二、项目准备阶段进度管理

（一）准备阶段影响项目进度的主要因素

1. 具备开工条件的各项审批因素

本阶段核心审批内容主要为用地、概算和建设工程规划许可证，建设单位应协调设计单位提前汇报、及时沟通，避免因沟通不及时而影响审批进度。

2. 招标因素

鉴于法律法规对招标公告的发布周期有明确限制，并且招标监管机构需对招标文件的内容进行审查和监管，招标文件的编制完成后，应立即与招标监管机构进行沟通。这样做可以合理利用审批时间，提前发布招标公告，从而节省法定的公告发布周期。

3. 前期参建单位实力因素

前期参与项目的建设单位、勘测单位、设计单位等机构的实力对项目进度有显著影响。特别是设计单位的实力，其不仅能够决定本阶段的进展速度，还能确保设计成果的质量，从而为项目实施阶段的进度提供坚实的基础。

4. 管线迁改的因素

随着城市规模的扩大，对老旧市政基础设施的升级改造变得日益必要，这通常涉及到众多管线的调整迁移，而管线迁移又是一个耗时的过程，自然会对项目进度造成一定影响。因此，在项目的方案和初步设计阶段，应当指令勘察和设计单位进行彻底的地下管线调研，并合理规划各类管线的地下空间布局。在初步迁改方案制定之后，应组织相关管线单位举行协调会议，吸收他们的建议，并由主要负责的设计单位根据反馈对管线综合设计进行调整和优化，随后提交给各管线单位以完成专业施工图的设计。

（二）准备阶段进度控制的主要原则

1. 严把招标资格审查的原则

项目获得立项批准后，可以启动设计和勘察的招标程序，而在概算获得批准后，则应进行监理和施工的招标工作。在招标阶段，应依据项目的具体挑战和特色来设定相应的资质或业绩标准，以保证选中的参建单位具备足够的实力，特别是设计单位和施工单位的能力对工程进度和质量有决定性的影响。在编写招标文件时，应针对设计和施工单位的工程进度和质量标准制定奖励和惩罚条款，以激励和监督各参建单位按时按质地完成任务。

2. 严把勘测设计质量原则

在投资估算获得批准之后，项目的规模和内容基本上已经固定。此时，地质勘探资料的准确性以及初步设计的质量对工程的投资有着重大的影响。因此，在这一阶段，应当对地质勘探现场和成果进行验收，并且组织技术人员和专家对初步设计进行细致的评审。在正式提交概算审批之前，还需要对设计单位编制的概算进行全面的审查，以防止漏项造成的未来实施过程当中可能的概算调整。

3. 提前介入原则

设计招标通常需要大约 45 天的时间，而尽早确定设计单位对于推动本阶段工作至关重要。因此，在立项审批的过程中，应提前准备好设计招标所需的各种文件和项目报建等前期工作，以实现立项批复与勘测设计招标的无缝连接。在初步设计阶段，应同时要求测量单位对沿线地形进行修正测量，并且确保勘察单位能够及时开展详细的勘察工作，力争在施工图设计前完成地勘成果的审查，为施工图设计和审查做好准备。在概算批复阶段，要求设计单位提前进行施工图设计，确保概算批复后能够根据批准的规模和投资进行适当调整并迅速完成施工图设计。同时，利用施工图审查和建设工程规划许可办理的时间提前发布施工招标公告，以保证手续完成后能够及时进行开标。

4. 并行开展原则

在项目的准备阶段，根据不同的审批单位和参建单位，工作可以大致分为两个主要路径：一条是手续审批，主要包括概算的批准、用地以及建设工程规划许可证的办理等；另一条是参建单位的工作路径，涉及地质勘探、初步设计、概算编制以及施工图设计等。这两个路径的工作应当同时进行，以确保项目的顺利进行。

5. 施工图限额设计原则

在概算得到批准之后，设计单位应根据批准的概算进行施工图设计，对初步设计进行适当的调整以保证工程投资控制在概算批准额度之内，防止因概算调整而引起工期的延误。

6. 把好工程量清单编制原则

编制完毕的工程量清单需要由项目经理、项目总工程师和造价管理人员进行细致的审核，综合考虑施工过程中可能出现的各种情况和相应的措施费用，以实现对工程投资的合理控制。同时，还应确保施工单位能够获得合理的利润，保障项目总投资不超过概算的预算，并尽量在实施阶段减少变更和签证的发生。

7. 及时沟通原则

项目审批过程中经常涉及需要分管领导明确或各审批部门意见不一致的问题，建设单位应及时向上级主管部门、分管领导汇报，及时协调解决。

（三）准备阶段进度管理的主要措施

项目准备阶段的进度管理涉及从项目决策结束到现场施工启动之前的各项进度控制工作。这一阶段的核心任务包括：进行设计、测量和地质勘探单位的招标工作，申请用地规划许可证，办理林地使用手续，完成矿产压覆和地质灾害评估，处理农用地转用及划定用地界限，开展地质勘察，完成初步设计和审查流程，提交概算申请，进行施工图设计和审查，以及办理建设工程规划许可证和启动征地拆迁的预公告等。该阶段进度管理的主要措施分为各项手续审批与各参建单位工作进度管理两大部分，具体如下：

1. 各项审批手续办理进度管理

（1）用地规划许可证办理

在项目获得立项批准之后，可以根据批准的选址和用地预审材料，向规划部门提交用地规划许可证（蓝线）的申请。获取用地规划许可证是确立项目用地红线的必要步骤。此外，可以根据蓝线，由征地拆迁部门提前发布征地预公告，开始征地前期的准备工作，以便在项目招标完成的同时，能够为施工提供所需的场地。

（2）林地使用报批

在提交项目的工程可行性研究报告之后，应当尽早委托有资质的机构利用立项批复所提供的 时间 来编制林地工程可行性研究报告。一旦立项批复完成，即可以向省级林业部门提交林地使用审批申请。获取林地使用批准是进行农用地转用的关键步骤。由于林地审批过程可能较长，如果不及时进行，可能会延误农用地转用和用地红线的办理，进而影响项目按既定计划启动。

（3）农转用及红线办理

林地使用权的审批，以及前期海洋使用的论证、用地预审和用地蓝线的确定，都是农用地转用审批不可或缺的步骤。在林地及海洋使用审批的过程中，建设单位应该准备好包括被征用单位同意盖章、矿产压覆评估、地质灾害评估等在内的农用地转用所需的相关文件。一旦林地使用权得到批准，应及时与市国土资源局合作，将农用地转用的材料上报至省级国土资源厅，开始正式的农用地转用流程。通常，这一审批过程需要大约两个月的时间。农用地转用完成后，便可向市级国土管理部门申请用地红线的办理。完成这些步骤后，项目用地手续就全部完成了。

（4）建设工程规划许可证办理

在项目完成施工图的审查、各类管线的设计以及取得用地红线之后，应立即向规划部门提交建设工程规划许可证的申请。建设工程规划许可证是项目启动正式施工的关键凭证，也是进行中标手续、开工手续以及质量监督手续的基础。所以，在发布施工招标公告前，必须确保建设工程规划许可证得到及时办理。

（5）施工许可证办理

根据《中华人民共和国建筑法》第七条、第八条的规定，建筑工程开工前，建设单位应当按照国家有关规定向工程所在地县级以上人民政府建设行政主管部门申请领取施工许可证；但是，国务院建设行政主管部门确定的限额以下的小型工程除外。

按照国务院规定的权限和程序批准开工报告的建筑工程，不再领取施工许可证。

申请领取施工许可证，应当具备下列条件：

①已经办理该建筑工程用地批准手续；

②依法应当办理建设工程规划许可证的，已经取得建设工程规划许可证；

③需要拆迁的，其拆迁进度符合施工要求；

④已经确定建筑施工企业；

⑤有满足施工需要的资金安排、施工图纸及技术资料；

⑥有保证工程质量和安全的具体措施。

建设行政主管部门应当自收到申请之日起七日内，对符合条件的申请颁发施工许可证。

2. 各参建单位工作进度管理

（1）勘测设计招标工作

项目在获得工程批复后，应立即启动设计招标的准备工作，并尽快确定设计单位。在工程可行性研究报告提交发改委并等待审批的过程中（大约需要15个工作日），建设单位应利用这段时间为设计招标准备文件。这些文件应包括针对设计单位设计成果质量与时间节点的奖惩条款，以确保设计单位能够按时提供高质量的设计成果。项目立项批复后，应尽快发布招标公告，而设计招标通常需要40至50天的时间来完成。为了更好地控制项目设计的总体质量，建议采用设计、测量、勘察一体的总承包模式进行招标，这样做可以减少单独招标可能带来的时间延误，并且中标单位将承担设计、测量和地勘的总体责任，防止设计成果出现问题时各单位之间责任推诿的情况。

另外，确定设计单位的时间对于项目准备阶段的进展至关重要。一旦项目建议书获得批准，就应立即开始设计、测量和地勘单位的招标准备工作。目标是在项目立项申请之前完成设计招标，这样在项目工程审批的过程中，中标的设计单位能够尽早介入，熟悉项目情况并启动初步设计的前期准备工作。在工程可行性研究报告获得批准之后，应立即着手进行初步设计的编制。

（2）初步设计及概算编制工作

尽早委托地质勘察单位开始初步勘察，以确保工程可行性研究、初步设计和概算编制有可靠的数据支持。在工程可行性研究的过程当中，设计单位应迅速熟悉项目情况，搜集必要的信息，并开始初步设计的初步准备。一旦初步设计完成，业主单位应组织内部的专业技术人员对设计的合理性、现场施工的可行性以及成本的控制进行全面审查。基于工程可行性研究的投资限制和工程范围，要对设计单位提交的概算进行严格审查，预测实施过程中可能增加的成本风险，并且留有适当的余地。根据评审意见，设计单位应调整和优化初步设计文件以及概算编制。

（3）初步设计评审及概算报批

在初步设计文件经过调整和优化之后，业主单位应迅速向建设行业的主管部门提交初步设计评审的申请。行业主管部门将组织专家进行技术评审，设计单位需根据专家和相关职能部门的审查反馈，对初步设计文件和概算进行进一步的修改和优化。通常，初步设计编制、技术评审和优化工作可以在工程可行性研究报告批复之后的较短时间内完成。一旦再次修改和优化后的初步设计文件以及调整后的概算编制完成，便可正式向发改委申请概算批复。

（4）施工图设计及审查

在提交概算给发改委之后，设计单位应立即着手进行施工图设计。对于一般的市政道路项目，施工图设计通常在概算批复后的 15 至 30 天内完成；而对于规模较大或技术更为复杂的项目，施工图设计可能需要两个月甚至更长时间。施工图设计完成后，应及时准备相关资料并进行审查，审查过程大约需要 15 个工作日。

（5）监理招标

概算批复后可根据概算投资规模进行监理招标，正常情况之下，在施工图审查完成的同时可完成监理招标。

（6）施工招标文件、清单编制

审查施工图纸的同时，业主单位应启动招标文件的编制工作，并可委托招标代理机构制作工程量清单。这样，在图纸审查结束前，招标文件和清单的制定通常可以接近完成。接着，根据编制好的清单，向财政审核中心提交招标控制价的审核申请，该审核过程预计需要 5 个工作日。同时，应根据项目工期的紧迫性，在招标文件内设定合理且合法的奖惩机制来控制施工期限，并对工期违约的索赔进行明确的规定。

（7）施工招标、定标、开工手续办理

完成施工招标文件的编制后，应迅速发布招标公告并启动施工招标流程。在开标之后，建设单位应确保中标施工单位与业主协作，迅速完成中标通知、项目开工备案等必要手续。同时，要求施工单位尽快完成包括但不限于低价风险金、履约保证金、预付款保证金等在内的各项前期手续。

（8）交桩、技术交底

在选定施工单位之后，建设单位应迅速组织包括设计、监理、施工方、地质勘察、测量和质量监督等部门进行技术交流会，对施工过程中的关键环节、潜在风险和注意事项进行详尽说明。此外，应安排测量单位完成控制点的移交和放样工作。同时，要求施工单位结合项目现场的具体情况和合同规定的工期，制定出合理、详且可操作的施工进度计划，并且明确各个主要施工工序的完成时限。

第四节　项目实施与收尾阶段进度管理

一、项目实施阶段进度管理

（一）实施阶段影响项目进度的主要因素

市政工程项目的广泛影响范围、复杂的结构和工艺技术、漫长的建设周期及众多的参与单位，使得项目实施阶段的进度管理受到众多变量的作用。为了有效地管控工程进度，必须对推动进度和阻碍进度的各种因素进行深入、详尽的分析和预测。一般来说，实施阶段影响市政工程项目进度主要因素如图 5-1 所示：

图 5-1　实施阶段影响项目进度的主要因素

1. 勘察设计因素

工程的核心在于设计，设计的缺陷、不切实际的设计方案、不及时或者不完整的设计图纸供应，以及重大设计差错，都可能显著影响工程进度。在某些情况下，这些问题可能会导致工程返工或停工。另外，如果勘察数据不准确，尤其是地质资料的错误或遗漏导致了未预见的技术难题，这将可能增加工程量和投资成本。

2. 自然环境因素

具体是指如恶劣天气、地震、暴雨、洪水、不良地质、地下障碍物的影响等。

3. 社会环境因素

项目的顺利进行与项目周边的人文和社会环境紧密相关。例如，项目所在区域的乡村和其他基层组织在征地和拆迁过程中扮演着决定性角色；同时，当地的习俗、民风和宗教信仰等对项目进度也有重大影响。在科学和传统信仰发生冲突时，项目往往会遭遇当地居民的强烈反对。在一些民风较为强硬的地区，可能会出现要求工程分包、强制购买当地材料等不合理现象。

4. 承包商因素

若承包商对项目的特性及施工条件评估不当，导致计划与实际情况不符，可能会引起工程的延误。此外，若承包商在施工中采用了不适当的技术措施，可能会发生技术故障。在项目管理过程中，若承包商出现失误，比如施工组织不当、劳动力和机械设备投入不足或调度不当、施工平面布局不合理等，都可能阻碍工程进度。承包商若缺乏风险管理意识，盲目推进施工可能导致工程中断。再者，若承包商信誉不佳，可能会出现工期延误、转包、分包和代管等不良行为，甚至违法操作。

5. 业主因素

具体是指如业主使用要求的改变；由业主负责提供的材料、设备出现延误；业主没有按合同约定及时向施工单位或者供应商拨付资金等。

6. 组织管理因素

具体指如各种申请审批手续的延误；计划安排不周密，导致窝工、停工；指挥协调不当，导致各方配合出现矛盾，延误工期等。

7. 材料设备因素

它包括材料、构配件、机具、设备供应环节的差错，品种、规格、质量、数量、时间不能满足工程的需要等。

8. 资金因素

具体指如业主资金短缺或不能及时到位，施工单位资金挪作他用、拖欠材料款和民工工资等现象。

9. 征地拆迁因素

市政工程，作为典型的线性工程，其在实施阶段的进度往往受到征地拆迁工作的严重影响。这一过程涉及众多单位，且涉及的建筑物性质和权属问题复杂多变。征地拆迁的延误经常会导致工程项目的停工，严重时可能持续数月甚至数年，极端情况之下，这可能导致项目无法按照既定的规划和设计进行施工。

（二）实施阶段进度管理的原则

1. 网络计划技术原则

网络计划技术不仅适用于制定进度计划，还能用于计划的改进、执行和管理。作为一种科学而高效的进度管理手段，网络计划技术为项目进度的监控，尤其是对于复杂项目的进度控制，提供了全面的计划管理分析和计算的理论支撑。

2. 动态控制原则

当进度按照既定计划顺利进行时，项目的实施与计划相符，从而保证了计划目标的实现。然而，如出现偏差，此时应采取相应措施，努力确保项目能够按照调整后的计划推进。在新的因素影响下，项目进度可能会再次出现偏差，因此需要持续对进度进行监控和调整。进度管理正是通过这种动态的、循环的控制过程来进行的。

3. 系统性原则

为了达到项目进度管理的目标，首先需要制定项目的各种计划，这包括进度计划、资源分配计划和资金使用计划等。计划的制定应从整体到细节，构建起项目的计划体系。由于项目涉及多方主体和各类人员，必须建立一个组织结构体系，形成完整的项目执行组织系统。为了确保项目进度的顺利进行，从高层到基层都应设有专门部门或人员负责项目的检查、数据统计、分析及调整等工作。不同的人员承担不同的进度控制职责，通过分工合作，形成一个交织相连的项目进度控制体系。无论是控制的对象、主体，还是进度计划、控制活动，都构成了一个统一的系统。因此，进度控制实际上就是运用系统理论和方法来解决系统内的问题。

4. 封闭循环原则

项目进度管理涉及一系列循环性的常规操作，这些操作包括制定计划、执行计划、进行检查、进行对比与分析、制定调整措施以及更新计划。这些步骤共同构成了一个闭环的循环体系，而进度控制正是在这个闭环循环当中不断进行的活动。

5. 信息畅通原则

项目进度管理依赖于信息的准确性，其中进度计划信息自顶向下分发给项目实施团队，确保计划的执行；而项目的实时进度信息则从底层向上汇报给相关管理和决策人员，以便对进度进行分析并对计划进行必要的调整，保证进度计划与预定的时间表目标保持一致。为此，构建一个有效的信息系统是关键，该系统能够持续地传递和收集信息，使得项目进度管理实质上是一个不断进行信息交流和反馈的过程。

6. 弹性原则

鉴于项目往往具有较长的工期和众多影响因素，计划制定者需要利用他们的统计经验和专业知识来评估不同因素对项目进度的影响程度及其发生的可能性。在设定进度目标时，应考虑目标实现的风险，并且相应地在进度计划中预留出一定的灵活空间。在项目进度控制过程中，这些预先设定的弹性可以帮助缩短关键工作的持续时间，或调整工作之间的逻辑顺序，确保项目能够最终满足工期的要求。

（三）实施阶段进度管理的主要措施

实施阶段项目进度管理的措施主要包括组织措施、技术措施、合同措施、经济措施和信息管理措施。

1. 组织措施

进度管理的组织措施主要包括：

①建立进度控制目标体系，明确组织机构中进度控制人员及其职责分工。

②确立进度计划的审核机制和执行过程中的检查分析机制至关重要。比如，在一个工程项目刚刚启动时，两家施工单位由于进场机械和资源未能满足施工需求，经过审查和分析，及时采取了调整组织措施，将其中一家单位负责的5联桥梁工程和另一家单位负责的3联桥梁工程进行了分割，并由具备相应能力的施工单位接手这些分割的部分工程，从而确保了工程能够顺利完成。

③建立进度报告制度及信息沟通网络。

④建立进度协调会议制度。

⑤建立图纸审查、工程变更与设计变更管理制度。

2. 技术措施

进度管理的技术措施主要包括：

①审查承包商提交的进度计划：第一，尽量采取先进的施工方案、施工工艺、施工方法，如钻孔桩施工采用泥浆分离器，有效提高了出渣速度，加快了钻孔进度；部分箱梁采用预制架设工艺，有效提高了箱梁施工速度。第二，优化施工组织设计，采取平行施工组织。如现浇预应力箱梁支架一次性投入，充分提高了箱梁现浇速度。

②编制指导监理人员实施进度控制的工作细则。

③采用网络计划技术，对工程进度实施动态控制。

3. 合同措施

进度管理的合同措施主要包括：

①推行CM承发包模式，缩短工程建设周期（CM是项目实施阶段的一种管理模式，CM经理提供专业的咨询管理服务，协助指挥施工活动，在一定程度上影响设计活动。《国际新型建筑工程CM承发包模式》，同济大学出版社）。

②加强合同管理，协调合同工期与进度计划之间的关系，确保进度目标实现。

③严格控制合同变更。

④加强风险管理，在合同中应充分考虑风险因素及其对进度的影响。

4. 经济措施

进度管理的经济措施主要包括：

①及时办理工程预付款以及进度款支付手续。

②约定奖惩措施；如提前工期竣工奖励、完成计划奖励、计划拖后的处罚等。

③加强索赔管理，公正处理索赔。

5. 信息管理措施

进度管理的信息措施主要涉及：制定进度信息的创建、搜集和报告流程，通过将计划进度与实际进度进行持续比较，为决策者提供决策支持。例如，对工程的进度进行持续监控，并及时向业主提交进度分析报告，同时向承包商的上级管理部门报告，以激励承包商及时采取纠正措施。现场的不同级别的监理人员应该支持承包商的施工活动，及时审查其提交的各类报告和报表，并对已完成的工序或工程进行验收检查。业主应当按照合同条款及时提供施工所需的场地和设计图纸，并积极与其他相关方协调，尽可能地优化施工条件，为工程的顺利进行创造良好的外部环境。监理工程师和业主应该负责协调各承包商之间的施工活动，保证信息管理工作的有效进行。

二、项目收尾阶段进度管理

（一）收尾阶段影响项目进度的主要因素

收尾阶段影响项目进度的主要因素：

1. 验收移交因素

由于项目建设方、施工方和项目运维管理方有不同的关注点，项目建设方主要关注工程是否依照批准的项目内容和设计图纸顺利进行，以及工程质量是否达到标准。相对地，运维管理方更注重项目的性能和管理是否有效。所以，项目移交时可能会出现与项目建设方不同的要求。如果沟通不充分，可能会拖延项目的验收和移交进度。

2. 档案归档备案因素

参与建设的各方通常更关注施工现场的实际工作，而对档案归档工作的重视程度不足。这就导致了虽然工程现场已经满足竣工验收的标准，但相关的工程档案和内部资料未能满足城市建设档案馆或档案局的规定要求，进而影响项目的整体竣工和结算流程。特别是对于省级重点工程项目，必须经过档案局的验收合格之后，才能完成档案的归档工作。

3. 各附属子项目验收结算因素

在工程项目的实施过程中，合同管理是一个涉及多个阶段和多方参与的过程，包括设计、环境影响评估、地质勘察以及后续的管线迁移、试验检测等。一个项目从启动到完成结算可能需要签署数十个合同，而对于一些复杂项目，合同数量可能超过百个。主要合同如设计、监理和施工等通常能够及时结算，但一些金额较小的子项合同，如管线迁移的设计和监理，可能会被忽视，这可能导致项目无法顺利竣工和进行最终决算。

（二）收尾阶段进度管理的原则

1. 管养单位提前介入原则

鉴于主体工程以及路灯、绿化、市政管线等配套设施通常由不同的管理机构负责接管，每个接管单位都会对其负责的项目提出符合自身行业标准和要求的具体指标。因此，在设计和施工阶段，应尽可能邀请各接管单位提前参与，以便他们根据自身行业的特点和具体需求提供专业建议。同时，在施工过程当中应定期进行分阶段的验收，以防止项目完工后需要进行针对功能性的修改和调整。

2. 内业资料同步完成原则

由于参与单位往往未能充分关注内业资料的管理，工程竣工后常出现补签和急匆匆整理资料的情况。然而，有些施工过程中的内业资料在事后再难补齐，这可能会造成档案的缺失或不完整，不符合档案验收部门的标准。因此，项目在各个实施阶段都应重视资料的整理和管理，制定专门的档案管理措施，并且定期对内业资料进行检查和验收。

3. 先验收内业资料后验收现场原则

由于对档案管理的认识存在误区，以及对档案重要性的认识不足，参与项目的单位可能错误地认为只要现场工程达到验收标准，项目就可以进行竣工验收。所以，建设单位应当承担领导作用，坚持在现场验收之前先完成内业资料的验收工作。

4. 分项合同及时结算原则

子项目如管线迁改等工作，通常在主体工程施工前或过程中就已经完成了相应的工程量，并达到了结算和审计的条件。因此，应当遵循完成一个子项目就进行一次结算的原则。在过往的项目中，常常出现主体工程已经结算完毕，而在总体决算时才发现有些小型子项目尚未结算的情况。

5. 重视规划、环保、消防等专项验收工作原则

项目竣工备案是标志着工程建设项目施工阶段的结束，而要向建设管理部门办理竣工备案，必须在完成规划、环境保护、消防安全等专项验收的前提下进行。因此，在项目的最后阶段，应重视并完成各个分项的专项验收工作。此外，如果项目在前期立项时已经完成了水土保持审批，那么在竣工阶段的最后工作中，也应进行水土保持的专项验收。

（三）收尾阶段进度管理的主要措施

①组织措施。建立由建设单位项目经理负总责任，施工单位项目经理、总监对项目结算负责制，及时跟踪各分项验收移交、结算。

②合同措施。工项目进度款的支付情况是管理和监督相关单位完成工程竣工和结算的最有效手段。在各个分项内容的招标过程中，应当针对内业资料的归档和备案制定相应的条款。在项目合同签订时，必须严格按照招标文件中的内容进行执行。

③经济措施。在支付进度款时，应遵循先严格后宽松原则。同时，将内业档案资料

的验收情况作为支付进度款的一个依据。要严格控制施工过程中进度款的支付比例，并明确指出内业资料归档在工程尾款支付中所占的比例。通过资金管理的手段，促使和激励施工单位尽快完成内业资料的归档以及竣工验收与结算工作。

（四）收尾阶段进度管理总结的编写

建设单位应在工程进度计划完成之后，及时进行总结，为进度控制提供相关反馈信息。

1. 总结依据的资料

①进度计划。

②进度计划执行的实际记录。

③进度计划检查结果。

④进度计划的调整资料。

2. 进度控制总结包括的内容

①合同工期目标及计划工期目标完成情况；

②进度控制经验；

③进度控制中存在的问题以及分析；

④科学的进度计划方法的应用情况；

⑤进度控制的改进意见。

第六章 市政工程施工项目成本管理与质量控制

第一节 施工项目成本管理

一、施工成本的定义

施工成本涵盖了建设工程项目施工阶段发生的全部开支，涵盖了原材料、辅助材料、构配件的成本，以及周转材料的使用或租赁费用、施工机械的运行或租赁费用、工人工资及奖金等薪酬支出，还包括了施工管理和组织活动中产生的各种费用。施工成本可以分为直接成本与间接成本两大类。

直接成本涵盖了施工过程中直接用于构成工程实体或对其形成有帮助的各项费用，这些费用可以直接分配到具体的工程对象上。其包括了人工成本、材料费用以及施工设备的使用费用等。

间接成本涵盖了为了准备施工、组织和管理施工生产所发生的全部费用，这些费用不直接用于工程实体，也无法直接分配到特定的工程对象上，但是它们是施工过程中不可或缺的支出。这包括了管理人员的薪酬、办公费用、以及差旅和交通费用等等。

二、成本目标与计划成本目标

建设工程项目的施工成本管理应覆盖从投标报价到项目保证金退还全过程。成本是项目管理中的一个核心目标，分为责任成本目标和计划成本目标，两者具有不同的特性和功能。责任成本目标体现了公司对成本控制的目标设定，而计划成本目标是责任成本目标的具体体现。

根据成本管理的规律，责任体系应由公司和项目经理部两层构成。公司层面的成本管理不仅涉及生产成本，还包括经营管理费用；而项目经理部负责的是生产成本的管理。公司层在项目的投标、执行和结算阶段均发挥作用，展现出效益中心的管理职能；项目经理部则专注于实施公司设定的成本管理目标，充当现场成本控制中心的角色。

三、施工成本管理的任务和环节

施工成本管理的目标是在确保工程按时完成和质量达标的前提下，实施一系列管理策略，如组织策略、经济策略、技术策略和合同策略，以将成本控制在预定目标之内，并探索进一步的成本节约可能性。

施工成本管理的任务和环节主要包括：①施工成本预测。②施工成本计划。③施工成本控制。④施工成本核算。⑤施工成本分析。⑥施工成本考核。

工程项目成本管理构成一个相互关联并且相互影响的系统化过程。承包商需根据成本形成的规定和特点，制订文件化的成本管理流程，以此为工程项目成本管理提供规范和指导。在成本管理流程的每个阶段，环节之间均存在联系和影响。

成本预测为成本决策提供了基础，而成本计划则是成本决策确定目标的具体表现。成本计划控制涉及对成本计划执行的监控和监督，以确保决策目标的成本得以实现。成本核算则是对成本计划实施结果的最终检验，所提供的信息将作为下一个施工项目成本预测和决策的数据基础。成本考核是确保成本目标责任制得到执行和决策目标实现的关键手段。

（一）施工成本预测

施工成本预测是在施工前对成本的预估，它是施工项目成本决策和计划的基础。通常，施工成本预测涉及对计划期内影响成本变化的各类因素进行分析，通过比较近期已完成或即将完成的施工项目的成本，预测这些因素对工程成本各部分的影响，进而估算出工程的单位成本或总成本。成本预测旨在满足项目业主和企业要求的同时，选出成本低、效益好的最优成本方案，并在施工项目成本的形成过程中，针对潜在薄弱环节，强化成本控制，减少盲目性，增强预见性。

对于道路工程项目，施工成本预测的主要内容包括：人工、材料和机械使用费用的预测；施工方案变化导致的费用变动预测；辅助工程费用的预测；大型临时设施费用的预测；小型临时设施费和工地转移费用的预测；以及成本失控的风险预测等。

（二）施工成本计划

施工成本计划是以货币形式制定的施工项目在预定期间内的生产成本、成本水平以及成本降低目标，并提出了为了实现这些目标所采取的主要措施和计划文档。它是确立施工项目成本管理责任、实施成本控制和核算的前提，为项目降低成本提供了相关指导，并作为设定目标成本的参考文件。

（三）施工成本控制

在施工阶段，施工成本控制涉及对各种可能导致成本变动的因素进行严格的管理，并实施有效的措施，确保施工过程中实际产生的消耗和支出不超出成本计划的范围。通过持续的监控和及时的信息反馈，对各项费用进行严格的标准化审查，比较实际成本与计划成本之间的差异，并进行详细的分析。基于这些分析，采取相应措施以减少或消除施工过程中的任何损失或浪费。

施工成本控制应在整个建设工程项目周期内实施，从投标阶段到保证金退还，这是企业全面成本管理的关键部分。施工成本控制包括预先控制、过程控制（事中控制）和后续控制（事后控制）。在施工项目过程中，应根据动态控制原则，对实际发生的施工成本进行有效管理。

（四）施工成本核算

施施工成本核算涉及两个主要步骤：首先，根据既定的成本支出规则，对施工费用进行收集和分配，以确定施工费用的实际发生额；其次，基于成本核算的对象，运用合适的方法，计算出施工项目的总成本和单位成本。施工成本管理要求准确并及时地核算施工过程中发生的所有费用，以计算施工项目的实际成本。施工项目成本核算提供了信息是进行成本预测、计划、控制、分析和考核等活动的依据。

通常，施工成本核算以单位工程为基准，但也可以根据承包工程项目的规模、工期、结构类型、施工组织和管理需求，以及施工现场的具体情况，灵活地确定成本核算的对象。

（五）施工成本分析

施工成本分析基于成本核算的结果，对于成本构成和成本变动的影响因素进行深入探究，目的是为了发现成本节约的潜在机会，包括识别正面偏差并加以利用，以及纠正负面偏差。施工成本分析是成本管理的一个持续环节，它利用成本核算数据与目标成本、预算成本以及历史项目的实际成本进行比较，以掌握成本变动情况。此外，它还分析关键的技术经济指标对成本的影响，系统地研究成本变化的原因，审视成本计划的合理性，并通过深入的成本分析来揭示成本变化的规律，探寻降低施工成本的有效途径，以实现有效的成本控制。在控制成本偏差时，分析是关键步骤，而纠正偏差则是核心任务；应根据分析得出的偏差原因，采取切实有效的措施进行纠正。

（六）施工成本考核

施工成本考核发生在施工项目结束之后，其涉及对项目成本管理中各责任方的业绩评估。按照施工成本目标责任制的相关规定，将实际成本与预先设定的计划、标准和预算进行比较，以此来评价成本控制目标的达成情况和各责任方的绩效，并据此实施奖励或处罚措施。通过成本考核，确保赏罚分明，可以有效激发每位员工在其施工岗位上的工作热情，努力实现成本目标，从而有助于降低项目成本并提升企业的经济效益。

施工成本考核是评估成本节约成果的一种手段，同时也是对成本指标完成情况的总结和评价。成本考核制度应涵盖考核的目的、时间、范围、对象、方式、依据、指标、组织领导、评价与奖惩原则等方面。

成本考核应将施工成本降低额和施工成本降低率作为主要指标，以加强对项目经理部的指导和依靠技术、管理及作业人员的经验和智慧，防止项目管理的内部异化，避免由少数人承担风险的以包代管模式。成本考核可以分别对公司层和项目经理部进行考核。

在公司层对项目经理部进行考核与奖惩时，需要确保考核的公平性，避免虚盈实亏的问题，同时减少实际成本归集错误的影响，确保施工成本考核的公正性与透明性，并在此基础上实施施工成本管理责任制的奖惩或者激励措施。

四、施工成本管理的措施

（一）施工成本管理的基础工作

施工成本管理的基石涉及多个方面，其中最为关键和基础的是构建成本管理责任体系，这涵盖了建立一系列的组织制度、工作程序、业务标准以及责任制度。除此之外，还应从以下多个角度为施工成本管理打下坚实的基础。

①制定统一的内部工程项目成本计划，规定其内容格式。内容需包括施工成本的分类、各成本要素的编号及名称、计量单位、单位工程量的计划成本及总成本等。企业应根据自身的管理习惯和实际需求来设计成本计划的内容格式。

②建立企业内部施工定额并保持其适应性、有效性和相对先进性，为施工成本计划的编制提供支持。

③构建一个生产资料市场价格信息的集成收集系统，并且在关键地点设立派出询价站点，以便准确预测市场走势，确保采购价格信息的实时性和精确度。此外，建立一个企业级的分包商和供应商评估登记册，培养稳固且优质的供应链合作伙伴关系，为编制施工成本计划和采购活动提供必要的支持。

④建立已完项目的成本资料、报告报表等的归集、整理、保管和使用管理制度。

⑤科学设计施工成本核算账册体系、业务台账、成本报告报表，为施工成本管理的业务操作提供统一的范式。

（二）施工成本管理措施

为了取得施工成本管理的理想成效，应当从多方面采取措施实施管理，通常可以将这些措施归纳为组织措施、技术措施、经济措施、合同措施、质量管理措施。

①组织措施。施工成本管理的组织策略涉及实施各种措施。这是一个涉及所有参与者的工作过程，其中包括推行项目经理责任制，确保有专门的团队和人员负责成本管理，并为不同级别的管理人员分配具体的任务和职责。成本管理不仅仅是成本专业人员的事务，还要求项目各级管理人员承担成本控制的责任。

组织策略包括制订详细的成本控制计划和工作流程。这涉及制定有效的采购策略，通过优化资源分配、合理利用和动态监控来控制成本。同时，还需要强化定额和任务单管理，以减少人力资源和物质资源的浪费。此外，合理安排施工进度，防止由于计划不周或调度不当导致的工程停滞、设备利用率下降和物料堆积等问题。只有基于科学管理，拥有合理的管理结构、完善的规则、稳定的操作流程和准确的信息传递，成本控制才可有效执行。组织措施为其他措施的实施提供基础和保障，通常不会带来额外成本，恰当运用时能够带来积极的效果。

②技术措施。在建筑施工阶段，采取技术手段以减少成本是至关重要的。这包括对各种施工方案进行技术经济评估，以确定最合适的施工方法；根据施工技术，对不同材料的使用进行比较，寻找在保证施工功能的同时减少材料成本的方法，如材料替代、调整配合比或使用添加剂等；选取最适用的施工机械和设备使用计划；考虑项目的组织设计和地理环境，以降低材料的储存和运输成本；以及采用先进的施工技术、新材料和机械设备。在实际操作中，还需要避免仅关注技术方案而忽略对其经济效益分析验证。

技术措施对于解决施工成本管理中的技术难题至关重要，同时也对于调整和纠正施工成本管理的目标偏差起到显著作用。因此，关键在于能够提出多个技术解决方案，并对这些方案进行彻底的技术经济比较，以便选出最佳方案。

③经济措施。经经济措施往往是最容易被人们理解和接纳的策略。管理人员需要制定资金运用方案，明确并分解施工成本管理的目标。对管理目标进行风险评估，并制定相应的预防措施。对于各项支出，必须精心规划资金的使用，并在施工过程中严格监督开支。同时，要实时且精确地记录、搜集、整理和计算实际的支出金额。对于任何变更，都要及时进行增减账务处理，及时获取业主的签证，以及及时结算工程款项。通过偏差分析和预测未完工程，可以揭示可能导致未来施工成本增加的潜在问题，应当以此为起点，采取主动控制措施，并及时实施预防行动。需要注意的是，经济措施的应用并非仅限于财务人员，而是全体管理人员的共同责任。

④合同措施。通过合同措施对施工成本进行管理需要覆盖合同从谈判到结束的整个生命周期。对于分包项目，首先，选择恰当的合同类型，对不同的合同模式进行评估和比较，并在谈判阶段争取达成最适合工程规模、特点和性质的合同类型。其次，在合同条款中应全面考虑所有可能影响成本和收益的因素，特别是潜在风险。通过识别和分析导致成本变动的风险因素，采取相应的风险管理措施，例如，通过合理分配风险，增加风险承担者，减少损失发生的概率，并确保这些措施在合同条款中得到体现。在合同履行过程中，合同管理措施不仅要密切关注对方的履行情况，以便寻求合理的索赔机会，还要注意自身合同的履行，防止被对方提出索赔。

⑤质量管理措施。提升工程质量，减少返工频率是关键。在建筑施工的每个阶段，都应严格遵循质量标准，确保质量检查人员在各关键点固定位置、特定岗位、明确责任，以强化工序质量和监督管理。这样可以将防范措施融入整个施工流程中，根除常见质量问题，实现工程一次性的完美呈现和合格，从而避免因返工而导致的额外人力、财力、物力投入，减少工程成本的增加。

第二节 施工项目质量控制体系

一、质量控制概述

（一）质量和工程质量

GB/T 19000—ISO 9000标准中有关质量的定义：一组固有特性满足要求的程度。

质量概念广泛，既包括产品本身的品质，也涵盖活动或流程的工作水平，乃至质量管理体系的运行效率。质量是由一系列内在特征构成，这些特征旨在满足顾客及其他利益相关者的需求，其满足程度是评价质量的关键指标。这些特征可能是固有的或后天赋予的，有定性的也有定量的。质量特征是内在的，并通过产品设计或体系开发来实现。满足需求意味着满足明确规定的（如合同、规范）、隐含的（如组织习俗、通用习惯）或强制性的（如法律、法规、行业标准）需求和期望。顾客和其他利益相关者对产品、流程或体系的质量期望是不断变化、演进和相对的。

建筑工程质量，简称工程质量，指的是工程项目实施后形成的实体质量，它体现了建筑工程在安全、功能性、耐久性、可靠性、经济性以及与自然环境的和谐性等方面的综合特性。这些特性包括适用性、耐久性、安全性、可靠性、经济性和环境适应性，它们相互依赖，共同构成了工程质量的基本要求。其中，适用性、耐久性、安全性、可靠性、经济性和与环境的适应性是工程质量不可或缺的要素。

工程项目的质量是项目建设的核心，是决定工程建设成败的关键，是实现三大控制目标（质量、投资、进度）的重点。

（二）质量控制和工程项目质量控制

1. 质量控制

GB/T19000—2016/ISO 9000标准中，质量控制的定义是：质量控制是质量管理的一部分，是致力于满足质量要求的一系列相关活动。这些活动主要包括设定标准、测量结果、评价、纠偏。

质量控制是一个系统化的过程，它包括明确质量目标、制定行动计划和配置资源，以及在特定的条件下实施、检查和监控这些行动方案，以确保质量目标的达成。这个过程涉及到事前对质量目标的预控、事中对过程的监控以及事后对偏差的纠正，旨在实现既定的质量目标。

质量控制的工作内容包括了作业技术和活动，也包括专业技术和管理技术两个方面。

质量控制应贯穿产品形成和体系运行全过程。

2. 工程质量控制

工程项目质量管理的目标是由项目业主设定，所有参与方都应致力于满足这些目标。质量控制是在项目执行期间，所有参与方为了实现业主设定的质量目标而进行的一系列行动；它涉及采取措施、方法和手段来确保工程质量符合合同和标准的要求。工程的质量要求主要依据合同文件、设计图纸和技术规范标准来界定。

项目质量控制涵盖了建设、勘查、设计、施工班组、监理等各方的质量控制活动。

项目质量控制的任务在于监督和管理项目参与各方的质量行为，以及控制工程实体的设计质量、材料质量、设备质量和施工安装质量。其中，施工质量控制为整个项目质量控制的核心环节。

工程质量控制按其实施主体不同，主要包括以下四个方面。

①政府的工程质量控制。政府作为监管主体，其主要职责是依据法律法规，对工程项目的多个关键环节进行监管，包括工程报建、施工图设计文件审查、施工许可、材料设备准用、工程质量监督以及重大工程竣工验收备案等。

②工程监理单位的质量控制。监理机构承担着监管角色，是在建设单位授权下，代表建设单位对工程项目的每一个阶段，如勘察设计阶段和施工阶段，进行全面的质量监督与控制，以确保工程质量达到建设单位设定标准。

③勘察设计单位的质量控制。勘察设计单位作为自我监管的主体，其工作依据是法律、法规及合同要求，对整个勘察设计流程进行管理，涵盖工作流程、进度、成本以及最终成果的功能性和使用价值，以确保勘察设计质量符合建设单位的期望。

④施工单位的质量控制。施工单位作为自我监管的主体，其在工程合同、设计图纸和技术规范的基础上，对于施工的全过程进行质量控制，包括施工准备、施工过程以及竣工验收和交付阶段，以确保工程质量满足合同文件中规定的标准和要求。

工程质量控制按工程质量形成过程，包括全过程各阶段的质量控制，主要是以下几方面。

第一，决策阶段的质量控制。

第二，工程勘察设计阶段的质量控制。

第三，工程施工阶段的质量控制。

（三）质量管理

《质量管理体系 基础和术语》（GB/T 19000-2016）对质量管理的定义是：质量管理涉及组织在质量方面的指挥和控制活动，这些活动通常包括确立质量方针和目标、进行质量策划、实施质量控制、质量保证与质量改进。

质量方针是组织最高管理层发布的关于质量的总体方向和宗旨，它反映了组织的质量意识和追求，是内部行为准则，也代表了组织对顾客的承诺。质量方针是组织总方针的一部分，由最高管理者审批。

质量目标是质量管理中追求的具体目标，它们是实现质量方针的具体要求，应当与利润、成本、进度等其他目标相协调。质量目标应当是明确和具体的，最好用量化语言表达，以便于沟通和理解。质量目标应分配给各部门和项目的所有成员，以便于执行、检查和评估。

质量管理定义表明，质量管理是企业或项目为保证产品质量能满足持续更新的质量要求而进行的所有管理活动的集合，包括策划、组织、计划、实施、检查、监督和审核等。质量管理是企业或项目各级职能部门的职责，由最高领导（或项目经理）负责，需要调动所有与质量相关的人员的积极性，共同完成质量管理任务。

（四）质量管理体系

《质量管理体系 基础和术语》（GB/T 19000-2016）对质量管理体系的定义为是：质量管理体系是组织在质量方面进行指挥和控制的管理体系。它旨在实施质量方针和目标，并以其需求为基础，是一个强调系统性、协调性的有机整体。质量管理体系整合了技术、管理、人员和资源等影响质量的各个因素，并在质量方针的引导下，协同运作以实现质量目标。

工程质量责任体系包括以下几点。

1. 建设单位的质量责任

①建设单位对其自行选择的设计、施工单位发生的质量问题承担相应的责任。

②建设单位按合同的约定负责采购供应的建筑材料、建筑构配件和设备，应符合设计文件和合同要求，对发生的质量问题，应承担相应的责任。

2. 勘察、设计单位的质量责任

勘察、设计单位必须按照国家现行的有关规定、工程建设强制性技术标准和合同要求进行勘察、设计工作，并对所编制的勘察、设计文件的质量负责。

3. 施工单位的质量责任

施工单位应对其承接的工程项目的施工质量承担责任。对于采用总承包模式工程，总承包方应对整个建设工程的质量全面负责。如果建设工程的勘察、设计、施工或设备采购中有一项或多项采用总承包方式，那么总承包方应对其负责的建设工程或采购的设备的质量全面负责。在总分包模式下，分包单位应按照分包合同的约定，对其分包的工程质量向总承包单位负责，而总承包单位和分包单位对分包工程的质量承担共同责任。

4. 工程监理单位的质量责任

工程监理单位必须根据法律法规、技术标准、设计文件和工程承包合同的条款，与建设单位签订监理协议，代表建设单位对工程的质量进行监督管理，并对工程质量问题承担相应的监理责任。监理责任主要包括违反法律的责任和违反合同的责任两个部分。如果工程监理单位故意伪造数据、谎报情况，导致工程质量不达标并发生质量事故，监理单位需要依法承担相应的法律责任。如果工程监理单位与承包单位勾结，谋取不当利益，给建设单位造成损害，监理单位应与承包单位共同承担连带赔偿责任。在监理责任期内，如果监理单位未能按照监理协议的约定履行其监理职责，导致建设单位或者其他单位遭受损失，监理单位将承担违约责任，并向建设单位进行赔偿。

5. 建筑材料、构配件及设备生产或供应单位的质量责任

建筑材料、构配件及设备生产或供应单位对其生产或者供应的产品质量负责。

（五）工程质量政府监督管理体制及管理职能

1. 监督管理体制

住房和城乡建设部作为国家建设行政主管部门，对全国范围内的建设工程质量执行统一的监管职责。根据国务院的规定，铁路、交通、水利等其他相关部门按照各自的职责分工，负责相应专业领域内全国建设工程质量的管理工作。地方各级人民政府的建设行政主管部门对本行政区域内建设工程的质量进行监督管理。同时，地方各级人民政府的交通、水利等相关部门在其职责范围内，负责本行政区域内专业建设工程质量的管理工作。

政府的工程质量监督管理具有权威性、强制性、综合性特点。

2. 管理职能

①建立和完善工程质量管理法规。
②建立和落实工程质量责任制。
③建设活动主体资格的管理。
④工程承发包管理。
⑤控制工程建设程序。

二、工程项目质量控制体系

（一）全面质量管理思想和方法的应用

1. 全面质量管理（TQC）的思想

TQC 是 20 世纪中期开始在欧美和日本广泛应用的质量管理理念与方法。中国从 20 世纪 80 年代开始引进和推广全面质量管理，其基本原理就是强调在企业或组织最高管理者的质量方针指引下，实行全面、全过程和全员参与的质量管理。

TQC 的主要特点是：以顾客满意为宗旨；领导参与质量方针和目标的制订；提倡预防为主、科学管理、用数据说话等。

①全面质量管理：全面质量管理在建设工程项目中指的是所有参与方共同进行的工程项目质量管理，这涵盖了工程（产品）质量和工作质量的全面管理。工作质量是确保产品质量的关键，任何一方在建设单位、监理单位、勘察单位、设计单位、施工总承包单位、施分包单位、材料设备供应商等环节的疏忽或质量责任不达标，都可能对建设工程的质量产生负面影响。

②全过程质量管理：全过程质量管理涉及根据工程质量形成的基本规律，从最初阶段开始，贯穿整个过程的质量控制。其采用"过程方法"来对整个质量管理体系进行全面的质量控制。需要主要关注的关键过程包括：项目的策划与决策、勘察设计、设备材

料采购、施工的组织与执行、检测设施的控制与计量、施工过程中的检验试验、工程质量的评定、工程竣工的验收与交付，以及后续的工程回访和维修服务等。

③全员参与质量管理：全面质量管理理念认为，组织内的每个部门和员工都应承担起各自的质量职责。一旦组织的最高管理层制定了质量方针和目标，就应当激励和引导所有员工参与到实现这些质量目标的系统活动中来，发挥各自的角色。实现全员参与质量管理的关键方法之一是采用目标管理技术，将组织的总体质量目标层层分解，建立起从上到下分解目标和从下到上保证目标的体系，以确保组织系统中每个工作岗位、部门或团队在达成质量总目标的过程中都能发挥其作用。

2. 质量管理的 PDCA 循环

PDCA 循环，这一在长期生产实践和理论研究中发展起来的模型，构成了建立质量管理体系和进行质量管理的基础。在某种理解上，管理实质上涉及到设定任务目标，并利用 PDCA 循环来达成这些目标。每一次循环都旨在实现预设的目标，并包括计划、执行、检查和处理等环节。通过不断解决问题和进行改进，这一循环过程如同逐级上升的台阶，逐步提升质量管理水平。PDCA 循环中的四个主要职能活动相互关联，共同了形成了质量管理的一个完整系统流程。

①计划 P：计划职能涵盖了确定目标以及制定达成这些目标的策略。质量管理的计划职能尤其涉及到设定质量目标和编制实现这些目标的详细计划。经验证明，一个精确、经济且可行的质量计划是确保工作质量、产品质量和服务质量的基础。

对于建设工程项目而言，质量计划是由项目各参与方根据自身在项目中的任务、责任范围和质量目标来分别制定的，共同构成了项目的质量计划体系。建设单位制定的工程项目质量计划应包括确立和验证项目的总体质量目标，以及制定项目质量管理的组织结构、制度、工作流程、方法和要求的详细计划。而项目的其他参与方则应依据国家法律法规和工程合同规定的质量责任与义务，在明确自身的质量目标之后，拟定涵盖技术方法、业务流程、资源分配、检验试验要求、质量记录方式、不合格品处理及相应管理措施等内容的质量管理文件，并对这些文件实现预期目标的可行性、有效性和经济性进行评估。随后，按照既定的程序和权限，对这些计划进行审批，并据此执行。

②实施 D：质量管理的实施职能涉及将质量目标值通过投入生产要素、执行作业技术活动以及产出过程转换为实际的质量值。为确保工程质量的形成或产出过程达到预期结果，实施各项质量活动之前，需要依据质量管理计划制定行动方案并进行部署和解释。解释的目的是使作业人员和管理者了解计划的目的和需求，掌握质量标准以及实现这些标准的程序和方法。在质量活动的执行过程中，必须严格遵循计划的行动方案，规范操作行为，确保质量管理计划中的规定和安排得到贯彻执行，具体体现在资源配置和作业技术活动的实践中。

③检查 C：质量管理的检查职能涉及对实施过程的各种监控，包括作业人员的自我检查、相互检查以及专职管理者的专门检查。这些检查通常涵盖了两个主要方面：一是确认是否严格遵循了计划的行动方案，以及实际条件是否发生了相应变化；二是评估计

划执行所得到的结果，即产出的质量是否满足既定的标准，对此进行验证和评价。

④处置 A：在发现质量问题或不合规情况时，应当立即进行分析，并采取适当措施进行修正，以确保工程质量的形成过程始终处于受控状态。处理措施分为纠偏和预防改进两个部分。纠偏措施旨在解决现有的质量问题、偏差或事故，而预防改进措施则涉及将当前的质量信息反馈给管理机构，对问题的根本原因进行反思，并制定改进的目标和策略，以便为将来避免类似质量问题提供参考。

（二）施工企业质量管理体系的建立和认证

1. 质量管理原则的意义

对于一个组织的管理者来说，要想有效地领导并且运营组织，必须采用一种有序且公开的管理方法。通过满足所有相关方的需求，并实施和维护一个持续改进组织绩效的管理体系，可以促进组织的成功。组织的管理是一个综合性的过程，涵盖了质量管理、环境管理、职业健康安全管理、财务管理等多个方面。质量管理不仅是组织管理中的一项内容，而且是组织管理的一个关键部分。

2. 质量管理原则的内容

①以顾客为中心：在当前的经济环境中，所有组织都依赖于他们的顾客。组织或企业通过满足或超越顾客的需求，获得了持续生存和发展的动力和基础。以顾客为核心，组织应不断运用 PDCA 循环进行质量的持续提升，以确保满足顾客的需求。

②领导作用：现场质量管理的负责人应当制定一致的目标和方向，营造并维持一个让员工能够积极参与达成企业目标的健康内部环境。在企业的质量管理过程当中，领导扮演着至关重要的角色。

③全员参与：全体员工是组织的基石，只有当每个人都积极参与时，他们的工作能力才能为组织带来效益。产品的质量是所有参与产品生产的人员共同努力的结果，这其中包括为员工提供支持的管理、检验和行政人员的工作。企业领导应当对员工进行包括质量意识在内的多方面教育，激发他们的积极性和责任感，为他们提供提升能力、知识和经验的机会，鼓励他们发挥创造力，推动持续改进，并提供适当的物质和精神激励，以促使全体员工积极参与，努力实现使顾客满意的目标。

全员参与的关键在于激发员工的积极性，一旦每个员工的潜力得到充分释放并能实现创新和持续改进，组织就能实现最大的收益。

④过程方法：采用流程化的方式来管理相关的资源和活动，可以更有效地实现预期目标。这一原则不仅适用于单一的、简单的过程，也同样适用于由多个相互关联的过程构成的复杂流程网络。ISO 9000 系列标准就是基于过程控制的理念构建的，通过对各个可以测量和检查的环节和控制点进行度量、监测和管理，可确保流程得到有效的执行和控制。

⑤系统管理：通过对相互关联的过程进行系统的识别、理解和控制，组织能够更有效地实现其目标和提高效率。各企业应根据自己的具体情况，确立资源管理、过程实施、

测量分析改进等环节之间的联系，并实施相应的控制。也就是说，企业应该采用过程网络的方法来构建质量管理体系，以实现系统化管理。建立和实施质量管理体系的过程通常包括：明确顾客的需求和期望；制定质量目标和政策；确定实现这些目标的过程和责任分配；确定所需的资源；规定评估过程有效性的方法；进行过程测量并评估其有效性；制定防止不合格产品和服务的措施，并且消除根本原因；以及建立和执行持续改进质量管理体系的流程。

⑥持续改进：不断追求总体业绩的持续提升是组织的永恒追求，这有助于提高企业满足质量标准的能力，涵盖产品质量、流程和体系的有效性以及效率的提升。持续改进是一个循环的过程，旨在增强并满足质量要求，它是推动企业质量管理进入良性循环的关键途径。

⑦基于事实的决策方法：决策的有效性依赖于数据和信息的深入分析，这是一种将事实抽象成更高层次理解的过程。基于事实的决策制定可以减少失误的风险。所以，企业领导应当重视对数据和信息的搜集、整理和分析工作，以便为决策制定提供坚实的支撑。

⑧与供方互利的关系：组织与供应商之间存在相互依赖的关系，通过建立双赢的合作关系，双方都能提升创造价值的能力。供应商提供的产品是企业产品的重要组成部分。与供应商的良好关系对于企业持续稳定地提供顾客满意的产品至关重要。因此，在与供应商的互动中，企业不能仅强调控制而忽视合作与互惠，尤其是对于关键供应商，更应致力于建立互利的合作关系，这对企业和供应商双方均是有益的。

3. 施工企业质量管理体系文件的构成

企业应当具备完整且科学的质量管理体系文件，这是进行质量管理及保证的基础，同时也是为了满足产品 quality 要求，进行质量体系审查、认证和质量改进的关键依据。

①质量方针和质量目标：通常企业质量管理的方针和目标应当用简洁明了的文字来阐述，它们应该体现出客户和社会对工程质量的期望，即企业承诺的质量标准和服务水平，同时这些文字也反映了企业的质量管理理念。

②质量手册：质量手册是一项文件，它规定了企业如何建立和维护其质量管理体系。该手册提供了一个关于企业质量体系的系统性、全面性和概述性的描述。通常，它包含以下内容：企业的质量理念和目标；组织结构和质量责任分配；体系的关键要素或基本控制流程；以及质量手册的评审、更新和控制的管理流程。

③程序性文件：各种生产、工作和管理的程序文件是质量手册的支持性文件，是企业各职能部门为落实质量手册要求而规定的细则，企业为落实质量管理工作而建立的各项管理标准、规章制度都属于程序文件范畴。一般以下 6 个方面的程序为通用性管理程序，各类企业都应在程序文件中制订：文件控制程序；质量记录管理程序；内部审核程序；不合格品控制程序；纠正措施控制程序；预防措施控制程序。

④质量记录：质量记录即产品质量水平和质量体系中各项质量活动进行及结果的客观反映，以规定的形式和程序进行，并有实施、验证、审核等签署意见。

4. 施工企业质量管理体系的建立与运行

质量管理体系是企业中质量管理的核心部分，同时也是实施质量管理和质量保证标准的核心。它基于对市场和顾客需求的明确理解，遵循八项质量管理原则，制定企业的质量方针、目标、手册、程序文件和记录等体系文件。然后，把这些质量目标具体化并分配到各个层次和岗位的职能和职责中，从而建立起企业质量管理体系的执行机制。

质量管理体系的实施是在生产和服务的过程中，依据体系文件中规定的程序、标准、工作准则以及根据目标设定的岗位职责来执行的。

质量管理体系的建立和执行通常经历三个主要阶段：首先是质量管理体系的构建，其次是质量管理体系文件的制定，最后是质量管理体系的实施与运行。

5. 施工企业质量管理体系的认证与监督

建筑企业在建立和认证其质量管理体系时，遵循中国的质量管理体系标准。这一过程涉及由公正的第三方机构进行认证，包括申请、审查、批准和注册发放证书等步骤。企业获得认证后的有效期限通常为三年，在此期间，监督管理工作主要包括企业信息通报、定期检查、认证注销、认证暂停、认证撤销、重新评估以及更换证书等。

（三）施工质量保证体系

1. 质量保证体系的概念

质量保证体系是一系列有计划、有条理的活动集合，旨在让相关方确信产品或服务能够达到预定的质量标准。作为企业内部的一种管理工具，在合同执行过程当中，质量保证体系成为施工单位赢得建设单位信赖的方法。

2. 施工质量保证体系的内容

（1）质量管理与质量控制的保证措施

在工程项目的质量管理及控制方面，应遵循《建设工程质量管理条例》和 GB/T 19000 系列质量管理体系标准，采纳全面质量管理的基本理念和方法，构建一个能够不断改进的质量管理体系，并设立专门的管理部门或人员。质量管理应秉承以预防为重的原则，并按照计划、执行、检查、处理的流程进行有序管理。项目经理部应通过管理人员、设备、材料、方法、环境等关键要素的过程，以实现过程、产品及服务的质量目标。此外，质量管理还需满足发包方及其他利益相关方的需求，以及建设工程的技术标准和产品质量要求。

项目质量策划：

①项目经理部应进行质量策划，制订质量目标以及实施项目质量管理体系的过程和资源，编制针对项目质量管理的文件。该文件称为质量计划。质量计划也可以作为项目管理实施规划的组成部分。

②质量计划的编制应依据下列资料：合同有关产品（或过程）的质量要求；与产品（或过程）有关的其他要求；质量管理体系文件；组织对项目其他要求。

质量计划应包括以下方面：设定明确的质量目标和需求；确定质量管理组织结构和

职责分配；工程项目团队应坚持全员参与、全过程的质量管理，确保工程项目满足既定要求；通过内部质量审核和质量保证活动，让企业领导和上级管理部门确信工程施工正在按计划进行，并能够维持期望的质量水平；实施一系列有序、有组织的活动，提供确凿的文件记录，以使建设单位、政府质量监管机构以及工程监理单位相信工程项目能够实现预定目标。

（2）质量管理体系的建立和运行

质量管理体系是指为了实施质量管理的组织机构、职责、程序、过程和资源的一种特定体系。

质量管理体系由一套专门的组织机构组成。建立质量管理体系的基本原则性工作包括：界定质量循环；清晰并完善体系结构；文件化质量管理体系；以及定期进行质量管理体系的审核和复审。

质量管理体系的建立和完善程序如下：项目领导层做出决策。制定工作计划（包括培训教育、体系分析、职责分配、文件编制、仪器配置等内容）。进行分层次的培训教育，组织学习 ISO 9000 系列标准和全面质量管理知识。分析工程项目的特点，确定将采用哪些质量体系要素及其采用的程度。编制质量体系文件。

质量管理体系的运行是指执行质量管理体系文件，实现质量目标，保持质量管理体系的持续有效性和不断改进的过程。这一过程的有效运行依赖于体系的组织结构进行协调、实施质量监督、进行信息反馈、然后开展质量管理体系审核和复审。

（3）质量的控制

项目经理部应按照质量计划的要求，运用动态控制原则来进行质量控制。质量控制主要关注过程的输入、关键控制点以及输出，同时也涵盖了过程之间的接口质量。这些控制措施、手段和方法的目的是确保满足合同和规范中规定的质量标准。施工项目的质量控制是一个从工序质量到分项工程、分部工程、单位工程的质量系统控制过程，涵盖了从原材料的投入质量控制到工程完成质量检测的全过程。在质量控制过程中，项目经理部需要跟踪和收集实际数据，并进行整理分析，将实际数据与质量标准和目标进行对比，识别偏差，并采取相应措施进行纠正和处理，并且在必要时对措施的效果和影响进行复查。

在进行施工项目质量控制时，应遵守以下原则：将质量置于首位，以用户需求为导向；以人为核心，通过提高工作质量来确保工序质量和工程质量；以预防为主，强化事前和过程控制，以及工作质量、工序质量和中间产品质量的检查；坚持质量标准，严格进行检查，一切以数据为依据。在处理问题时，应遵循科学、公正、守法的职业道德规范，建筑施工管理人员应尊重客观事实和科学，保持正直和公正，避免偏见。

①建立企业自检体系。施工单位作为工程产品的直接制造者，负责按照合同计划完成工程建设的成本、进度和质量标准，在工程建设的质量管理体系中扮演着关键角色。因此，实施工程质量的企业自我检查是达成工程建设三大目标的关键步骤。

为了建立及完善自检体系，应基于全面质量管理的理念和方法，遵循 ISO 9000 质量管理体系标准，构建质量管理体系，强化质量控制，并确保有效的质量保证。

②质量控制的具体措施。工程质量的控制可以划分为三个阶段：前期质量控制、施工过程控制与后期质量控制。

前期质量控制是在正式施工开始之前进行的，主要目的是确保施工前准备工作的质量，并且这些准备工作应贯穿整个施工过程。

施工过程控制是在施工活动进行中实施的，重点是全面监管施工过程，特别关注工序的质量控制。具体包括：自主控制工序施工质量，工序交接时进行检查，隐蔽工程完成后进行验收，对质量预控采取措施，定期校准测量工具并进行复核，为施工项目制定方案，对设计变更按照规定手续处理，技术措施需要明确交底，图纸会审有记录，对进场材料进行控制和试验，对质量事故进行复查，质量工程师在质量控制方面拥有最终决定权，质量文件需要归档保存。

后期质量控制是在施工完成之后，产品形成时的质量控制，主要工作包括：准备竣工验收所需的资料，组织自检和初步验收；根据质量评定标准和程序，对完成的分项、分部工程和单位工程进行评定；并参与竣工验收过程。

（4）质量的改进

项目经理部应当定期对项目的质量状况进行审视和分析，并向组织提交质量报告。这些报告应涵盖当前的质量状况、发包方及其他利益相关方的满意度、产品要求的满足程度以及项目经理部采取的质量改进措施。

组织应对项目经理部进行定期的检查和评估，实施内部审核，并将审核结果作为管理评审的输入资料，以推动项目经理部的质量持续改进。

组织还应收集发包方及其他相关方对质量的意见，对质量管理体系进行审查，确立改进的目标，提出相应的改进措施，并且确保这些措施得到实施和验证。

第三节　工程项目施工质量控制

一、施工质量控制的依据与基本环节

（一）施工质量的基本要求

施工阶段是工程项目中将设计意图转化为实际工程实体的阶段，这一阶段至关重要，因为它直接关系到项目最终的质量和服务价值的实现。在这一环节中，对施工质量的控制是整个工程质量控制的核心和难点。施工质量的基本标准是确保通过施工过程形成的工程实体经过检查和验收后能够符合规定的合格标准。

项目施工质量验收合格应符合下列要求。

①符合相关专业验收规范的规定，比如《公路工程质量检验评定标准 第一册 土建工程》（JTG F80/1-2017）、《城镇道路工程施工与质量验收规范》（CJJ 1-2008）等。

②符合工程勘察、设计文件的要求。

③符合施工承包合同的约定。

"合格"是对项目质量的最基本要求，国家鼓励采用先进的科学技术和管理方法，提高建设工程质量。国家和地方的建设主管部门或行业协会设立了"中国建筑工程鲁班奖（国家优质工程）"，以及"金钢奖""白玉兰奖"与以"××杯"命名的各种优质工程奖等，都是为了鼓励项目参建单位创造更好的工程质量。

（二）施工质量控制的依据

①适用于和施工质量管理有关的、通用的、具有普遍指导意义和必须遵守的基本法规。主要包括：国家和政府有关部门颁布的与工程质量管理有关的法律法规性文件，如《中华人民共和国建筑法》《中华人民共和国招标投标法》《建设工程质量管理条例》等。

②交通运输领域的专业技术文件涵盖了规范、规程、标准和规定等，其中包含有关于建筑材料、半成品和构配件质量的具体技术法规文件，以及关于材料验收、包装和标志等方面的技术标准和规定。此外，还包括施工工艺质量等方面的技术法规文件，以及针对新工艺、新技术、新材料、新设备的质量要求和鉴定意见等。

③项目专用性依据。即本项目的工程建设合同、勘察设计文件、设计交底及图纸会审记录、设计修改和技术变更通知以及相关会议记录和工程联系单等。

（三）施工质量控制的基本环节

施工质量控制应贯彻全面、全员、全过程质量管理的思想，运用动态控制原理，进行质量的事前控制、事中控制和事后控制。

①事前质量控制：主动的事前质量控制是在正式施工前进行的，它涉及编制施工质量计划，确立质量目标，制定施工方案，确定质量管理的关键点，并确保质量责任的落实。此外，它还包括分析可能引起质量目标偏离的各种因素，并针对这些因素制定相应的预防措施，以防止质量问题的发生。事前质量预控需要充分利用组织在技术和管理方面的综合优势，将组织长期积累的先进技术、管理知识和经验智慧创造性地应用于工程项目中。事前质量预控要求对质量控制的对象进行细致的分析，包括控制目标、活动条件、影响因素等，识别潜在的弱点，并制定有效的控制策略和措施。

②事中质量控制：指在施工质量形成过程当中，对可能影响施工质量的各种因素进行全面的动态监控。这种事中质量控制，也称为作业过程的质量控制，它涉及作业活动主体自身的控制以及外部监督和监控。自我控制是首要的，它指的是作业者在作业过程中对自己的行为进行约束，同时发挥技术能力，以确保完成预定的质量目标的作业任务；而外部监控则是对作业者的质量活动过程和结果进行监督检查，这可能来自企业的内部管理者和外部相关机构，如工程监理机构或者政府质量监督部门。

施工质量的自控和监控是相辅相成的系统过程。施工质量的关键在于自控主体的质量意识和能力，这是决定施工质量的主要因素；而各监控主体进行的施工质量监控是对自控行为的促进和限制。

因此，自控主体必须妥善处理自控与监控之间的关系，在专注于施工质量的自我控制的同时，还必须接受来自业主、监理等方的质量行为和结果的监督管理，这包括质量检查、评估和验收。

事中质量控制的目标是保障工序质量符合标准，防止质量事故的发生；其关键在于坚持质量标准；其重点是对工序质量、工作质量和关键质量控制点的控制。

③事后质量控制：事后质量控制，也被称为质量的最终检验，其目的是防止不符合质量标准的工序或最终产品（包括单位工程或整个工程项目）继续下一道工序或进入市场。事后控制涉及对质量活动成果的评估和认证；对工序质量偏离的修正；以及对不合格产品的改进和处理。其核心在于识别施工质量的缺陷，并通过分析提出改进措施，以维持质量的控制状态。

上述三个环节并非相互独立或完全分离，而是共同构成了一个有机的整体系统过程，实际上是对质量管理 PDCA 循环的具体实施。在每一次循环中，都有所提升，以实现质量管理和控制的持续改进。

二、施工准备的质量控制与施工过程的质量控制

施工质量控制是一种涉及过程、纠正和审查的质量控制方法。只有在对施工的每个阶段，包括施工前准备、施工过程和竣工阶段，都进行严格的质量控制，才能保证项目质量目标的实现。

（一）施工准备的质量控制

1.施工技术准备工作的质量控制

施工技术准备是指在正式开展施工作业活动前进行技术准备工作。

例如，施工前的准备工作包括熟悉施工图纸，组织设计交底和图纸审查；对工程项目进行检查验收，并进行项目划分和编号；审核与质量相关的文件，完善施工技术方案和配置方案，编制施工作业技术指导书，绘制施工详图（如测量放线图、大样图以及钢筋、模板、线路配置图等），并进行必要的技术交底和技术培训。

对于技术准备工作的质量控制，涉及对上述准备工作成果的复核和审查，确保这些成果符合设计图纸和施工技术标准的要求；根据审批的质量计划，审查和完善施工质量控制措施；明确针对质量控制点的重点对象和控制方法；以及尽可能地提升这些工作成果对施工质量的保障程度等。

2.现场施工准备工作的质量控制

①计量控制：在进行施工质量控制时，确保施工过程中的计量准确性是一项关键的任务。这涉及到施工材料的使用计量、施工过程中的测量工作、监测活动的计量，以及对于工程项目、产品或流程的测试、检验和分析计量。在项目开始之前，需要建立和优化施工现场的计量管理制度；确定计量控制的责任主体并配备必需的计量专业人员；依照规定对计量设备进行定期维修和校准；统一计量单位，并且组织量值的传递工作，以确保量值的统一性，从而确保施工过程中的计量工作准确无误。

②测量控制：工程测量放线是将建设工程设计转化为实际建筑的第一道工序。施工测量的准确性直接影响到工程的定位和标高是否准确，进而影响到施工过程中相关工序的质量。因此，施工单位在工程开工前必须制定测量控制计划，并在项目技术负责人的审批后开始执行。施工单位需要对建设单位提供的原始坐标点、基准点和水准点等关键测量控制点进行重新复核，并将复核结果提交给监理工程师进行审核。一旦获得监理工程师的批准，施工单位方可建立施工测量控制网络，并据此对工程的定位和标高基准进行控制。

③施工平面图控制：建设单位必须根据合同条款并且充分考虑到施工的实际需求，提前划拨并提供施工用地和现场临时设施用地的具体范围，同时协调各施工单位的施工布局设计，并对其进行审查批准。施工单位需要遵循批准的施工布局图，合理利用施工场地，正确安装和配置施工机械设备及其他临时设施，确保施工现场道路畅通和通信设施的完整，合理管理材料的进出和堆放，维护良好的防洪排水系统，并确保充足的水电供应。建设或监理单位应与施工单位共同制定严格的施工现场管理制度、工作纪律以及相应的奖惩机制，禁止非法占用场地、擅自切断水源、电源和道路，及时纠正违规行为，并做好施工现场的质量检查记录。

④材料设备的质量控制：在进行原材料、半成品以及工程设备的质量控制时，主要需关注以下几个方面：确保材料和设备的性能、标准和技术规格与设计文件一致；监控材料和设备的各项技术性能指标以及检验测试结果是否满足标准规范的要求；检验材料和设备进场验收流程的准确性以及质量文件资料的完整性；优先使用节能环保的新型建筑材料和设备，并禁止使用国家明确禁止或淘汰的建筑材料和设备。

施工单位应在施工过程中贯彻执行企业质量程序文件中关于材料和设备封样、采购、进场检验、抽样检测及质保资料提交等方面明确规定的一系列控制标准。

（二）施工过程的质量控制

施工过程的质量控制是在工程项目质量实际形成过程中的事中质量控制。

建筑工程项目施工涉及多个相互依存、相互影响的作业过程（工序），所以，施工质量控制需要对所有作业过程，即每一个工序的作业质量进行持续性的监控。从项目管理的角度来看，工序作业质量的控制首先依赖于质量生产者，即施工人员的自我控制。在施工生产要素合格的前提下，施工人员的能力及其发挥情况是决定作业质量的重要因素。其次，外部对作业质量的各种检查、验收以及对质量行为的监督也是必要的，这些措施为施工质量提供了额外的保障和审查。

1. 工序施工质量控制

工序是人员、材料、机械设备、施工技术和环境因素共同作用于工程质量的过程，因此，在进行施工过程的质量控制时，工序作业质量的控制是基础且关键的。这意味着，工序的质量控制是施工质量管理的重心。只有对工序质量实施严格的控制，才能够保证施工项目的实体质量达到要求。

工序质量控制的基本步骤是：检测→分析→判断→对策。

工序质量控制的原则：严格遵守工序作业标准或规程，主动控制工序活动条件的质量，及时控制工序活动效果的质量，合理设置工序质量控制点。

工序施工质量控制主要包括工序施工条件质量控制和工序施工效果质量控制。

（1）工序施工条件控制

工序施工条件是指从事工序活动的各生产要素质量以及生产环境条件。工序施工条件控制就是控制工序活动的各种投入要素质量和环境条件质量。

工序施工条件控制的手段主要有：检查、测试、试验、跟踪、监督等。

工序施工条件控制的依据主要是：设计质量标准、材料质量标准、机械设备技术性能标准、施工工艺标准以及操作规程等。

（2）工序施工效果控制

工序施工的效果主要体现在工序产品的质量特征和特性指标上。因此，控制工序施工效果实际上就是确保工序产品的质量特征和特性指标符合设计质量和施工质量验收标准。

工序施工效果的控制属于事后的质量控制，其关键方法包括实际测量以获取数据、对所获取的数据进行统计分析、评估质量等级以及纠正质量上的偏差。

根据施工验收的相关规范，以下工序质量必须经过现场质量检测，并且只有合格之后，才能允许进入下一道工序。

（3）工序质量控制点的设置

工序质量控制点是指在不同的施工阶段，对工序质量进行重点控制的环节。这包括监控工作人员的行为和施工材料的状态，确保材料的质量和性能，检查施工方法和关键步骤的正确性，维护施工顺序，控制技术间隙和参数，解决常见的质量问题，推广新工艺、新技术和新材料的使用，关注质量波动较大或问题较多的工序，以及处理特殊土地基和特种结构的质量问题。

2.施工作业质量的自控

（1）施工作业质量自控的意义

施工阶段的质量自控，从企业管理的角度来说，意味着施工企业作为建筑产品和服务的生产商与运营商，应当全面执行企业的质量责任，确保交付符合质量标准的工程产品给顾客；从施工过程的角度来看，强调的是施工人员的岗位质量责任，他们需要向后续工序提供达到要求的中间产品。因此，施工方担任施工过程中质量自控的主要角色。尽管有监控主体的存在和监控责任的执行，施工方不应减轻或免除其自身的质量责任。《中华人民共和国建筑法》和《建设工程质量管理条例》明确规定：建筑施工企业应对施工质量承担责任；施工企业必须根据工程设计要求、施工技术标准和合同条款，对建筑材料、建筑构配件和设备进行检验，禁止使用不合格的产品。

作为工程施工质量自控的主体，施工方不仅要遵守企业的质量管理体系，而且需根据在承建工程项目的质量控制系统中的具体职责，通过编制和执行项目质量计划，有效地达到施工质量自控的目标。

（2）施工作业质量自控的程序

施工作业质量的自控过程是由施工作业组织的成员进行的，基本的控制程序包括：作业技术交底、作业活动的实施和作业质量的自检自查、互检互查以及专职管理人员的质量检查等。

①施工作业技术的交底：技术交底是将施工组织设计和方案具体化的过程，确保施工作业技术交底的内容既具备实际操作性又具备可行性。从项目的整体施工组织设计到具体的分部分项工程作业计划，在执行之前应逐级进行详细的交底，以确保管理层的计划和决策能够被执行人员正确理解。施工作业交底是基层的技术与管理交流活动，施工总承包方和工程监理机构都应监督施工作业交底的过程。作业交底应涵盖作业的具体范围、施工的依据、作业的步骤、技术标准和要求、质量目标，以及与安全、进度、成本、环境保护等目标管理相关的要求和注意事项。

②施工作业活动的实施：施工作业活动由多个相互关联的工序构成。为了确保工序质量在受控状态下，需要重新验证作业条件，这意味着要根据作业计划检查作业准备是否完备，这包括对施工流程和作业工艺顺序的核查。在确认这些条件满足后，应严格遵循作业计划的程序、步骤和质量标准进行工序作业活动。

③施工作业质量的检验：施工作业的质量检验是施工过程当中持续进行的基础质量控制活动，它包括施工单位内部的工序作业质量自我检查、相互检查、专业检查以及交接检验，以及现场监理机构的陪同检查、平行测试等。

施工质量检验的常规内容主要包括：核对施工依据，即是否遵循了质量计划和相关的技术标准进行施工，是否存在未经批准的施工方法变更、粗糙施工或质量标准降低的情况；评估施工成果，即已完成的工程是否达到了规定的质量标准；确认整改措施的执行，即对质量检查中发现的质量问题或需改进的事项，生产组织和人员是否认真进行了整改。

施工作业质量检验是施工质量验收的前提，已经完成的检验批和分部分项工程的施工质量，必须在施工单位完成质量自检并确认合格之后，才能向现场监理机构申请进行检查验收。

只有前道工序的作业质量经验收并合格后，才可以开始下一道工序的施工。未经验收或验收不合格的工序，是不允许进入下一道工序的施工的。

（3）施工作业质量自控的要求

工序作业质量是直接形成工程质量的基础，为达到对工序作业质量控制的效果，在加强工序管理和质量目标控制方面应坚持以下要求。

①预防为主：遵循施工质量计划的规定，有序安排各个分部分项的施工作业。此外，根据施工作业的详细内容、界限和特性，制定具体的施工作业计划，明确作业的质量目标和关键技术指导，认真执行作业技术交底，并且确保各项技术组织措施得到实施。

②重点控制：在施工作业计划中，不仅要彻底执行施工质量计划中确定的质量控制点的措施；还要根据作业活动的具体需求，额外设定工序作业控制点，以加强工序作业的重点管理。

③坚持标准：工序作业人员应当在工序作业过程中严格执行质量自我检查，通过持续的自检活动来不断提升作业质量，并为实现作业质量的相互检查创造条件，以此加强技术知识和经验的共享。对于完成的工序作业产品，即检验批或分部分项工程，必须坚持质量标准，不允许低于标准的要求。对于没有达到合格标准的施工作业质量，不应进行验收签字，而应遵循既定程序进行必要的处理。

《公路工程质量检验评定标准 第一册 土建工程》（JTG F80/1-2017）是公路施工作业质量自控的合格标准。有条件的施工企业或项目经理部应结合自己的条件编制高于国家标准的企业内控标准或工程项目内控标准，或采用施工承包合同明确规定的更高标准，列入质量计划中，努力提升工程质量水平。

④记录完整：施工图纸、质量计划、作业指导书、材料质量保证书、检验和试验报告以及质量验收记录等，构成了确保质量可追溯性的关键文件，其也是工程竣工验收时必不可少的支持文件。

因此，对于工序作业质量，应按照施工管理规范的要求，有组织、有系统地进行记录，确保记录的及时性、准确性、完整性和有效性，并确保记录具备可追溯性。

（4）施工作业质量自控的制度

根据实践经验的总结，施工作业质量自控的有效制度有：质量自检制度，质量例会制度，质量会诊制度，质量样板制度，质量挂牌制度，每月质量讲评制度等。

3. 施工作业质量的监控

（1）施工作业质量的监控主体

为确保工程质量，项目开发商、监理机构、设计院以及政府工程质量监管机构需要在施工阶段，依据相关法律法规和工程承包合同，对施工方的质量行为和工程实体质量进行监管。

设计院有责任对已审核通过的施工图纸设计文件向施工方提供详尽解释，并且应参与质量事故的分析，针对由设计引起的问题，提出技术解决方案。

在获得施工许可或开工报告之前，项目开发商需要按照国家相关法规完成工程质量监督手续。

作为监控主要力量的监理机构，在施工过程中，应根据监理规划和实施计划，通过现场监督、巡查、平行测试等方式，对施工质量进行监管。若发现施工不符合设计要求、技术标准或合同规定，监理机构有权要求施工企业进行整改。若监理机构未履行检查职责或未按规定进行检查，造成开发商损失的，应承担相应的赔偿责任。

需要强调的是，施工质量的自控和监控主体在施工全过程中是相互依赖、各司其职的，它们共同推动施工质量控制过程的进行，并确保最终工程质量总目标的实现。

（2）现场质量检查

现场质量检查是施工作业质量监控的主要手段。

现场施工质量控制涵盖了以下几个关键环节：首先，在工程启动前，要进行启动前检查，确保所有准备工作符合开工标准，并且在施工期间能够保持施工的连续性和质量的稳定性。其次，对于关键工序或那些对工程质量产生重大影响的环节，必须遵循"三检"制度——自我检查、相互检查和专职检查，确保每一道工序都符合标准，未经验收认可不得进入下一道工序。隐藏工程的施工前，也必须通过检查并获批准之后才能进行掩盖。对于因各种原因导致的停工，复工前需要重新检查，确认符合要求后方可继续施工。分项或分部工程完成后，必须经过验收并记录签字，方可开始下一阶段的施工。同时，还要检查成品的保护措施是否已经采取并有效，以防止成品在后续施工中受到损害。

现场质量检查的方法：

①目测法：观感质量检验是一种通过感官来评估质量的方法，主要采用四种基本手段：视觉观察、触感检测、敲击听音和光线照射。视觉观察涉及到根据质量标准对外观进行仔细检查，比如检查桥梁基础砌体的平整度和砌缝是否裂开。触感检测是通过触摸来感知质量，例如判断油漆表面的光滑程度。敲击听音则是通过敲击来评估材料的坚实程度，这在检查地面工程的水磨石、瓷砖、石材等表面时尤为重要。最后，光线照射手段用于照亮难以直接观察或光线不足的区域，以检查例如管道井、电梯井内部的管线和设备安装质量，以及吊顶内部结构和设备安装的情况。

②实测法：通过对实际测量数据与施工规范和质量标准的比较，以及与允许的偏差范围对比，可以评估工程质量是否达到要求。这种评估方法主要包括以下四种操作手段：靠量、吊量和套量。靠量是指使用直尺、塞尺等工具来检测墙面、地面、路面等表面的平整度。吊量是利用托线板和线坠悬挂的线来检查墙体或者其他结构的垂直度，例如门窗安装的垂直度。套量则是使用方尺和其他辅助工具，如塞尺，来检查踢脚线的垂直度、预制构件的方正度、门窗口及构件的对角线准确性等。这些方法确保了工程质量的准确性和一致性。

③试验法：指通过必要的试验手段对质量进行判断的检查方法，主要包括如下内容。

理化试验：在工程实践中，常见理化试验主要分为两大类：一类是针对物质的物理力学性能的测试，另一类是针对化学成分和化学性质的分析。物理力学性能的测试包括但不限于材料的抗拉、抗压、抗弯、抗折、冲击韧性、硬度、承载力等力学指标，以及密度、含水量、凝结时间、安定性、抗渗性、耐磨性、耐热性等物理性能。化学成分和化学性质的分析则涉及材料的化学组成分析，例如钢筋中的磷和硫含量，混凝土中粗骨料的活性氧化硅含量，以及材料的耐酸、耐碱、耐腐蚀性等化学性质。另外，根据具体要求，还可能需要进行现场试验，如对桩基或地基进行静载试验、对排水管道进行通水试验、对压力管道进行耐压试验、对防水层进行蓄水或淋水试验等，以确保工程质量和安全。

无损检测：使用专业的检测仪器和工具，可以不破坏地探测建筑物、材料或设备的内部构造和损伤情况。在混凝土结构中，常用的无损检测技术包括回弹法、超声波法、超声波回弹综合法以及拔出法等。在钢结构中，常用的无损检测技术有 X 射线和 Y 射线探伤、超声波探测、磁粉探测和渗透探测等。至于砌体结构，其无损检测方法通常包括原位轴压法、扁顶法、原位单剪法和原位单砖双剪法等。这些方法能够有效评估结构的健康状态，无需对结构造成永久性损害。

（3）技术核定与见证取样送检

①技术核定：在建筑项目施工阶段，如果施工队伍对于施工图纸中的某些细节不够清晰，或者图纸自身存在不一致之处，或者由于工程材料的调整或替代导致需要改变建筑构件的构造、管道的位置或走向等，施工方应通过监理工程师，以技术核定书的形式向设计单位提出请求，以便设计单位进行明确和确认。

②见证取样送检：为了确保建设工程的品质，中国制定了一项规定，要求对工程中使用的主要材料、半成品、零部件以及施工过程中保留的试块和试件等进行现场取样并送检。取样见证的工作应由建设单位和工程监理机构中具备相关专业知识的成员负责。送检的实验室需要获得国家或地方工程检测主管部门的资质认证。见证取样送检的过程必须严格遵循规定的程序，包括见证取样并记录、样本编号、填写申请单、封箱、送往试验室、样品核对、交接、进行试验检测以及出具检测报告等步骤。

检测机构应当建立档案管理制度。检测合同、委托单、原始记录、检测报告应当按年度统一编号，编号应当连续，不可随意抽撤、涂改。

4.隐蔽工程验收与成品质量保护

①隐蔽工程验收：所有那些在后续施工中被其他施工内容所遮盖的施工项目，例如地基和基础工程、钢筋工程、预埋管线等，都被归类为隐蔽工程。强化隐蔽工程的质量验收是施工质量控制的关键环节。施工方在提交隐蔽工程验收之前，必须先自行检查并确保合格。然后，他们需要填写标准的《隐蔽工程验收单》，确保验收单中的内容与实际完成的隐蔽工程相符合，并提前通知监理机构和相关方面，以便在约定的时间内进行验收。验收合格的隐蔽工程应由所有相关方共同签署验收记录；对于验收不合格的隐蔽工程，施工方应根据验收组的整改建议进行整改，并在整改完成后重新进行验收。严格执行隐蔽工程的验收程序和记录，对于预防和排查工程质量潜在问题，以及提供质量追溯的记录具有至关重要的作用。

②施工成品质量保护：在建筑工程项目完成后，成品保护的目的是防止已完成的部分受到后续施工或其他因素的污染或损害。在工程施工的组织设计和计划阶段，就应考虑到成品保护的问题，并确保施工顺序合理安排，避免因施工顺序不合理或者交叉作业导致的相互干扰、污染和损害。对于已经成型的部分，可以采取防护、覆盖、封闭、包裹等措施来确保其得到适当的保护。

三、工程项目施工质量验收

公路工程的施工质量验收应遵循《公路工程质量检验评定标准 第一册 土建工程》（JTG F80/1-2017）。这一过程涉及施工过程中的质量检查评定，以及施工单位自评的基础上，各参建单位对检验批、分项、分部、单位工程的质量进行抽样复验，并依据相关标准以书面形式确认工程质量是否符合要求。

准确地进行工程项目的质量检查评定和验收，是施工质量控制关键步骤。施工质量验收主要分为施工过程中的质量验收和施工项目竣工质量验收两个方面。

（一）施工过程的质量验收

施工质量验收的依据：工程施工承包合同、工程施工图纸、国家和有关部门颁发的施工规范、质量标准、验收规范等。

1. 施工过程质量验收的内容

《公路工程质量检验评定标准 第一册 土建工程》（JTG F80/1-2017）以及各类专业工程施工质量验收标准，均明确提出了各项工程的施工质量的基本准则，以及检验批的抽查方式、抽查数量、主控项目和一般项目的检查内容及其允许的偏差范围、检验方法、分部工程的验收程序和技术资料要求等。另外，这些标准对关乎人民生命财产安全、健康、环境保护和公共利益的重要内容进行了强制性规定，要求必须得到严格执行。

检验批和分项工程是质量验收的基本单元；分部工程则是在其包含的所有分项工程验收合格的基础上进行验收的，通常在施工完成后立即进行验收，并保留完整的质量验收记录和资料；单位工程作为具有独立使用功能的完整建筑产品，在竣工时进行质量验收。

施工过程中的质量验收涵盖了一系列环节，通过这些验收环节，可以确保留下完整的质量验收记录和资料，为工程项目的竣工质量验收提供必要的依据。

（1）检验批质量验收

所谓检验批是指在相同的生产条件下或根据特定规定汇总起来，用于检验的一组样本，这些样本组成了一个检验体。检验批可以根据施工和质量控制的需要，按照楼层、施工段、变形缝等进行划分。其是工程验收的基本单元，是分项工程乃至整个建筑工程质量验收的基础。

检验批的质量验收应由监理工程师（或建设单位的项目技术负责人）主持，并由施工单位的专业质量（技术）负责人等参与进行。

检验批质量验收合格的要求是：主控项目和一般项目的质量经过抽样检验后均合格，并且必须有完整的施工操作依据和质量检查记录。

主控项目是指在建筑工程中对安全、卫生、环境保护和公众利益具有决定性影响的检验项目。这些项目的验收要求非常严格，不允许有不合格的检验结果，主控项目具有决定性的验收权力。除了主控项目之外的其他检验项目称为一般项目。

（2）分项工程质量验收

分项工程的质量验收是建立在检验批验收之上的。通常情况之下，分项工程和检验批在性质上是相似的，只是它们的规模大小有所区别。分项工程可以由一个或多个检验批组成。

分项工程的验收应由监理工程师（或建设单位的项目技术负责人）主持，并由施工单位的专业质量（技术）负责人参与进行。

分项工程质量验收合格的要求是：分项工程包含的所有检验批都应满足合格质量的标准，并且分项工程包含的检验批的质量验收记录必须是完整的。

（3）分部工程质量验收

分部工程的验收在其所含各分项工程验收的基础上进行。

分部工程的验收应由总监理工程师（或建设单位的项目负责人）负责组织，参与的人员包括施工单位的项目负责人、技术和质量负责人等。另外，地基与基础、主体结构等分部工程的相关勘察、设计单位的项目负责人以及施工单位的技术和质量部门负责人也应参与相应的分部工程验收。

分部（子分部）工程质量验收合格的要求包括：分部（子分部）工程包含的所有分项工程均应验收合格；质量控制资料必须是完整的；地基与基础、主体结构和设备安装等分部工程的安全性和功能性检验以及抽样检测结果应满足相关标准规定；观感质量的验收也应达到要求。

需要特别指出的是，由于分部工程包含的分项工程性质各异，它并不是简单地依赖于分项工程的验收结果。即使分项工程验收合格且质量控制资料完整，这只是分部工程质量验收的基本前提。此外，还必须对涉及安全和使用功能的地基基础、主体结构、重要安装分部工程进行现场取样试验或抽样检测；同时，还需要对观感质量进行评价，对于那些评价为"差"的部位，应当通过返修处理等措施进行改进。

2. 施工过程质量验收不合格的处理

施工过程中的质量验收是以检验批的质量为基本的验收单元。检验批的质量不符合标准可能是由于使用的材料不达标、施工作业质量不达标或者质量控制资料不完整等原因造成的。对于这种情况，可以采取以下几种处理措施。

①在检验批验收时，发现存在严重缺陷的应推倒重做，有一般的缺陷可通过返修或更换器具、设备消除缺陷后重新进行验收。

②个别检验批发现某些项目或指标（如试块强度等）不满足要求难以确定是否验收时，应请有资质的法定检测单位检测鉴定，当鉴定结果能够达到设计要求时，应予以验收。

③当检测鉴定达不到设计要求，但经原设计单位核算仍能满足结构安全和使用功能的检验批，可予以验收。

④对于严重的质量缺陷或者超出检验批范围的缺陷，经过法定检测单位的检测和鉴定后，如果发现这些缺陷无法满足基本的安全储备和使用功能要求，那么就必须进行加固处理。即使这样的处理可能会改变结构的形状或尺寸，但只要能够确保安全和满足使用要求，就可以按照技术处理方案和协商文件进行验收，而责任方应承担相应的经济责任。

⑤通过返修或加固处理后仍然不能满足安全使用要求的分部工程严禁验收。

（二）竣工质量验收

项目竣工质量验收是施工质量管理的最终环节，它代表了对你施工过程中质量控制成果的整体评估，是通过对最终产品质量的审核来进行的质量控制。任何未经验收或验收不合格的工程都不可投入使用。

1. 竣工质量验收的依据

①国家相关法律法规和建设主管部门颁布的管理条例和办法。

②工程施工质量验收统一标准。

③专业工程施工质量验收规范。

④批准的设计文件、施工图纸以及说明书。

⑤工程施工承包合同。

⑥其他相关文件。

2. 竣工质量验收的要求

建筑工程施工质量应按下列要求进行验收。

①建筑工程施工质量应符合本标准和相关专业验收规范的规定。

②建筑工程施工应符合工程勘察、设计文件的要求。

③参加工程施工质量验收的各方人员应具备规定的资格。

④工程质量的验收均应在施工单位自行检查评定的基础上进行。

⑤隐蔽工程在隐蔽前应由施工单位通知有关单位进行验收，并应形成验收文件。

⑥涉及结构安全的试块、试件以及有关材料，应按规定进行见证取样检测。

3. 竣工质量验收的标准

单位工程是工程项目竣工质量验收的基本对象。单位（子单位）工程质量验收合格应符合下列规定。

①单位（子单位）工程所含分部（子分部）工程的质量均应验收合格。

②质量控制资料应完整。

③单位（子单位）工程所含分部工程有关安全和功能的检验资料应完整。

④主要功能项目的抽查结果应符合相关专业质量验收规范规定。

⑤观感质量验收应符合要求。

4. 竣工质量验收的程序

建筑工程项目的竣工验收通常分为三个阶段：准备阶段、预验收阶段与正式验收阶段。整个验收流程需要建设单位、设计单位、监理单位以及施工总分包各方的参与，并依据工程项目质量控制系统的职能分配，由监理工程师作为核心来组织和协调竣工验收工作。

①竣工验收准备：施工单位在按照合同约定的施工内容和质量要求完成建设任务后，应自行组织相关人员对工程质量进行自我评估。如果自评合格，施工单位应向现场监理机构提交竣工预验收的申请，寻求组织预验收。施工单位的竣工验收准备工作包括对工程实体的验收准备以及对相关工程档案资料的验收准备，以确保满足竣工验收的标准。特别是对于设备及管道安装工程，必须进行试车、试压和系统联动试运行，并保存相应的检查记录。

②竣工预验收：监理机构在接收到施工单位的竣工预验收申请报告之后，应当对验

收的准备情况和条件进行审核，并且对工程质量进行预验收。对于发现工程实体质量或档案资料中的缺陷，监理机构需要及时提出整改建议，并与施工单位协商确定整改措施、要求和完成时间。当满足以下条件时，施工单位可以向建设单位提交工程竣工验收报告，并申请工程竣工验收：完成工程设计和合同中规定的所有内容；拥有完整的技术档案和施工管理资料；有主要建筑材料、构配件和设备的进场试验报告；有勘察、设计、施工、监理单位签署的质量合格证明文件；有施工单位提交的工程保修书。

③正式竣工验收：建设单位收到工程竣工验收报告之后，应由建设单位（项目）负责人组织施工（含分包单位）、设计、勘察、监理等单位（项目）负责人进行单位工程验收。

建设单位应当组建一个竣工验收小组，该小组由勘察、设计、施工、监理单位的专家以及其他领域的专家组成，负责具体执行检查和验收工作，并制定验收计划。

在工程竣工验收前的 7 个工作日内，建设单位需要以书面形式通知工程质量监督机构关于验收的时间、地点和验收小组成员名单。然后，建设单位将组织竣工验收会议。在正式验收过程中，主要工作包括：各参与单位分别报告工程合同履行情况、施工满足设计要求的状况，以及质量符合法律法规和强制性标准的情况；审核设计、勘察、施工、监理单位的工程档案资料和质量验收资料；实地检查工程的外观质量，并对工程的使用功能进行抽检；对工程施工质量管理各环节以及工程实体质量和质保资料进行全面评价，以形成验收组人员共同确认并签署的工程竣工验收意见；若竣工验收合格，建设单位应及时编制工程竣工验收报告，报告中应包含工程施工许可证、设计文件审查意见、质量检测功能性试验资料、工程质量保修书等法律法规规定的其他文件；工程质量监督机构应对工程竣工验收的全过程进行监督。

5. 竣工验收备案

中国实行建设工程竣工验收备案制度。新建、扩建和改建的各类房屋建筑工程和市政基础设施工程的竣工验收，均应按《建设工程质量管理条例》规定进行备案。

①自建设工程竣工验收合格起，建设单位需在 15 日内向建设行政主管部门或其他相关部门提交竣工验收报告，并附上规划、公安、消防、环保等部门出具的认可或者准许使用文件，以便进行备案。

②备案部门在接收到备案文件资料后的 15 天内，将对这些文件资料进行审核。如果工程符合要求，备案部门将在验收备案表上加盖"竣工验收备案专用章"，并将一份副本退还给建设单位存档。如果在审核过程中发现建设单位在竣工验收过程中存在违反国家建设工程质量管理规定的行为，备案部门将责令建设单位停止使用该工程，并重新组织竣工验收。

③建设单位有下列行为之一的，责令改正，处以工程合同价款百分之二以上百分之四以下的罚款；造成损失的依法承担赔偿责任：未组织竣工验收，擅自交付使用的；验收不合格，擅自交付使用的；对不合格的建设工程按照合格工程验收。

第七章 市政工程养护管理

第一节 道路养护管理

一、市政道路养护管理体系

市政道路养护的管理体系大体上设置如下管理机构进行分层管理：市建委→城建局→市政工程管理处→管理所→工区。

以上海市市政工程管理局为例，该局是上海市建设和管理委员会下属的负责市政工程建设和管理的行政机构，下辖上海市市政工程管理处、上海市公路管理处、上海市燃气管理处、上海市道路管线监察办公室、上海市贷款道路建设车辆通行费征收管理办公室、上海市公路养路费征收管理办公室及上海市市政工程质量监督站等机构。

上海市市政工程管理处（上海市城市路政管理大队）即市政局授权的行政性事业单位，负责城市道路桥梁的建设规划、建设管理、养护维修、运行管理和路政管理等工作，同时负责对市政行业进行业务指导和专业管理。

在广州，政府机构改革后，市政设施的行业管理由市交通委员会负责。城市区域的市政设施具体养护施工则由各行政区的建设主管部门负责，这些主管部门（建设局）下设置有维护管理所，具体负责市政设施的管养作业。

二、市政道路养护施工组织设计的编制

（一）编制施工组织设计的依据

为了切合实际地编好施工组织总设计，在编制时，应当以下资料为依据：

①招标文件、规划文件和合同文件，包括国家批准的基本建设规划、可行性研究分析、工程项目概览、分阶段竣工交付使用的期限与资金预算、工程所需设备和材料的采购指标、建设地点相关主管部门的许可批文、施工单位上级部门的施工任务分配计划、招标投标文件以及工程承包合同或协议、进口材料和设备的供应合同等等。

②项目文件涉及已审核的设计任务书、初步或技术设计图纸、扩展的初步设计、设计阐述、建设地点的测量图纸、项目的整体布局图、初步预算或者修正预算、以及建筑物的垂直规划等。

③工程勘察和技术经济资料，如地形、地貌、工程地质、水文地质、气象等自然条件，建设地区的建筑安装企业、预制件、制品供应情况，工程材料、设备的供应情况，交通运输、水、电供应情况，当地的文化教育、商品服务设施情况等技术经济条件。

④有关类似工程的数据、现行标准、准则和技术规范，例如，类似工程项目的施工总体计划和相关的经验总结，国家现行的施工与验收标准、预算定额、技术规范及技术经济指标。

（二）施工组织总设计的编制程序

施工组织总设计的编制程序如图 7-1 所示。

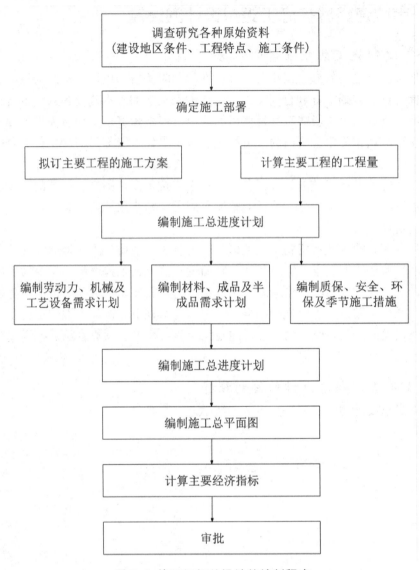

图 7-1 施工组织总设计的编制程序

（三）施工组织设计的内容

总体施工组织设计的内容：①编制说明。②编制依据。③工程概况。④施工准备工作总计划。⑤主要工程项目的施工方案。⑥施工总进度计划。⑦资源配置计划。⑧资金供应计划。⑨施工总平面图设计。⑩施工管理机构及劳动力组织。⑪技术、质量、安全组织及保证措施。⑫文明施工和环境保护措施。⑬各项技术经济指标。⑭结束语。

单位工程施工组织设计内容：①编制说明。②编制依据。③工程概况。④施工方案选择。⑤施工准备工作计划。⑥施工进度计划。⑦各项资源需要计划。⑧施工平面图设计。⑨质量、安全的技术组织以及保证措施。⑩文明施工及环境保护措施。⑪主要技术经济指标。⑫结束语。

分部分项工程施工组织设计的内容：①编制说明。②编制依据。③工程概况。④施工方法的选择。⑤施工准备工作计划。⑥施工进度计划。⑦动力、材料和机具等需要计划。⑧质量、安全、环保等技术组织保证措施。⑨作业区施工平面布置图设计。⑩施工进度计划的表现形式。

三、市政道路养护工程的检查与验收

（一）检查验收的一般要求

市政道路维护工程的审查和交接应涵盖小修养护、中修工程、大修工程、加固以及扩建等项目。维护单位需对小修养护工程的质量自行检查，并建立相应的技术自查档案，以便将自查结果提交给管理单位进行备案。管理单位则应实施质量抽样检查。

1. 中修工程的检查与验收

①养护单位、管理单位的质量管理人员应当对施工过程和隐蔽部分的施工进行检查和验收。

②工程完成后，养护单位、管理单位应对工程外观质量及整体恢复程度提出验收意见。

③中修工程竣工资料应及时验收归档。

④中修工程宜由有相应资质的监理单位对工程全过程进行监理。

2. 大修工程检查与验收应满足的要求

①大修工程应由有相应资质的监理单位对工程的全过程进行监理。

②大修工程应按分项工程逐项进行验收。

③大修工程竣工验收应按以下程序进行：

第一，工程竣工后，施工单位应按设计文件和城市道路维修作业验收标准进行自检，作出质量自评，并组织初验。

第二，监理单位应对工程质量作出监理评价，设计单位应对工程质量按设计要求作出评价。

第三，管理单位接到施工单位申请办理正式验收的报告之后，应及时组织竣工验收，进行质量评定，并报有关单位备案。

第四，如工程未达到验收标准，管理单位应提出整改意见，由施工单位及时整改，达到标准再行复验。

第五，当工程内容符合设计文件、工程质量符合验收标准、竣工文件齐全完整时，管理单位应及时办理交验手续。

第六，大修工程竣工资料应及时验收，并且由管理单位归档。

（二）沥青路面养护工程的检查与验收

沥青道路养护工程检查内容应包括凿边质量、铺筑质量、平整度、接茬质量、横坡度等。沥青道路养护质量验收应满足表 7-1 的要求。

表 7-1 沥青道路养护质量验收标准

项目	规定值及允许变偏差	检验方法
凿边	1. 四周用切割机切割整齐不斜 2. 如采用铣刨机或其他工程机械施工，边口应整齐不斜 3. 四周修凿垂直不倾斜，凿边宽度不小于 50mm，深度不小于 30mm	用量尺
铺筑	1. 面层铺筑厚度 5 ~ 10mm 2. 细粒式沥青混凝土面层厚度不得低于 30mm，粗粒式沥青混凝土面层厚度不得低于 50mm，中粒式沥青混凝土面层厚度不得低于 40mm 3. 表面粗细均匀无毛细裂缝碾压紧密没有明显，无明显轮迹	用量尺
平整度	路面平整，人工摊铺不大于 7mm，机械摊铺不大于 5mm	3m 直尺量
接茬	1. 接茬密实无起壳、松散 2. 与平石相接不得低于平石，高不得大于 5mm 3. 新老接茬密实，平顺齐直，不得低于原路面，高不得大于 5mm	1m 直尺量
路框差	1. 各类井框周围路面无沉陷 2. 各类井框与路面高差不可大于 5mm	1m 直尺量
横坡度	与原路面横坡相一致，不可有积水	目测

（三）水泥混凝土路面养护工程的检查验收

水泥混凝土道路养护检查内容应包括切割质量、铺筑质量、平整度、相邻板差、伸缩缝及纵横坡度等。水泥混凝土道路养护质量验收应满足表 7-2 的要求。

表 7-2 水泥混凝土道路养护质量验收标准

项目	规定值及允许偏差	检验方法
切割	四周切割整齐垂直，不得附有损伤碎片，切角不得小于 90°	用尺量
铺筑	1. 抗压、抗折强度不低于原有路面强度，板厚度允许误差 +10 mm，−5mm 2. 路面无露骨，麻面，板边蜂窝麻面不得大于 3%，面层拉毛应整齐	试块测试以及用尺量
平整度	路面平整度高差不大于 3mm	3m 直尺量

抗滑	抗滑值 BPN ≥ 45 或，横向力系数 SFC ≥ 0.38	测试
相邻板差	新板块接边，高差不得大于 5mm	1m 直尺量
伸缩缝	1. 顺直、深度、宽度不得小于原规定 2. 嵌缝密实高差不得大于 3mm	1m 直尺量
路框差	1. 座框四周宜设置混凝土保护护边 2. 座框或护边与路面高差不得大于 3mm	1m 直尺量
纵横坡度	与原路面纵坡、横坡相一致，不得有积水	目测

（四）人行道养护工程的检查与验收

1. 人行道养护工程验收标准

人行道养护检查内容应当包括材料质量、铺筑质量、平整度、接茬质量、凿边以及滚花质量等。人行道养护质量验收应满足表 7-3 的要求。

表 7-3　人行道养护质量验收标准

项目	规定值及允许偏差	检验方法
铺筑	1. 设置盲道的城镇道路人行道宽度不小于 3500mm 2. 避开各类地面障碍物，并距人行道边线 250 ~ 600mm	用 10m 线量测
强渡	1. 现浇水泥人行道强度、厚度符合设计要求，振捣坚实 2. 表面无露骨，麻面。厚度偏差 +10mm，-5mm	试块检验用尺量
平整度	预制块和现浇水泥人行道的平整度不得大于 5mm	3m 直尺量
路框差	1. 检查井及公用事业井盖框和人行道高差不得大于 5mm 2. 现浇水泥人行道不得大于 3mm	1m 直尺量
接茬	1. 新老接茬齐平，高差不得大于 5mm 2. 人行道面应高出侧石顶面 5mm	1m 直尺量
凿边及滚花	1. 现浇水泥人行道四周凿边整齐不斜，四周不得有损伤碎石 2. 现浇混凝土粗底完成后紧跟，做细砂浆，表面平整美观 3. 纵横划线垂直齐整、缝宽和缝深均匀，滚花整齐	目测

2. 道路无障碍设施养护检查

道路无障碍设施养护检查应满足如下要求：

①无障碍设施应包括缘石坡道、缓坡道、盲道等。

②应检查盲道类型、位置、宽度等等。

③应检查坡道位置、宽度、坡度、接茬平顺等。

盲道养护质量验收应满足表 7-4 的要求。无障碍坡道养护质量验收应当满足表 7-5 的要求。

表 7-4 盲道养护质量验收标准

项目	规定值及允许偏差	检验方法
位置	1. 设置盲道的城镇道路人行道宽度不小于 3500mm 2. 避开各类地面障碍物，并距人行道边 250 ~ 600mm 3. 盲道中因无障碍物，检查井盖框高低差不超过 10mm	用尺量
宽度	1. 人行道铺设盲道宽度宜为 300 ~ 600mm 2. 在人行道转弯处设置的全宽式无障碍坡道形式，设置提示盲道，宽度应大于行进盲道的宽度	用尺量

表 7-5 无障碍坡道养护质量验收标准

项目	规定值及允许偏差	检验方法
坡度	1. 缘石坡道正面坡的坡度不得大于 1 ∶ 12 2. 避开各类地面障碍物，并距人行道边线 250 ~ 600mm 3. 盲道中应无障碍物，检查井盖框高低差不超过 10mm	用尺量
高度	缘石坡道正面坡中缘石外露高度不得大于 20mm	用尺量
宽度	1. 三面坡缘石坡道的正面坡道宽度不得小于 1200mm 2. 扇面式缘石坡道的下口宽度不得小于 1500mm 3. 转角处缘石坡道的上口宽度宜不小于 2000mm 4. 其他形式的缘石坡道的宽度应不小于 1200mm	用尺量

（五）其他路面养护工程的检查与验收

其他路面包括水泥混凝土预制块、彩色预制板、广场砖、大理石以及花岗石等。其检查内容包括平整度、相邻块高差、缝宽以及纵横线中心偏差等。其他路面养护质量验收应满足表 7-6 规定。

表 7-6 其他路面养护质量验收标准

项目	规定值及允许偏差	检验范围	检验方法
平整度	大理石、花岗石 0 ~ 5mm，彩色预制块、广场砖 0 ~ 7mm	10m 检 1 点（取最大值）	3m 直尺量
相邻块高差	大理石、花岗岩 1mm（光面），2 mm（毛面），彩色预制块、广场砖 2 mm	10m 检 3 点（取最大值）	用尺量
路框差	大理石、花岗岩 2mm，彩色预制块，广场砖 3mm	每井检 1 点	用尺量
缝宽误差	大理石、花岗岩 ± 2 mm，彩色预制块、广场砖 ± 2mm	10m 检 3 点（取最大值）	10m 线用尺量

（六）道路附属设施养护工程的检查与验收

附属设施包括隔离护栏、路名牌等等。隔离护栏检查内容包括设置位置、顺直度、高度、固定式垂直度以及相邻隔栅错缝高差等，具体验收标准见表 7-7。路名牌检查内容包括字体、指向、高度、垂直度、位置等等。具体验收标准见表 7-8。

表 7-7 隔离护栏养护质量验收标准

项目	允许偏差 /mm	检查频率		检验方法
		范围 /m	点数	
护栏顺直度	20	100	1	使用 20m 线量取最大值
护栏高度	+20，-10	100	3	用钢尺量
固定式垂直度	10	100	3	用垂线吊量
相邻隔栅错缝高差	± 5	100	3	用钢尺量

表 7-8 路名牌养护质量验收标准

项目	允许偏差 /mm	检验频率		检验方法
		范围	点数	
高度	20	每块	2	用尺量
垂直度	10	每块	1	用垂线吊量
位置	35	每块	2	用尺量

第二节　桥梁养护管理

一、城市桥梁管理与养护概述

（一）城市桥梁管理与养护的基本要求

城市桥梁的管理工作重点在于资产、安全、运营、环境和养护工程的监督管理；而城市桥梁的养护工作主要涉及桥梁的检测、评估以及维护。城市桥梁的养护是对桥梁进行有效管理的基础性工作。

1. 城市桥梁管理的基本要求

①认识到位。即通过掌握和熟识城市桥梁管理与养护的相关现行法规、政策、标准和程序，培养和增强桥梁管理与养护的观念，从而按照规定和标准自觉地执行桥梁管理与养护任务，并且不断地进行改进与创新。

②组织到位。即需要根据桥梁管理与养护的要求，建立高效的管理机构，明确各个岗位及其职责，确保桥梁管理与养护工作得到妥善执行和负责。根据主要工作内容，应设立负责资产管理、安全管理、运营管理、环境管理和养护工程管理等职能的部门。

③人才到位。即应根据不同岗位的资质要求，选拔和安排合适的技术和管理人才，以保证他们能够有效地履行岗位职责。鉴于城市桥梁管理与养护的专业特性，通常需要招聘资产管理、工程、机电、安全、合同等方面的专业管理和技术人员，并且这些人员应具备完成工作任务所需的素质。考虑到国内城市桥梁管理与养护人才资源的现状，以及企业人才流动的趋势，企业团队建设应采取引进和培养相结合的人才策略。所以，强化企业内部人才培养是解决人才配备问题的关键。

④条件到位。也就是要根据城市桥梁管理与养护的具体工作需要，提供必要的环境和设备，如到达、观察、检查、监测等，以保障工作的顺利进行和质量的保证。需要增设或改进桥墩、梁、拱的检查通道，以便检查人员能够方便地接触到所有需要检查的构件；对于难以近距离检查的地方，应配备相应的观测设备。同时，还应完善或增设变形观测点。

⑤经费到位。即正常开展城市桥梁管理与养护工作所必需的经费要到位。

⑥信息到位。即需构建和完善城市桥梁的安全性与技术状况的信息搜集、交流和处理机制及途径，确保能够及时发现安全隐患，保持信息的畅通无阻，并且能够迅速做出响应，以此来最大程度地保护桥梁结构、设施设备、行驶车辆和行人安全。

⑦规范到位。即应当在符合现行标准和公司管理规范的前提下，制定与城市桥梁管

理养护任务相匹配的管理规则和规范化操作流程，以保障桥梁管理养护工作的有序进行和成效。

⑧专业到位。即承担城市桥梁检测评估、方案设计和养护维修任务的必须是专业单位和专业人员。

⑨技术到位。即桥梁管理方法应契合行业特性，而桥梁的养护和维修技术应有助于确保桥梁的结构安全和耐久性，同时这些方法和技术在保证质量、进度和安全方面应体现一定的先进性。

⑩监督到位。即要建立城市桥梁管理与养护工作开展情况的监督评价机制，保证各项工作认真落实到位。

2. 城市桥梁养护的基本要求

（1）桥梁移交好

城市桥梁接收养护时，不管是新建桥梁还是运营桥梁，都必须做好移交工作。

新建桥梁的质量应满足国家、行业及地方当前的标准和规定，外观应保持良好，且竣工资料必须完备。只有在接受了功能性检测之后，桥梁方可正式投入使用。此外，新建桥梁还应设立永久的监控测点。

对于运营桥梁，外观应完好（已进行缺陷维修和病害整治），竣工文件和养护档案应齐全，且应在进行功能性检测后，方可接管。运营桥梁应当设立永久控制监测点。

（2）任务明确好

城市桥梁的养护应包括城市桥梁及其附属设施的检测评估、养护工程、安全防护及建立档案资料。

（3）养护对策好

城市桥梁应根据养护类别、养护等级及技术状况级别进行养护，分别确定养护对策。

①管理单位要根据所管桥梁在道路系统中的地位，逐座确定养护类别。城市桥梁养护类别宜分为5类：

Ⅰ类养护 —— 单孔跨径大于100m的桥梁及特殊结构的桥梁；

Ⅱ类养护 —— 城市快速路上的桥梁；

Ⅲ类养护 —— 城市主干路上的桥梁；

Ⅳ类养护 —— 城市次干路上的桥梁；

Ⅴ类养扩城市支路和街坊路上的桥梁。

②管理单位要根据所管桥梁在城市中的重要性，逐座确定养护等级。城市桥梁养护等级划分应符合下列规定：

第一，Ⅰ等养护的城市桥梁应为Ⅰ～Ⅲ类养护的城市桥梁，以及位于集会中心、繁华地区、重要生产科研区及游览地区的Ⅳ、Ⅴ类养护的城市桥梁，应进行重点养护。

第二，Ⅱ等养护的城市桥梁应为集会点、商业区及旅游线路或市区之间的联络线、主要地区或重点企业所在区域的Ⅳ、Ⅴ类养护的城市桥梁，应有计划地进行养护。

第三，Ⅲ等养护的城市桥梁应为除Ⅰ、Ⅱ等养护的城市桥梁之外的其他桥梁，可进行一般养护。

③城市桥梁技术状况应根据完好状态、结构状况等级综合评定，针对不同养护类别和技术状况等级划分确定各桥养护对策。每进行一次综合评定后，要及时确定养护对策并开展养护工作。不同养护类别和完好状态、结构状况等级划分的各桥养护对策应符合下列规定：

第一，Ⅰ类养护的城市桥梁完好状态宜按表 7-9 的规定划分为 5 个等级。

表 7-9　Ⅰ类养护的城市桥梁完好状态分级

等级	状态	Dr 范围	养护对策
一类	完好	［88，100］	日常保养
二类	良好	［60，88）	保养小修
三类	合格	［40，60）	进行中修
四类	不合格	［0，40）	进行交通管制，开展大修或者改造
五类	危险	［0，40）	及时关闭交通，进行改建或重建

第二，Ⅱ～Ⅴ类养护的城市桥梁完好状态宜按照表 7-10 的规定划分为 5 个等级。

表 7-10　Ⅱ～Ⅴ类养护的城市桥梁完好状态分级

等级	状态	BCI 范围	养护对策
A 级	完好	［90，100］	日常保养
B 级	良好	［80，90）	保养小修
C 级	合格	［66，80）	针对性小修或中修工程
D 级	不合格	［50，66）	检测评估后进行中修、大修或加固工程
E 级	危险	［0，50）	检测评估后进行大修、加固或改扩建工程

第三，Ⅱ～Ⅴ类养护城市桥梁结构状况宜按表 7-11 的规定划分成 5 个等级。

表 7-11　Ⅱ～Ⅴ类养护的城市桥梁结构状况分级

等级	状态	BCI 范围	养护对策
A 级	完好	［90，100］	日常保养
B 级	良好	［80，90）	保养小修
C 级	合格	［66，80）	针对性小修或局部中修工程
D 级	不合格	［50，66）	检测评估后进行局部中修、大修或加固工程
E 级	危险	［0，50）	检测评估后进行大修、加固或改扩建工程

④城市桥梁养护应按养护类别、养护等级配备相应的养护设备、检测设备以及专业养护技术人员。

（4）检查评估好

城市桥梁需要根据相关规范和标准，定期进行检查评估，并将评估结果形成报告存档。对于配备了健康监测系统的桥梁，还应定期编写监测报告并归档。在执行定期检查和特殊检测时，应考虑以往的检查、监测和养护数据，对桥梁的整体状况和结构健康进行全面的评估，并据此制定养护措施。

①城市桥梁管养单位应对所管桥梁根据养护类别、养护等级和检查评估综合评定结论，确定各桥经常性检查、定期检查、特殊检测周期及频率并按计划实施。

②对Ⅰ类养护的城市桥梁，必须设专人负责经常性检查，应根据桥梁特点定期进行结构检测。有条件的可采用自动化监测系统设点控制，应当随时掌握桥梁技术状况和中长期发展趋势。

（5）养护方案好

城市桥梁养护方案应根据检查评估资料由具有相应资质的单位进行养护方案设计，重要结构维修加固方案经过专家评审后方可实施。

（6）养护施工好

①城市桥梁养护施工质量应符合现行行业标准和地方标准的规定。

②城市桥梁的养护工程应采取有效措施，符合国家对环境保护和资源节约的要求。

③城市桥梁养护作业安全防护应按国家现行安全生产标准执行。

（7）运行条件好

①城市桥梁应安全、完好、整洁，不得擅自在桥梁结构上钻孔或者设置其他设施。

②夜间照明应符合国家现行有关标准的要求。

③各种指示标志应齐全、清晰。

④人行天桥、立交桥、高架桥、通航河道桥梁的桥下和隧道洞口应设限高交通标志，严禁装载高度超过桥梁、隧道限高标志所示数值的车辆通行，通行机动车的城市桥梁应设限载牌；

⑤城市桥梁外装饰和绿化不得影响桥梁检修保养和桥梁耐久性，不得危及桥梁、车辆、行人的安全，绿化不得覆盖桥梁梁体；

⑥在特殊气候条件下，悬索桥和斜拉桥的通行限制应符合下列规定：

第一，桥上应设置交通信息显示屏；

第二，雾天桥上行车时速宜符合表7-12的规定；

表 7-12 雾天桥上行车时速

能见度 /m	干燥路面限速 /（km/h）		潮湿路面限速 /（km/h）	
	直线	弯道	直线	弯道
80	60	40	55	35
50	40	30	35	25
30	25	20	25	15
20	15	15	10	10

第三，当风速大于 19m/s 时，桥上行车时速宜符合表 7-13 的规定，当风速大于 21m/s 时，严禁货运车上桥行驶。当悬索桥有明显震颤时，应在现场进行监视或者录像，并进行记录。

表 7-13 大风雨中桥上行车时速

风速 /（m/s）	风中限速 /（km/h）	风雨中限速 /（km/h）
19	60	50
21	50	40
23	40	30
25	封桥禁行	封桥禁行

（8）技术保障好

当改变城市桥梁承载设计时，应经设计单位认可。

①在城市桥梁上增加构筑物、风雨棚、声屏障、盆栽绿化、广告牌、管线或交通标志牌等时，必须满足桥梁安全技术要求。

②当改变城市桥梁设计车道划分时，应经设计单位验算，满足桥梁安全技术要求后才可实施。

③列入文物保护范围内的城市桥梁的养护，除应执行本标准之外，还应符合文物部门的有关规定。

（9）应急预防好

城市桥梁养护应制定各类城市桥梁突发事件及防治自然灾害应急预案，组织建立应急队伍，配备应急物资，并应定期演练。

（10）档案信息好

城市桥梁养护应建立养护档案，并且应符合下列规定：

①城市桥梁养护档案应以每座桥梁为单位建档。

②养护档案应包括：技术资料，施工竣工资料，养护文件，巡查、检测、监测、测

试资料，地下构筑物、桥上架设管线等技术文件及相关资料。

③养护档案管理工作应逐步实现信息化，实现城市桥梁养护数据的动态更新和管理。

（二）城市桥梁管理与养护的目标

总体来讲，城市桥梁管理与养护的目标是确保在设计使用寿命期间安全、畅通，即"平安路桥、畅通路桥"，力争实现"美丽路桥、智慧路桥"。

"平安路桥、畅通路桥"目标，可以通过以下几个方面实现：

①维持桥梁设计的完好状态和结构状况，确保承载能力和使用功能。

②维持桥梁上与桥梁检查、监测相关设施的功能，确保正常使用。

③维持与桥梁安全相关的附属、辅助设施的功能，确保正常使用。

④维持与桥梁安全相关的非设施措施的正常运转，确保桥梁处于安全管理的受控状态。

⑤维持桥梁上交通安全设施的完好和正常运转，确保行人、行车处于受控状态。

"美丽路桥、智慧路桥"目标，可通过以下几方面实现：

①改善或维持与桥梁景观相关的设施、设备的功能以及装饰、绿化等，确保处于正常状态。

②随着时代的发展，利用现代科技手段不断推动桥梁的智能化管理、检测和交通系统，以便实时了解桥梁的技术、安全、环境和交通状况，并且针对检测到的问题立即采取有效的应对措施。

二、桥梁养护工程管理

桥梁养护工作涵盖了桥梁的检测评估、维修方案设计等技术咨询服务，以及桥梁的维修加固、机电及设施设备的维护、环境和景观的改善等施工项目。其中，桥梁养护工程的管理是关键环节，应当成立专门的技术和质量管理部门以加强管理。

（一）桥梁养护计划管理

1.桥梁养护计划编制的原则

在制定城市桥梁的养护计划时，应遵循"基于桥梁全寿命周期，同时考虑规范要求，进行科学规划"的原则。每一座桥梁都应制定相应的长期和中期养护规划。规范要求必须得到严格遵守，同时在全寿命周期内对养护成本进行有效控制。科学地编制计划意味着在遵循规范的基础上，尽可能地降低养护成本并提升社会效益。掌握桥梁全寿命周期的成本，要求养护工作具有前瞻性和预见性，并且采用科学的理念、技术及方法来引导和促进城市桥梁的管理与养护工作。

2.桥梁养护计划编制的范围

①规范规定必须开展的城市桥梁检测评估工作；

②按照规范要求必须要开展的城市桥梁维修工作；

③特殊情况下发生的城市桥梁检测评估和维修工作；

④企业在进行城市桥梁的维修和提升时，应以最小化整个使用寿命周期内的养护成本为核心，同时兼顾其他相关因素。在桥梁管养的早期阶段，负责桥梁管养的单位就需要进行充分的规划，考虑到桥梁的建设状况、交通流量、地理位置等影响桥梁寿命的因素，以此来制定桥梁的中长期管养计划。通过这样的长远规划，结合预防和治理，力求降低整体的养护成本和对交通流动的影响。

3. 城市桥梁养护计划主要内容

计划内容应包含项目的名称、概览及其必要性；主要的工作内容以及工程量；主要的施工工艺和方法；以及项目的工程费用预算等。桥梁的维护维修计划应由有专业经验的桥梁管理人员负责制定，并广泛征求建设参与方及经验丰富的桥梁维修施工方的意见，以形成主要的执行方案。此外，应尽可能地组织专家进行论证，以弥补潜在的不足，确保计划的可操作性和实用性。

4. 城市桥梁养护计划编制要求

按照规范和制度要求必须开展周期性工作计划。

①管养单位宜在每年年底做好第二年的年度养护计划，包括城市桥梁检测计划、维护维修计划和改善工程计划等。

②城市桥梁检测计划，按照相关规范和规定的检测任务（包括经常性检查、定期检测评估、防雷检测、变形观测等）结合管理单位特殊需求进行编制。

③城市桥梁维护维修计划，依据当年的桥梁检测报告和养护建议，同时考虑管理单位的具体情况，制定桥梁的维护维修计划。如果需要专业设计单位来制定维修方案，那么设计任务也应被纳入到计划之中。在城市桥梁的维护维修工作中，应综合考虑桥梁的功能保障、安全隐患的排除（包括结构的耐久性）、以及桥梁的外观景观效果这三个方面。同时，还要结合使用寿命周期成本和社会交通影响等因素进行全面的思考。

④城市桥梁的养护计划应当细化分类，以便于进行有效的数据统计。总体上可以划分为土建工程、机电系统、采购支出以及其他相关费用。在土建工程类别中，可以进一步细分为涂装工作、路面维护和结构修复等子类别。机电系统则可分为电力系统和控制系统两大类。其他费用则涵盖了如水资源费、能源费、航道维护费等杂项支出。

⑤维护计划的编制应做到有据可查、有规可依，经过相关部门的审核后方可实施。

⑥对于较大的专项维护项目，编制维护计划前应提前设计、论证专项维护方案，以便于维护计划的准确性和资金的申请。

⑦根据计划的实施情况，因突然要求或突发事故而制定的计划，可于下半年进行调整计划。

（二）建设程序管理

城市桥梁的养护计划应当细化分类，以便于进行有效的数据统计。总体上可以划分为土建工程、机电系统、采购支出以及其他相关费用。在土建工程类别当中，可以进一步细分为涂装工作、路面维护和结构修复等子类别。机电系统则可以分为电力系统和控制系统两大类。其他费用则涵盖了如水资源费、能源费、航道维护费等杂项支出。

1. 大型维护项目

应参照相关法律法规规定的工程建设程序实施。建设程序主要包括以下步骤，步骤的顺序不能任意颠倒，但可以合理交叉。这些步骤先后顺序是：

①编制项目建议书。对建设项目的必要性和可行性进行初步研究，提出拟建项目的轮廓设想。

②开展可行性研究和编制设计任务书。对项目的技术和经济可行性进行详细论证和评估，并对各种可能的设计方案进行比较分析；可行性研究报告中应包含对设计任务书（亦称计划任务书）的补充说明。设计任务书则基于可行性研究报告，对项目的实施、方案的选择、建设地点的确定等方面做出决策。

③进行设计。对计划建设的工程项目在技术层面和经济层面进行全面的规划。对于中等规模以上的项目，通常采取分两阶段的设计流程，分别进行初步设计和施工图设计。对于技术性特别复杂的项目，可以增设一个技术设计阶段，从而形成三阶段的设计过程。

④安排计划。可行性研究和初步设计，送请有条件的工程咨询机构评估，经认可，报计划部门，经过综合平衡，列入年度基本建设计划。

⑤建设准备。包括水电接入，落实施工力量，组织物资订货和供应，办理施工许可以及其他各项准备工作。

⑥组织施工。准备工作就绪之后，提出开工报告，经过批准，即开工兴建；遵循施工程序，按照设计要求和施工技术验收规范，进行施工安装。

⑦生产准备。生产性建设项目开始施工后，及时组织专门力量，有计划有步骤地开展生产准备工作。

⑧验收投产。依据既定的标准和流程，对完成的工程进行最终的验收（参考基本建设工程竣工验收流程），并准备竣工验收报告和竣工决算书（参见基本建设工程竣工决算文件），同时完成固定资产交付投入生产的相应手续。对于小型项目，其建设流程可以适当简化。

⑨项目后评价。项目完工之后对整个项目的造价、工期、质量、安全等指标进行分析评价或与类似项目进行对比。

2. 一般维护项目

①项目立项。根据检测评估报告，提出项目实施意见，报公司批准立项。

②项目设计。针对那些需要特殊设计的项目，必须在技术和经济两个维度上对其建设的工程进行细致的规划。对于小型项目，可以直接开展施工图设计。然而对于大中型项目，通常会分为两个阶段进行设计，即先进行初步设计，再进行施工图设计。对于技术上极为复杂的项目，可以增设一个技术设计阶段，从而形成三个阶段的设计流程。

③安排计划。对完成设计的项目，根据施工图预算，报计划部门，经过综合平衡，列入年度基本建设计划。

④建设准备。包括落实施工力量，组织物资订货和供应，办理施工许可，以及其他各项准备工作。

⑤组织施工、生产准备、验收投产、项目后评价。同大型维护项目的一样。

（三）养护工程方案管理

城市桥梁检测评估报告所指的桥梁缺陷，桥梁的管理机构必须依据相关规范及时实施养护和维修。对于那些普遍存在且相对简单的病害，业主可以根据具体情况考虑是否需要专门的维修设计。

对业主决定主要请专业单位进行专项维修设计的，如要做好以下管理工作：

①根据设计单位要求提交相关桥梁竣工、维修加固、检测评估等资料；

②如所提交的资料不能满足设计要求，则需补充提交相关资料，补充资料的收集可由设计单位完成，也可委托其他专业机构完成；

③设计实施阶段，与设计单位保持密切沟通，以便双方意愿的充分交流，确保设计工作效率；

④设计文件审查。对设计单位提交的设计文件，应组织召开专家评审会，完整记录专家评审修改意见，督促设计单位修改完善；

⑤对照专家评审修改意见，验收设计文件并存档。

如果业主确定无需聘请专业机构进行特殊维修设计，相关部门应自行制定维修方案，并详细规定工程部位、内容、数量、施工方法、技术要求以及交通组织计划等关键要素。

（四）过程管理

1. 施工技术管理

（1）对业主单位层面的城市桥梁养护工程施工技术管理

①相关部门应召集相关人员，确保他们仔细研究设计文件以及相关的技术标准、规范和程序，深入理解设计理念和实施方法，掌握施工技术、质量控制手段以及质量检验、检测的流程和方法标准，以便顺畅地推进相关工作。

②组织开展设计技术交底工作。相关部门需要安排并实施设计技术交底会议，召集业主单位、设计单位、施工单位和监理单位等所有参与建设的相关部门。在会议中，设计单位应全面介绍设计文件的关键部分，并对其他参与方提出的问题提供详尽的解答。对于会议中未完全解决的问题，应通过修订设计文件或召开后续会议并记录会议纪要的方式来明确解决。

③收集竣工文件，存档。

（2）对施工单位层面的城市桥梁养护工程施工技术管理

①督促承包人编制施工方案。在承包商入场之前，必须制定项目的施工组织设计，并在必要时一同制定交通组织计划。这些文件在经过承包商的审核和签字确认后，才能上报。施工组织设计的主要内容包括但不限于：项目的概况、施工的原因、技术要求及

其指标、施工的工序和工艺、材料的技术指标、质量标准和要求、工程量、工期限制、工程档案的要求、安全文明施工的标准、安全技术措施的完整性、可行性以及方案计算书和验算依据是否符合相关的标准规范、施工的基本条件是否符合现场实际情况等。此外，还需包括技术方案的合理性、科学性、经济性和可行性，以及新材料、新设备、新工艺、新技术的应用等内容。对于符合危险大型工程条件的情况，还需要编制专门的方案，并按照相关规范执行。

②施工方案审批。承包商提交的施工方案需要由业主单位或监理单位（如有）进行仔细审查，确认其符合要求后，应迅速完成审批流程，以保证后续工作的顺利进行。

一般性施工方案由公司技术方案审查小组负责审批，组员由城市桥梁养管部门、技术管理部门的相关工程技术人员等组成。

专门针对施工方案，公司相关职能科室应负责组织专家评审会议进行审批，同时公司技术方案审查小组也应参与这一审查过程。评审组的成员应当是具备相应资格、并且具有路桥建设及维护经验的专家。

施工方案的审批流程及内容：第一，初审由方案起草单位技术负责人负责审核。第二，复审由公司技术方案审查小组（一般性施工方案）或专家评审会（针对专项方案）。

施工方案经施工单位技术负责人、项目总监理工程师、城市桥梁管养单位项目负责人签字后，方可组织实施。

③负责组织对施工单位进行项目安全技术交底。施工方案主要内容应包括：工程施工的关键特点和潜在风险；在整个施工期间，各个分项工程、特殊工程、隐蔽工程，以及使用新技术、新工艺、新设备、新材料的情况，特别是那些容易造成安全事故的环节；针对每个风险点的具体预防措施；需要特别关注的安全事项；相应的安全操作规范和标准；以及在事故发生时，应立即采取的紧急疏散和急救措施。

④负责对施工单位提出的技术问题做出响应。

⑤督促施工单位编制竣工文件并审验。

2. 城市桥梁养护质量管理

（1）质量管理的机制和人员

①桥梁的维护和修理质量管理应当委托给专门的机构或者部门负责，而且负责人员应当具备丰富的桥梁养护管理或者施工经验。

②在实施监理的工程项目中，建设单位有责任聘请具备相应资质等级的监理机构来进行监理工作，同时也有权委托该工程的设计单位进行监理，前提是该设计单位同样具备相应的监理资质，并且与施工承包单位无直接隶属关系或其他利益关联。此外，业主单位应当对施工现场进行定期的检查、巡查和监督管理，以保证质量管理体系的有效运行。

③业主单位养护质量管理人员或监理人员要督促承包人成立项目部与质量管理机构，检查机构成员构成情况是否满足合同要求，检查质量管理制度是否健全。

（2）施工前质量管理

①对所有的合同和技术文件、报告进行详细的审阅。如图纸是否完备，有无错漏空缺，各个设计文件之间有无矛盾之处，技术标准是否齐全。应该重点审查的技术文件除合同之外，主要包括：

第一，审核施工方案、施工组织设计和技术措施；

第二，审核有关材料、半成品的质量检验报告；

第三，审核设计变更、图纸修改和技术核定书；

第四，审核有关应用新工艺、新材料、新技术、新结构的技术鉴定书；

②配备检测实验手段、设备和仪器，审查合同中关于检验的方法、标准、次数和取样的规定。

③做好设计技术交底，明确工程各个部分的质量要求。

④准备好监理、质量管理表格。

⑤审核开工报告，并且经现场核实、签批。

（3）施工中质量管理

工序质量控制：

①确定工程质量控制的流程；

②主动控制工序活动条件，主要指影响工序质量的因素；

③及时检查工序质量，提出对后续工作的要求和措施。

设置质量控制要点：

①对技术要求高，施工难度大的某个工序或者环节，设置技术和监理的重点，重点控制操作人员、材料、设备、施工工艺等；

②针对质量通病或容易产生不合格产品的工序，提前制定有效的措施，重点控制；

③对于新工艺、新材料、新技术也需要特别引起重视。

严格质量检查：

①作业人员检查，包括操作者的自检班组内互检、各个工序之间的交接检查；

②施工员的检查和质检员的巡视检查；

③监理和政府质检部门的检查。具体包括：对装饰材料、半成品、建筑构配件及设备的质量进行审查，并核验其合格证明、质量保证书以及试验报告；进行分项工程施工前的预检；监控施工过程中的质量情况，以及对隐蔽工程进行质量检验；进行分项和分部工程的质量验收；对单位工程进行总体质量验收；以及成品的保护质量检查。

（五）竣工验收管理

1. 验收的依据

①上级主管部门对该项目批准的各种文件；

②可行性研究报告、初步设计文件及批复文件；

③施工图设计文件及设计变更洽商记录；

④国家颁布的各种标准和现行施工质量验收规范；

⑤工程承包合同文件；

⑥技术设备说明书；

⑦关于工程竣工验收的其他规定。

2. 维护项目的验收条件

①完成了工程设计和合同约定的各项内容。

②施工单位在完成工程后应自行对工程质量进行评估，确保工程符合相关的法律法规、建设强制性标准、设计图纸以及合同规定的要求，并且据此提交工程竣工报告。对于实行监理的项目，该报告需由总监理工程师审核并签字，而对于未委托监理的项目，则应由城市桥梁管养单位的项目负责人、项目经理以及施工单位的相关负责人进行审核和签字。

③有完整的技术档案和施工管理资料。

④建设行政主管部门及委托的工程质量监督机构等有关部门责令整改的问题全部整改完毕（如涉及则须有）。

⑤在委托了监理单位的工程项目中，监理资料应当详尽完备，监理单位应出具工程质量评估报告，该报告须由总监理工程师及监理单位的相关负责人进行审核并签字。对于未委托监理的工程项目，工程质量评估报告则由城市桥梁管养单位负责编制。

⑥勘察和设计单位应对勘察和设计文件，以及在施工过程当中由设计单位发布的设计变更通知书进行审查，并出具质量检查报告。该报告需由项目的勘察和设计负责人，以及各自单位的有关负责人进行审核并签字，如果相关联的话。

⑦有规划、消防、环保等部门出具的验收认可文件（如涉及则须有）。

⑧有城市桥梁管养单位与施工单位签署的工程质量保修书。

⑨有工程使用的主要材料、构配件和设备的进场试验报告（如涉及则须有），以及工程质量检测和功能性试验资料（如涉及则须有）。

⑩法律法规规定的其他条件。

3. 验收职责和程序

①城市桥梁管养单位应担当竣工验收的组织者，组建验收团队。该团队的领导应由城市桥梁管养单位的法定代表人或其指派的代理人担任。验收团队成员应包括来自城市桥梁管养单位的上级管理部门或质量监管机构的代表、项目现场的负责人、以及勘察、设计、施工、监理单位的技术或质量主管。此外，城市桥梁管养单位还可以邀请外部专家参与验收工作。

②验收委员会或验收组承担着审查工程建设全过程中各个阶段责任，他们会听取各相关单位的工作汇报，仔细审阅工程档案资料，并实地检查建筑工程和设备安装的实际情况，对工程的设计、施工以及设备质量等方面进行全面评估。对于未达到验收标准的工程，将不予通过验收；同时，对验收过程中发现的问题，将提出具体的解决建议，并设定期限以确保问题得到解决。

③施工完毕并完成对质量问题的修正后，施工方应向城市桥梁管养单位递交工程竣

工报告，并申请进行竣工验收。对于监理工程，该竣工报告应获得总监理工程师的签字认可。

④城城市桥梁管养单位在接到工程竣工验收报告之后，对于满足竣工验收条件的工程，将组织验收小组并制订验收计划。对于关键性工程或技术复杂的工程，根据实际情况，可以邀请专家参与验收小组的工作。

⑤城市桥梁管养单位应当在工程竣工验收 7 个工作日前将验收的时间、地点及验收组名单书面通知负责监督该工程的工程质量监督机构（针对报建项目或专项项目）。

⑥城市桥梁管养单位组织工程竣工验收会，验收组人员签署工程竣工验收意见。

第三节　管道养护管理

一、排水管道设施运行维护管理

（一）排水管道设施养护管理制度

为了提升排水管道系统的维护效率和确保其稳定运作，需要结合城市发展的具体情况，在现行的管理和维护制度基础上进行深入的探讨和研究。这样可以增强维护保养的意识，优化管理框架，并利用现代化的技术创新维护方法，实现系统化、标准化和科学化的管理。此外，这也有助于降低维修成本，延长设施使用期限，并保障排水管网系统的正常工作。

1.一般规定

排水管道设施维护必须执行国家现行标准《城镇排水管道维护安全技术规程》（CJJ 6-2009）的规定，定期对排水管道设施进行检查和维护，使排水管道设施保持良好的水力功能和结构状况。

排水管道系统的巡查工作应当覆盖多个方面，包括但不限于检查污水是否泄漏、雨水排放口在晴天是否积水、检查井盖或雨水篦子是否有损坏、管道或者渠壁是否有坍塌现象、是否有非法占用管道的现象、是否有非法排放行为、私自接驳管道的情况、雨水和污水是否混合排放，以及是否有施工活动影响了管道的排水功能。

在分流制排水地区，严禁雨污水混接。

排水管道设施应定期巡视、定期维护，保持良好的水力功能与结构状况。

排水管道设施管理部门应定期对排水户进行水质、水量检测，并应建立管理档案；排放水质应符合国家现行标准《污水排入城镇下水道水质标准》（GB/T 31962-2015）的规定。

排水管渠维护宜采用机械作业。

排水管渠应明确其雨水管渠、污水管渠或者合流管渠的类型属性。

2. 管道维护管理标准

（1）排水管道设施维护

排水管道设施维护的基本标准是确保管道畅通无阻，维护检查井的清洁且无沉积物，保证所有井盖的完整无缺，以及确保闸门和闸阀能够轻松开合且密封良好。维护排水管道设施的检查方式主要包括常规检查和仪器检测两种。

①排水管道设施状况常规检查和抽检规定。排水管道设施状况的常规检查一般采用目测、量泥斗等检测手段，对排水管道设施的功能性与结构性状况进行检查。主要检查项目应包括表7-14中的内容。

表7-14　管道状况主要检查项目

检查类别	功能状况	结构状况
检查项目	管道积泥	裂缝
	检查井积泥	变形
	泥垢和油脂	脱节
	树根	破损与孔洞
	水位和水流	渗漏

注：表中的积泥包括泥沙、碎砖石、固结的水泥浆以及其他异物。

排水管道设施状况常规检查项目和结构状况见表7-15。

表7-15　排水管道设施状况常规检查项目和结构状况

检查项目	结构状况
管道	管道畅通，积泥深度不超过管径的1/5
检查井	检查井积泥深度不超过落底井（包括半落底井）管底以下50mm； 平底井主管径的1/5
井壁	井内清洁，四壁无结垢
检查井盖框	盖框间隙小于8mm 井盖与井框高差应在 +5 ～ –10m 井框与路面高差应在 +15 ～ –15mm
管道	管道畅通，积泥深度不超过管径的1/5
检查井	井内无硬块
	四壁清洁无结垢
	盖框不摇动，缺角不见水；盖框之间高低差不大于1cm

②排水管道设施抽检规定。排水管道设施的抽检数量的比率可根据设施量确定，根据抽检要求不同做适当调整。

③排水管道设施及附属构筑物的检查要求见表7-16。

表7-16 排水管道设施及附属构筑物的检查要求

设施种类	检查方法	检查内容	检查周期
检查井	目测	违章占压、违章接管、井盖井座、雨水箅、防蚊闸、井壁结垢、井底积泥、井身结构等	3个月
管道	目测	违章占压、地面塌陷、水位、水流、淤积情况等	3个月
管道	管道反光镜或电视检测	变形、腐蚀、渗漏、接口树根、结垢、错接等	一年
倒虹管	目测	标志牌、两端水位差、查井、闸门等	6个月
倒虹管	电视检测及潜水检查	淤积、腐蚀、接口渗漏、河床冲刷、管顶覆土等	一年
排放口	目测	违章占压、标志牌、挡土墙淤积情况、底坡冲刷	6个月
排放口	潜水检查	淤塞、腐蚀、接口、河床冲刷、软体动物生长情况	一年
筛网、格栅	目测（必要时潜水检查）	淤塞、腐蚀、变形、缺损、启闭灵活性等情况	6个月

（2）排水管道设施检查项目分类

①功能性状况检查：普查的最佳周期建议为每年一次到两次一次，主要目的是为了评估结构的状况。对于那些位于流沙频发区域的管道、使用年限超过30年的管道、施工质量存在问题的管道，以及关键性管道，普查的频率可以根据需要适当减少。

②应急事故检查的主要项目应包括渗漏、裂缝、变形、错口、积水等等。

③人员进入管内检查的管道要求：人员进入管内检查的管道的直径不得小于800mm，流速不得大于0.5m/s，水深不大于0.5m；人员进入管内检查宜采用摄影或摄像的记录方式。

④水力坡降检查应当符合下列规定：在进行水力坡降测试前，必须收集管道直径、管底标高、地面标高以及检查井间距离等关键数据。水力坡降的测量最好在低水位时进行，或者对于泵站抽水影响的管道，可以从泵开始工作前的静止水位开始测量，记录泵启动后不同时间水力坡降的变化。同一水力坡降线上的测量点必须在同一时间进行测量。测量数据应绘制在水力坡降图中，其中垂直比例应大于水平比例。水力坡降图应包含地面坡降线、管底坡降线、管顶坡降线，以及一条或多条反映不同时间的水面坡降线。

（3）排水管道设施养护应符合下列要求

排水管道设施养护执行国家现行标准《城镇排水管道维护安全技术规程》（CJJ

6-2009）的规定。

①检查井井盖、井座养护规定。井盖和雨水算的选用应符合的技术标准见表7-17。

表 7-17　井盖和雨水算的选用技术标准

种类	标准名称	标准编号
铸铁井盖	《铸铁检查井盖》	CJ/T 511-2017
混凝土井盖	《钢纤维混凝土检查井盖》	JC 889-2001

在车辆经过时，井盖不应出现跳动和声响。井盖与井框间的间隙小于8mm，井框与路面高差小于5mm。

在发现缺失或损坏的井盖时，应立即设置临时的护栏和警示标志，并尽快进行修复。

定期对井盖进行检查，以便及时识别出井盖出现的裂缝、腐蚀、沉降、变形、破裂、孔洞、锈蚀等问题，并对这些问题进行必要的维修和保养。

开展定期的巡查，关注检查井盖板的状态，一旦发现井座存在裂缝、腐蚀、沉降、变形、破损、孔洞、锈蚀或井座密封垫老化等问题，应当尽快进行维修与保养。

②检查井养护规定。管道、检查井和雨水口的允许积泥深度应符合规范要求，一般不大于管径的1/4。

检查井巡视检查内容见表7-18。

表 7-18　检查井巡视检查

部位	外部巡视	内部检查
内容	井盖埋设	链条或锁具
	井盖丢失	爬梯松动、锈蚀或缺损
	井盖破损	井壁泥垢
	井框破损	井壁裂缝
	盖、框间隙	井壁渗漏
	盖、框高差	抹面脱落
	盖框突出或凹陷	管口孔洞
	跳动和声响	流槽破损
	周边路面破损	井底积泥
	井盖标识错误	水流不畅
	其他	浮渣

注：定期巡视检查井口，及时发现井口裂缝、腐蚀、沉降、变形、破损、孔洞、错口、脱节、锈蚀、异管穿入、渗漏、冒溢等情况，应及时维修与保养。

③重力管道养护规定：首先，要定期对重力管道进行巡查，以便及时发现管道口出现的裂缝、腐蚀、沉降、变形、破损和孔洞等问题，并采取相应的维修和保养措施。其次，需要定期对重力管道进行清理和疏浚，以识别和解决管道口出现的错位、脱落、锈蚀、异物穿入、渗漏和溢出等问题，并且进行必要的维修和保养。

④压力管道养护规定：首先，对于压力管道，应制定例行的巡查计划，以便及时识别管道上可能出现的裂缝、腐蚀、沉降、变形、破损、孔洞、脱节、异物穿入、渗漏或溢出等问题，并采取相应的维修与保养措施。其次，对于压力管道的养护，应采用全负荷开泵的方法进行定期的水力冲洗，以确保管道内壁的清洁，此项工作至少应每三个月进行一次。

⑤压力管附属设施养护规定：首先，需要定期对压力管道的附属设施进行巡查，确保排气阀、排污阀、压力井、透气井等设施处于良好且有效的工作状态。对于发现裂缝、腐蚀、沉降、变形、破损、孔洞、脱节、渗漏或溢出等问题，应迅速进行维修和保养。其次，对于这些附属设施的养护，应通过满负荷启闭检查的方法，与压力管道的养护工作相结合，至少每三个月进行一次，以维持附属设施的良好工作状态。最后，应定期检查检查井井口、管道及其淤积物等可能阻碍排水的杂物，确保排水系统的畅通无阻。

3. 排水构筑物维护管理标准

（1）明渠箱涵维护应符合的规定

明渠维护必须执行国家现行标准《城镇排水管道维护安全技术规程》（CJJ 6-2009）的规定。

明渠的检查应符合的规定：①定期清除水面漂浮物，维持水面的清洁②定期清理渠道内妨碍排水流畅的物体，确保水流通畅无阻。③定期查验边坡的整洁度，保持边坡线条的平直。④定期对无铺砌明渠的直线段、拐角处、变坡点的断面进行检查，发现问题应及时用砖石修整至标准沟形断面，用来控制沟底标高和断面尺寸，并满足原始设计要求。⑤定期检查块石渠岸的护坡、挡土墙、压顶等结构，确保其处于良好状态。⑥定期维护栏杆、里程标、警示标志等明渠的辅助设施，并保证其完整无损。

明渠的维护应符合的规定：①定期打捞水面漂浮物，保持水面整洁。②定期进行整修边坡、清除污泥等维护，保持线形顺直，边坡整齐。③及时清理落入渠内阻碍明渠排水的障碍物，保持水流畅通。④及时修理检查块石渠岸的护坡、挡土墙和压顶，以及发现裂缝、沉陷、倾斜、缺损、风化、勾缝脱落等情况。⑤每年枯水期应当对明渠进行一次淤积情况检查，明渠的最大积泥深度不应超过设计水深的1/5。⑥定期清理，明渠清淤深度不得低于护岸坡脚顶面。

（2）闸涵日常检查和养护应符合的规定

闸门维护必须执行水利行业标准《水闸技术管理规程》（SL 75-2014）。城市管道养护与维修

闸（阀）门日常检查应符合的规定：①保持清洁、无锈蚀。②检查丝杆、齿轮等传动部件是否润滑适宜，以确保启闭操作灵活。③启如果在启闭过程中遇到卡住或突然跳

动等异常情况，应立即停止操作并进行调查。④不对于不经常使用的闸门，应每月进行一次启闭测试；阀门则应每周进行一次。⑤暗杆阀门的填料密封应有效，防止泄漏。⑥动阀门的开启和关闭位置、转向和启闭转数等标识应清晰完整。⑦手动、电动切换机构有效。⑧动力电缆和控制电缆的接线及接插件应牢固，控制箱的信号显示应当准确。⑨电动装置的齿轮油箱应无漏油和异常噪音。

闸（阀）门的日常维护应符合的规定：①每年对齿轮箱的润滑油脂进行加注或更换。②每半年对行程开关、过扭矩开关以及联锁装置进行一次检查和调整，确保其正常工作。③每半年对电控箱内的电器元件进行检查，确保无腐蚀，并保持其完好。④每三年对连接杆、螺母、导轨、门板等进行一次检查，确保其密封性良好，闭合位移余量适宜。

对启闭机的维护保养应包括对传动系统、起重装置、制动系统和电动机等关键部分的检查与维护。年度养护计划应保证至少一次全面检修，确保所有部件均得到检查，不遗漏任何细节。根据实际运行状况，每隔 3 至 5 年应进行一次深刻的大修，对磨损或损坏的部件进行更换。

①对传动部分的检查养护：对于传动部分进行按时的清理，并根据实际情况添加润滑油。

②对悬吊装置的检查养护：定期检查钢丝绳的状况，出现了异常现象，要及时采取有效措施，确保安全。

③对制动器的检查养护：各个制动装置要定期进行涂油保护，定期检测电磁线圈的绝缘性，对于达不到要求的，及时进行有效处理。

④对电动机的检查养护：每次都要清理其外壳，检查轴承润滑油的填充量应该是轴承的 50% ~ 70%。

（3）截流（沟）口检查维护应符合的规定

截流（沟）口维护必须执行国家现行标准《城镇排水管道维护安全技术规程》（CJJ 6-2009）的规定。

①定期检查水面漂浮物，保持水面整洁。

②定期检查落入截流（沟）口内阻碍截流的障碍物，保持水流畅通。

③定期检查截流（沟）口的断面、护坡、挡土墙和压顶状况，并保持完好。

④定期检查护栏、警告牌等截流（沟）口附属设施，并保持完好。

（二）排水管道设施养护状况管理

1. 排水管道的划分

排水管道设施应明确雨水管道设施、污水管道设施、合流管道设施类型属性。

排水管道管径划分标准见表 7-19。

表 7-19 排水管道的管径划分标准

类型	小型管 /mm	中型管 /mm	大型管 /mm	特大型管 /mm
管径	< 600	600 ~ 1000	1000 ~ 1500	> 1500

2. 排水管道设施等级标准的制定与实施

（1）排水管道设施以排水功能级别标准划分

总干管：在排水管道系统的特定区域内，该系统负责收集整个区域水量，并接收和接纳主要的排水管道以及部分次要排水管道中的污水，将这些污水输送到污水处理厂、泵站或直接排入河道。通常，雨水不通过总干管排放，而是由干管直接排入河流。

干管：位于排水管道系统内部，该系统负责排除特定区域内的雨水或污水，收集来自各排水次干管和部分支管的水流，并将其传输至主干管或直接排入水体。

次干管：排水管道系统之内，特定系统承担着某一地区排水量的任务，聚集来自各个支管的雨水和污水，并将这些水流引导至干管或者主干管中。

支管：排水管道系统之内，特定系统承担着某一地区排水量的任务，聚集来自各个支管的雨水和污水，并将这些水流引导至干管或主干管中。

户线管：在排水管道系统的覆盖区域内，特定管线主要负责收集工厂、机关单位、居民社区、街道等区域的污水，并将其输送至市政排水管道以便进一步处理。

（2）排水管道设施养护质量等级标准划分

通过确立排水管道养护的质量评估标准和采用具体的养护质量检查手段，对排水管道的使用效果、结构完整性与附属设施的状况三个关键方面进行评估，以此来综合映射排水管道的整体完损情况。

排水管道养护质量检查标准见表 7-20。

表 7-20 排水管道养护质量检查标准

项目	内容	标准	说明
使用：排水通畅	管道存泥	一般小于管径的 1/5 大于 1250mm 管径者小于 30cm	大管径或沟深大于 1250mm 的存泥应小于 30cm
	检查井存泥	同上	同上
	截流井存泥	同上	同上
	进出水口存泥	清洁无杂物	应做到清洁无杂物
	支管存泥	小于管径的 1/3	雨期小于 1/3 管径，冬期小于 1/2 管径
	雨水口存泥	同上	同上

结构：无损坏	腐蚀	腐蚀深度小于0.5cm	小于0.5cm不作为缺点
	裂缝	保证结构安全	满足现状强度要求
	反坡	小于沟深的1/5	所影响流水断面小于管径1/5，不作为缺点
	错口	小于3cm	不影响结构安全，沟深1m以下，小于沟深1/10；沟深高1m以上，小于10cm，不作为缺点
结构：无损坏	挤帮	保证结构安全	有裂缝但不影响结构安全，不作为缺点
	断盖	保证结构安全	小于1cm者，不作为缺点
	下沉	保证结构安全	如果有，即为缺点
	塌帮、塌盖	不允许有塌帮、塌盖、无底、无盖情况	
	排水功能	构筑物排水能力与水量相适应	井口与地面衔接平顺，井盖易打开，抹面、勾缝无严重脱落，井墙、井圈、井中流槽无损坏、腐蚀，踏步无残缺、腐蚀等
	检查井	无残缺、无损坏、无腐蚀	同上
附属构筑物应完整	截流井、出水口	同上	模口与地面衔接有利于排水，井墙、算子、模口没有损坏
	应雨水口进水口	同上	启闸运转灵活，部件完整有效
	机闸、通风设备	适用、无残缺	如果有，即为缺点

（三）排水管道信息化管理

1. 排水管网管理信息系统的重要作用

作为市政基础设施的核心构成部分，排水管线承担着城市雨水与污水排放的关键任务。各级政府已经开始从城市发展的战略角度认识到地下排水管线在城市规划和管理中的关键角色。各地市政管理机构正在积极利用地下管线普查的数据，不断创新地下排水管线管理的方法。在政府和企业的共同努力下，排水管网管理信息系统的能力不断增强，日趋完善，其在保障城市"生命线"顺畅运行方面的作用就越发凸显。

（1）高效管理多源可视化数据

排水管网管理信息系统是一个庞大的数据处理平台，其数据库存储和处理大量的空间和属性信息，不仅包含管网本身的详细数据，还融合了来自不同来源、格式和精度的基础地理信息，如地形图、航空照片、DEM数据等等。这种集成改善了传统管网数据孤立、碎片化和不完整的问题，为市政管理提供了全面、一致的数据支持，便于业务操作、决策制定和信息共享。通过数据的综合展示和可视化，系统能够提供一个清晰的城市排水管网及其周边环境的鸟瞰图，包括交通、人口分布、水文、植被和地形等信息。另外，数据库能够有效地管理和对比不同时间点的管网数据，帮助分析和追踪城市管网的维护和变迁，为城市规划和发展提供了宝贵的数据支持。

（2）提升巡检、养护工作的效率和管理水平

排水管理部门需要定期对辖区内的管网及相关设施进行巡查，及时发现和清除管网中的"病患"，保障城市的排水安全。随着智能终端和移动网络的普及，结合地理信息系统（Geo-graphic Information System，GIS）、全球定位系统（Global Positioning System，GPS）、4G 等先进技术的手持移动设备成为排水管网巡检、养护的重要工具。

排水管网管理信息系统结合了便携设备和网络技术，使得现场巡查和养护工作人员能够使用手持设备将检查和维护的信息实时发送到监控中心。监控中心的工作人员则可以通过 Web 系统访问这些数据，以便实时监控巡查和养护的情况，并对发现的问题进行有效的人力资源调度。这种自动化的监控方式提高了巡检和养护工作的效率，减少了管网维护的成本，提升了工作人员对突发事件的反应速度，从而保证了管网系统的安全和高效率运作。

（3）辅助决策分析

GIS 的空间分析能力极大地依赖于其地理空间数据库。排水管网详尽的数据架构为搜索、分析、缓冲区分析和拓扑分析提供了坚实的支持。通过深入的数据挖掘，它能够解决与地理空间相关的实际问题，并且为排水管线的规划、城市建设、灾害预防等领域提供基于数据的决策支持。

（4）实时数据提高应急处置能力

城市排水管网是负责收集和运输污水及降水的关键系统。排水管理信息系统能够有效整合当前的数据和硬件网络资源，从而实现资源利用的高效和节约。依托在线监控数据和管网的空间信息，结合管网水力模型以及其他相关模型，并利用 GIS 的数据管理及空间分析功能，对管网的运行状态进行深入分析评估，为管网的日常维护提供了坚实的数据支撑。在流量、流速、液位或压力等运行参数异常或超出安全阈值的情况下，市政管理人员能够迅速做出响应，进行快速诊断和处理，提升对管网紧急事件的应对能力，确保公共安全和人民生命财产的安全，同时确保排水设施的顺畅运行。

2. 基础资料收集

信息化的构建依赖于准确的基础数据，在城市供水排水管网的信息化发展过程中，基础数据的至关重要性无论如何强调都不为过。这些基础数据大致可以划分为两个主要类别。

（1）空间数据

地理空间数据用于确定图形和地图特征的位置，参考的是地球表面的具体位置。在排水管网 GIS 系统中，地理空间数据主要包括地形图数据和排水管网数据（包括坐标和高程），通常其误差控制在坐标 ±10cm，高程 ±8cm 以内。地形图数据涵盖了地形、建筑物、河流等内容，而排水管网数据则包括了污水管道、雨水管道、排水用户点、污水检查井、雨水检查井、污水泵站与雨水泵站等信息。

（2）属性数据

属性数据提供与地理位置无关的详细信息，它们与地理实体相关的地理变量或意义相关联。在排水管网 GIS 系统中，属性数据由地形图的属性数据（如长度等）和管网中各个组件的属性数据（如坐标、管长、管径等）构成。排水管网由管道、管线、检查井、泵站等多种组件构成。这些组件的属性字段类型应根据实际需求设定，例如，管段可能包括编号、管径、管长、铺设日期、位置、管道基础等信息。

3. 各种技术的应用

（1）地理信息技术

地理信息系统（GIS）是一种利用计算机技术对地理信息进行输入、查询、分析的综合性技术领域，它作为一种强大的信息管理技术被广泛应用。伴随着计算机技术的进步，GIS 技术在给排水工程领域也得到了广泛的运用。

通过应用地理信息系统技术，排水管网可以建立技术信息库，从而实现地下排水管网的科学与可视化管理。地理信息技术能够有效地将各类信息和地理位置结合，实现排水管网的可视化，使得管理人员能够直观地了解地下排水管网的情况。

（2）数据库技术

为了建立一个有效的污水管网及其配套设施管理系统，数据库技术是不可或缺的，其中包括一些前沿的数据库技术。可以考虑纳入的技术包括分布式数据库、数据仓库、面向对象的数据库、多媒体数据库、Web 数据库、数据挖掘、三级存储、空间数据存储以及信息检索和浏览技术等。

（3）全球定位系统（GPS）

在排水管网信息系统中，全球定位系统（GPS）广泛应用于信息采集、移动办公、车辆定位监控等子系统。结合 GIS 技术，监督和指挥中心可以轻松地实现对污水管网设施、巡查人员、维修车辆等元素的精确定位和可视化管控。

（4）管网水力模型

排水管网水力模型是一套基于管网的物理属性数据和地理信息系统，结合圣维南方程组、曼宁公式等水文学和水力学理论的数学抽象。该模型能够模拟排水管网在干旱和降雨条件下的水流情况，识别系统中的拥堵段落，并常用于排水管道设计改造的合理性分析以及管网优化调度方案的评估。

（5）管道内的在线监测设备

远程监控设备（如窨井液位器和流量计）在城市排水管网中扮演着重要角色，它们用于实时监控窨井的水位。这些设备通过 4G 无线网络将数据传输到管理系统，从而让管理者能够了解排水管网的实际运行情况。

这些在线监测装置如同排水系统的"监控哨兵"，通过持续发送的数据流，实现对管网运作的实时监控。分析这些数据有助于揭示管网的问题，为维护工作提供准确的信息，帮助管理者准确掌握管网的排水模式和运行状态。此外，数据洞察还能揭示管道中的淤积和堵塞问题，为管网的养护和维护提供科学决策支持。

二、雨水设施养护与维修

（一）雨水管渠养护的概述

1.雨水管渠养护的定义

城市雨水管道和雨水沟渠一同构成了雨水管渠系统，这一系统在城市基础设施中扮演着至关重要的角色。在城市的排水网络中，除了市政排水管渠，还包括连接湖泊和城市河流等其他水利管渠，它们共同构成了城市排水管网的重要组成部分。雨水管渠和污水排水管网一起，持续地收集和排放工业废水、生活污水以及降水，确保管道畅通不仅是日常生活中不可或缺的需求，也是保护城市环境及防止污水污染的重要措施。

2.雨水管渠养护的模式

在过去，道路养护工作主要由政府部门及其下属机构负责。然而，随着市场经济的不断发展，传统的"管养一体"管理模式逐渐不适应新的发展要求。因此，各地纷纷进行体制改革，其中市政设施管理养护体制改革的主要趋势是朝向"综合化、地方化和市场化"。目标是实现养护管理与生产操作的分离，建立一个公平竞争、规范有序的养护市场，这是道路养护模式改革的发展趋势。

例如，一些地区采用了"多位一体"的管养模式，把管养项目分为设备设施两大类。设备类包括"系统运行、设备维护、检验检测、智能管理"四个方面，而设施类则包括"市政、亮灯、绿化、环卫"四个方面。通过市的公共资源交易平台，公开招标引入专业养护企业，实施市场化的管养方式，以提升整体养护水平。此外，通过鼓励私营企业和民营资本与政府合作，参与公共基础设施的建设，实现互利共赢。

3.雨水管渠养护的方法

雨水管渠的维护管理涉及常规的巡查与清理两个关键环节。巡查工作重点在于检查井盖的状态、设施的运行情况，以及周边环境是否对管道造成潜在的损害。通过日常的巡检，可以及时发现并解决常见问题，保障设施的安全运行，并提升维护工作的效率。对重要井室进行定期的检查开放，对问题频发的区域进行持续监控，对一般区域则进行不定期的抽查。对于关键管道和潜在风险区域，应加强巡检；对于次要管道，要保持巡检的质量；对于一般管道，要确保巡检的全面性。这种方法可以在不增加过多巡检时间和工作量的情况下，提高巡检的效果，并获得更及时、准确的信息。

至于雨水管渠的疏通，这是确保管网顺畅运行的关键。管渠内过多的沉积物和杂物会影响其排水能力，可能导致堵塞。因此，针对雨水管网的堵塞问题，通常需要重点清理上游管道，以保障水流的畅通无阻。

（二）雨水管渠养护的质量管理

1.雨水管渠养护管理对策

为了确保雨水管渠的养护工作能够预防潜在问题，实现排水设施的科学化管理，关键在于将工作重点放在"养护"这一环节。提升对排水设施养护重要性认识至关重要，即将养护管理视为一种技术管理方式，通过维护城市排水设施来增强其性能。要增强排水性能，必须从人员、技术和安全三个维度对排水设施进行养护。在人员方面，需要组建一支专业的管理团队，以专业的视角来监督和控制排水设施；在安全方面，应恪守"安全优先"的原则，对排水设施进行彻底的检查，识别和消除安全隐患，提升设施的安全性；在技术方面，要不断引入新技术，将先进技术应用于排水设施的维修和维护工作中，为提升设施性能奠定基础。

通过优化排水设施的养护管理，我们能够实质性地提升管理质量，实现对排水设施更科学、更有效的监督与控制，从而促进其高效运用。为了完善城市排水设施的养护管理，应当重点从两个方面着手：一是对管网调查进行精细化，二是制定合理的作业流程。精细化管网调查有助于更真实、更有效地掌握管道运行状态，为准确监测管道状况提供可靠的数据支持。精细化调查可以通过加强日常巡查、定期普查、使用 CCTV 检测、声呐探测等技术手段来实现。这些调查手段能够确保检测结果的真实性与准确性，为排水设施的养护提供坚实基础。按照既定的规范和科学作业流程，有序地执行养护管理任务，这样就能全面监督和控制排水设施的各个方面，提升养护效果，进而提高了排水设施的整体性能。

2. 雨水管渠日常巡查、日常养护以及日常维修的对策

（1）雨水管渠的日常巡查

雨水管渠的日常巡查至关重要，巡查时需关注多项内容。这包括检查是否有污水泄漏、雨水口中是否积水、井盖和雨水箅是否损坏、管道是否有坍塌现象、是否有违规占用管道、非法排放、私接管道，以及是否有工程施工影响管道排水等情况。管道、检查井和雨水口内不得留有石块等阻碍排水的杂物，其允许积泥深度应符合表 7-21 的规定。

表 7-21　雨水管渠允许积泥深度

设施类别		允许积泥深度
管道		管径的 1/5
检查井	有沉泥槽	管底以下 50mm
	无沉泥槽	主管径的 1/5
雨水口	有沉泥槽	管底以下 50mm
	无沉泥槽	管底以上 50mm

排水管理部门应制定本地区的雨水管渠养护质量检查办法，并且定期对雨水管渠的运行状况等进行抽查，养护质量检查不应少于 3 个月一次。

（2）检查井的日常巡视检查

检查井日常巡视检查的内容应符合表 7-22 的规定。

表 7-22 检查井日常巡视检查

部位	外部巡视	内部检查
内容	井盖埋设	链条或锁具
	井盖丢失	爬梯松动、锈蚀或缺损
	井盖破损	井壁泥垢
内容	井框破损	井壁裂缝
	盖、框间隙	井壁渗漏
	盖、框高差	抹面脱落
	盖框突出或凹陷	管口孔洞
内容	跳动和声响	流槽破损
	周边路面破损	井底积泥
	井盖标识错误	水流不畅
	其他	浮渣

检查井盖和雨水箅的维护应符合表 7-23 的规定。

表 7-23 井盖和雨水箅的选用

井盖种类	标准名称	标准编号
铸铁井盖	《铸铁检查井盖》	CJ/T 511-2017
混凝土井盖	《钢纤维混凝土检查井盖》	IC 889-2001
塑料树脂类井盖	《再生树脂复合材料检查井盖》	CJ/T 121-2000
塑料树脂类水箅	《再生树脂复合材料水箅》	CJ/T 130-2001

（3）雨水设施的日常养护

①盖板沟维护规定。保持盖板不翘动、无缺损、无断裂、不露筋、接缝紧密；无覆土的盖板沟其相邻盖板之间的高差不应大于 15mm。同时盖板沟积泥深度不应超过设计水深的 1/5。

②潮门维护规定。潮门需保持良好的闭合状态和灵活的开启关闭性能；吊臂、吊环和螺栓应无缺失损坏；潮门前不应有任何积泥或杂物堆积。在汛期，潮门的检查应每月至少进行一次；而对于拷铲、油漆、注油润滑和更换零件等关键维护工作，则应当每年至少实施一次。

③岸边式排放口的维护规定：首先，需要进行定期的巡查，以便及时发现并处理排放口附近的杂物堆放、建筑物搭建或者垃圾倾倒等问题；同时，排放口的挡墙、护坡和跌水消能设施应保持完好无损，一旦发现裂缝、倾斜等损坏，应立即进行修复。其次，

对于埋设深度小于河滩高度的排放口，应在每年的枯水期进行清淤作业；然而对于管底高于河滩 1 米以上的排放口，应根据冲刷状况采取分级跌水等消能措施。

④江心式排放口的维护规定。在排放口周边的水域，禁止进行纲网捕鱼、船只系留或进行其他工程活动；此外，排放口的标识牌应定期进行检查和涂漆维护，以保持其结构的完整性和文字的清晰度。对于江心式的排放口，建议使用潜水作业来检查河床变化、管道堵塞、构件侵蚀以及水下生物附着等情况；同时，应定期使用全负荷泵送方法进行水力清洗，以维持排放管道和喷射口的畅通，且每年至少进行两次冲洗。

3. 雨水管道的检查

①雨水管道检查可分为管道状况普查、移交接管检查和应急事故检查等。

②管道缺陷在管段中的位置应采用该缺陷点离起始井之间的距离来描述；缺陷在管道圆周的位置应当采用时钟表示法来描述。

③管道检查项目可分为功能状况和结构状况两类，主要检查项目应包括表 7-24 内容。

表 7-24 管道检查主要检查项目

部位	外部检查	内部检查
检查项目	管道积泥	裂缝
	检查井积泥	变形
	雨水口积泥	腐蚀
	排放口积泥	错口
	泥垢和油脂	脱节
	树根	破损与孔洞
	水位和水流	渗漏
	残墙、坝根	异管穿入

注：表中的积泥包括泥沙、碎砖石、固结的水泥浆及其他异物。

④为了评估管道的功能性状态，建议普查周期为每 1 到 2 年一次；而主要以结构性状态为目标的普查，则适宜每 5 至 10 年进行一次。在流沙高发区域、使用年限超过 30 年的管道、建设质量较低的管道以及关键管道上，普查的间隔时间可以适当缩短。

⑤移交接管检查的主要项目应包括渗漏、错口、积水、泥沙、碎砖石、固结的水泥浆、未拆清的残墙、坝根等。

⑥管道查验可以运用多种方法，包括人员直接进入管道内部进行视察、使用反光镜进行远程观察、借助电视摄像头进行远程视频检查、利用声呐技术进行无接触探测、通过潜水员下水进行检查，或采用水力坡降法来进行评估。

4. 雨水管道维修

①重力流排水管道严禁采用上跨障碍物敷设方式。

②污水管、合流管和位于地下水位以下的雨水管应选用柔性接口的管道。

③管道开挖维修应符合现行国家标准《给水排水管道工程施工及验收规范》（GB 50268-2008）的规定。

④进行管道的封堵作业时，必须获得排水管理机构的正式许可；在封堵之前，必须实施有效的临时排水措施以避免积水。封堵时，应先封闭上游的管口，然后才封闭下游的管口；而在拆除封堵时，应按相反的顺序，先拆除下游的封堵，再拆除上游的封堵。封堵管道的手段包括使用充气式管塞、机械式管塞、木质塞子、止水板、黏土填充麻袋或者砌墙等方法。

⑤使用充气管塞封堵管道应符合以下规定：第首先，应选用符合标准的充气式管塞。其次，安装管塞的部位应清理干净，无石子等杂物，同时管塞承受的水压不得超过其最大允许压力，应按照规定的压力进行充气。再次，使用期间需要指定专人每日检查气压，若气压低于规定值，应立即补气，并按照规定采取防滑支撑措施。最后，拆除管塞时应逐步放气，并在下游设置拦截设施，放气过程当中，井下作业人员不应在井内逗留。

⑥已变形的管道不得采用机械管塞或木塞封堵及带流槽的管道不得采用止水板封堵。

⑦采用墙体封堵管道应符合以下规定：首先，应根据水压和管道直径来确定墙体的安全厚度，并在必要时增加支撑结构。其次，在封堵流水管道时，建议在墙体中预先安装一个或多个小口径短管以保持水流畅通，待墙体达到预定强度之后，再封堵这些预留孔。对于某些大直径、深水位的管道墙体封堵或拆除，可以考虑使用潜水作业。在拆除墙体之前，应先移除预埋短管中的管堵，放水以降低上游水位；在这个过程中，井内不应有人停留，直到水流恢复正常后才可开始拆除工作。拆除完毕后，还需确保墙体完全清除并做好清洁工作。

⑧支管接入主管应符合以下规定：首先，支管在连接到检查井后应与主管线相连，同时，检查井开孔与管端之间的缝隙要用水泥砂浆填充密实，并且内外抹平；其次，对于雨水管或合流管的接户井底部，建议设置沉泥槽。（若支管底部低于主管顶端，其水流转向角度不应小于 90 度）

⑨井框升降应符合以下规定：首先，机动车道下的井框升降衬垫材料应使用强度等级不低于 C25 的现浇或预制混凝土；其次，井框与路面之间的高差应遵守《铸铁检查井盖》（GJ/T 511-2017）或《钢纤维混凝土检查井盖》（GB/T 26537-2011）等技术标准的规定；第三，井壁内部的上升部分应用水泥砂浆抹平。在井框升降后的一段时间内，应设置施工围栏进行保护和警示。

5. 污泥运输与处置

污泥运输应符合以下规定：

①通沟污泥可采用罐车、自卸卡车或者污泥拖斗运输。

②可采用水陆联运；在运输过程中，应做到污泥不落地、沿途无洒落。

③运输污泥的车辆应当配备顶盖，并且应定期清洗以保持车体的清洁。在进行长距离运输之前，污泥最好经过脱水处理，这一过程可以于中转站完成，或者运输到污水处理厂进行。

当污泥储存设备和运输车辆停放在街道上时，应设置明显的安全标志，并在夜间悬挂警示灯以提醒路人。疏通作业完成后，应立即清理现场。

污泥的处理和处置应遵守以下原则：在送往处置场地之前，污泥须经过脱水过程；同时，污泥的处置过程当中不得对环境造成任何污染。

第八章　市政工程绿色施工管理

第一节　绿色施工管理基础

一、组织管理

构建绿色施工管理体系涉及对绿色施工管理的组织规划与设计，其目的是制定一套系统化且全面的管理制度，并且确立绿色施工的整体宗旨。该管理体系明确了职责分工，其中项目经理担任绿色施工的首要责任人，负责推动绿色施工的执行及目标的达成，并且负责指派专门的绿色施工管理人员和监督人员。

（一）管理体系

绿色施工管理体系在传统工程项目组织结构的基础之上发展起来，将绿色施工的理念融入其中，并确立了相应的责任和管理目标，以确保绿色施工的顺利进行。根据项目的规模、特点和特定要求，工程项目的管理体系可以分为职能型、线性型和矩阵型等多种结构。绿色施工的理念并不是要求彻底改变组织结构，而是将其视为建设项目中需要达成的常规目标之一。与工程进度、成本控制和质量保障目标一样，绿色施工目标构成了项目整体目标的一个重要组成部分。

为了实现绿色施工这一目标，可以建立公司和项目两级绿色施工管理体系。

1. 公司级绿色施工管理体系

施工企业应该建立以总经理为第一责任人的绿色施工管理体系，一般由总工程师或者副总经理作为绿色施工管理者，负责协调人力资源管理部门、成本核算管理部门、工程科技管理部门、材料设备管理部门、市场经营管理部门等管理部室，如图 8-1 所示。

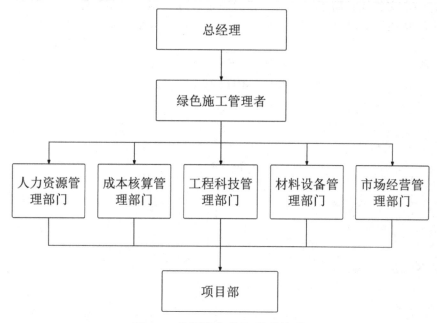

图 8-1 公司绿色施工管理体系

①人力资源管理部门：负责安排绿色施工所需人员的岗位安排和培训工作；监督项目部制定并执行绿色施工的培训计划，以及对其效果进行评估反馈；组织关于国内及本地区绿色施工的新政策和新制度，在整家公司内进行推广和教育等等。

②成本核算管理部门：负责绿色施工直接经济效益分析。

③工程科技管理部门：负责协调公司全体绿色施工项目在人力、设备、周转材料和废物处理等方面资源；负责监控项目部门制定的绿色施工措施执行情况；负责确保项目部门收集数据的及时性、完整性和准确性，并在公司内进行比较分析后向项目部门反馈结果；负责执行公司层面的绿色施工专项检查；负责协助人力资源部门推广绿色施工相关政策并确保其在项目部门得以实施。

④材料设备管理部门：负责创建和维护公司的《绿色建材数据库》以及《绿色施工机械和机具数据库》，并确保数据库信息的及时更新；负责审查项目部门材料领用制度的限额领料规定是否得到有效执行；负责监控项目部门的施工机械在维修、保养和年检等方面的管理活动。

⑤市场经营管理部门：负责对绿色施工分包合同的评审，把绿色施工有关条款写入合同。

2. 项目绿色施工管理体系

绿色施工管理体系要求于项目部门设立专门的绿色施工管理部，该部门将负责在项目建设期间统筹处理与绿色施工相关的各种事务。该机构的成员主要由项目部门的管理人员构成，并且可以包括其他参与项目的各方人员，比如业主方、监理机构、设计单位等。

同时要求实施绿色施工管理的项目必须设置绿色施工专职管理员，要求各个部门任命相关的绿色施工联络员，负责本部门所涉及的与绿色施工相关职能，如图 8-2 所示。

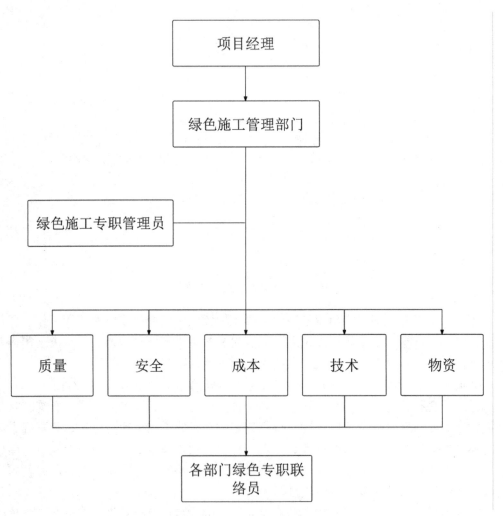

图 8-2 项目绿色施工管理体系

（二）责任分配

在绿色施工管理体系中，需要制定一套完备的责任分配机制。应明确指定一位绿色施工的第一责任人，他将负责将绿色施工的相关责任分配给各个职能部门的负责人，然后由这些部门负责人进一步将责任具体分配给部门内的工作人员，以确保绿色施工的整体目标得到实现，并确保责任的明确分配。具体做法如下：

管理任务分工。在项目的施工组织设计文件中，应纳入一份绿色施工管理任务分工表。在编制这个表格之前，需要根据项目的具体特性，分析项目在各个实施阶段与绿色施工相关的任务，包括质量控制、进度管理、成本管理、信息整合、安全管理以及组织协调等。这个分工表应当清晰地指出每一项管理工作由哪个部门或个人负责，哪些部门或个人需要参与其中，并且随着项目的推进，需要不断地对其进行更新和调整。

管理职责应当划分为四个主要领域：决策、执行、监督与参与。确保每项任务都有明确的职责归属，包括决策制定、执行、监督以及参与。

针对绿色施工理念融入带来的技术和管理上的更新和标准，应当对相关人员进行专业培训，以便他们能够适应新的工作模式。

在责任分配及执行的过程中，应指定专人负责协调和监督，以确保工作的顺利进行。同时，可以聘请行业专家担任顾问，以保障实施过程的顺畅和有效性。

1. 公司级绿色施工责任分配

①总经理为公司绿色施工第一责任人。

②项目经理或副总经理担任绿色施工的主导角色，负责指导和管理绿色施工的专项事务，并全面监管和指导各部门在绿色施工方面的进展。

③以工程科技管理部门为主，其他各管理部室负责与其工作相关的绿色施工管理工作，并且配合协助其他部室工作。

2. 项目级绿色施工责任分配

①项目经理为项目绿色施工第一责任人。

②项目技术负责人、分管副经理、财务总监以及建设项目参与各方代表等组成绿色施工管理部门。

③绿色施工管理部门开工前制订绿色施工规划，确定拟采用的绿色施工措施并进行管理任务分工。

④管理任务分工，其职能主要分为四个：决策、执行、参与和检查。

⑤完成主要绿色施工管理任务分工表的制定后，各执行部门应编写相应的计划并报送绿色施工专职管理员。专职管理员将对计划进行初步审查，随后提交给项目部的绿色施工管理部门进行最终审批。这些计划将被作为项目的正式指导文件，分发给所有相关部门和工作人员。

⑥在绿色施工的执行阶段，绿色施工专职管理员需监督和协调各项措施的落地情况。针对实施过程中出现的技术难题和关键点，可以邀请行业专家提供咨询指导，以确保施工过程的顺畅进行。

此外，绿色施工管理体系应具备有效的内外部沟通机制，确保项目外部相关政策的最新信息与内部绿色施工的实施状况及所遇挑战能够迅速且高效地传递。公司和项目的绿色施工管理责任人以及管理部门应负责统一的方向指引及协调工作。

二、绿色施工策划

绿色施工策划对于推动工程项目的绿色施工至关重要，因此，施工项目部必须严谨地开展此工作。该策划应详尽反映在工程项目策划书中，作为指导施工的必备文件之一。

绿色施工的策划可以利用《工程项目绿色施工组织设计》、《工程项目绿色施工方案》或《工程项目绿色施工专项方案》来表达，其内容应包含管理目标、责任分配、实施和措施等核心部分。在创制绿色施工组织设计时，应遵循现行的施工组织设计规范，把绿色施工的要求纳入各个相关章节中，以构成一个全面的绿色施工系统文档，并依照标准流程进行审批和执行。而当制定绿色施工专项方案时，它应该在施工组织设计中作为一个独立章节出现，并且按照规定流程获得审批。绿色施工专项方案应包括但不限于以下内容：

①工程项目绿色施工概况；②工程项目绿色施工目标；③工程项目绿色施工组织体系和岗位责任分工；④工程项目绿色施工要素分析及绿色施工评价方案；⑤各分部分项工程绿色施工要点；⑥工程机械设备及建材绿色性能评价及选用方案；⑦绿色施工保证措施等。

（一）绿色施工总体策划

1. 公司策划

在确定某工程要实施绿色施工管理后，公司应当对其进行总体策划，策划内容包括：

①材料设备部门依据《绿色建材数据库》的信息，为工程项目筛选出了位于 500 公里范围内的绿色建材供应商名单，以供项目团队进行选择。同时，该部门还根据工程的具体需求，在《绿色施工机械、机具数据库》中提供了合适的机械设备选型建议。

②工程科技管理部门搜集了工程周边正在施工的项目的信息，并对工程临时设施建设所需的周转材料、临时道路路基建设所需的碎石类建筑垃圾，以及若工程涉及前期拆除工序所产生的大量建筑垃圾的就近处理提出了具体的合理化建议。

③根据工程特点，结合类似工程经验，对工程绿色施工目标设置提出合理化建议和要求。

④对绿色施工要求的执证人员、特种人员提出配置要求与建议，对工程绿色施工实施提出基本培训要求。

⑤在公司范围内，以绿色施工的节能、减排、节水、节材和环境保护五个基本原则为指导，整合调配资源、人员和机械设备，旨在实现资源使用最小化、人员配置最优化、设备协作效率最高及能源消耗最低。

2. 项目策划

在进行绿色施工专项方案编制前，项目部应对以下因素进行调查并结合调查结果做出绿色施工总体策划。

（1）工程建设场地内原有建筑分布情况

在拆除既有建筑物时，应考虑将拆除材料进行再利用。对于需要保留现有建筑物，在施工过程中应充分利用，并根据工程的具体情况做出合理规划。而对于那些施工中不可使用的现有建筑物，应采取严格的保护措施，并制定专门的防护方案。

（2）工程建设场地内原有树木情况

①需移栽到指定地点时，安排有资质的队伍合理移栽。

②需就地保护时，制定就地保护专门措施。

③需暂时移栽时，竣工后移栽回现场，安排有资质队伍合理移栽。

（3）工程建设场地周边地下管线及设施分布情况

制定相应的保护措施，并考虑施工时是否可以借用，以避免重复施工。

（4）竣工后规划道路的分布和设计情况

在布置施工道路时，应尽可能与既定规划的道路相吻合，并依照规划道路的路基设计方案进行施工，以减少不必要的重复建设。

（5）竣工后地下管网的分布和设计情况

特别是排水管网，建议一次性施工到位，避免重复施工。

（6）本工程是否同为创绿色建筑工程

如果是，考虑某些绿色建筑设施提前建造，在施工中提前使用，避免重复施工。

（7）距施工现场500千米范围内主要材料分布情况

尽管公司已给出材料供应的推荐，项目部还是需要基于工程预算材料清单对关键材料生产商进行详细调研。对于那些地理位置较远的材料，需评估运输过程当中的能源消耗和损耗情况。在确保工程质量、安全、进度和外观不受影响的前提下，项目部可以提出相应的设计变更建议。

（8）相邻建筑施工情况

在施工现场附近，需考察是否存在正在进行或计划中的其他工程。从建筑废料的处理、临时设施所需的周转材料协调、机械设备的共同使用、临时或永久设施的共享、土方临时堆场的利用以及临时绿化的移植等角度，评估是否能够与其他项目进行合作。

（9）施工主要机械来源

依据公司给出的机械设备选型建议，同时考虑工程现场周边环境的因素，合理安排施工所需主要机械的来源，旨在降低运输过程中的能耗，并坚持以高效率使用机械设备为基本原则。

（10）其他

①设计中是否有某些构配件可以提前施工到位，在施工中运用，避免重复施工。

②卸土场地或土方临时堆场考虑运土时对运输路线环境的污染和运输能耗等，距离越近越好。

③回填土来源考虑运土时对运输路线环境的污染和运输能耗等等，在满足设计要求前提下，距离越近越好。

④建筑、生活垃圾处理要联系好回收和清理部门。

（二）绿色施工方案

在进行充分调研后，项目部应根据绿色施工策划编制绿色施工方案。

1. 绿色施工方案主要内容

绿色施工方案是在工程施工组织设计的基础上，对绿色施工有关的部分进行具体和细化，其主要内容应包括：①绿色施工组织机构及任务分工。②绿色施工的具体目标。③绿色施工针对"四节一环保"的具体措施。④绿色施工拟采用的新技术措施。⑤绿色施工的评价管理措施。⑥工程主要机械、设备表。⑦绿色施工设施购置（建造）计划清单。⑧绿色施工具体人员组织安排。⑨绿色施工社会经济环境效益分析。⑩施工现场平面布置图等。

其中，绿色施工方案应重点突出环境保护措施、节材措施、节水措施、节能措施、节地与施工用地保护五个方面的内容。

2. 环境保护措施

施工过程中具体要依靠施工现场管理技术和施工新技术才能达到保护施工环境的目标。

①施工现场管理技术的使用。管管理部门和设计机构需向承包商明确在使用场地时的各项要求，并制订一份旨在降低场地干扰的场地使用计划。该计划应具体规定场地中需要受到保护的区域和植物；在场地整理、土方挖掘、施工降水、永久及临时设施建设过程中，应采取哪些措施以减轻对工地及周边的动植物资源、地形地貌、地下水位、现有文物和地方特色资源等的破坏；如何有效地安排分包商和不同工种对施工场地的使用，以减少材料和设备的搬运，并明确各工种在场地通道上的具体需求；以及如何处理和清除废弃物，包括废物的回填或掩埋，并对这些行为可能对场地生态和环境造成的影响进行评估。

②对施工现场的道路实施硬化措施并进行必要的绿化，同时制定定期的洒水和清扫计划，确保车辆不带泥土进出工地，可在工地入口处设立碎石道路和清洗车辆的沟渠；对于水泥、石灰、珍珠岩等粉状材料，应设置封闭式仓库进行存放，并在运输过程中采取遮盖措施以防泄露；此外，还需对搅拌站进行封闭，并安装相应的除尘设备。

③经沉淀的现场施工污水（如搅拌站污水、水磨石污水）和经隔油池处理后的食堂污水可用于降尘、刷汽车轮胎，提高水资源利用率。

④应对建筑垃圾的生成、排放、收集、搬运、利用和处理进行全面的规划和管理。例如，在施工现场，垃圾和渣土应分类存放，并加强回收利用，避免建筑垃圾积压在建筑物内部，妥善保管可能产生污染的物料等。具体措施包括尽量减少和防止建筑垃圾的产生，对产生的垃圾尽可能进行回收和资源化处理，以有效控制垃圾的流向，严格禁止无序倾倒垃圾；同时，尽可能使用先进技术，防止产生二次污染，以达成建筑垃圾减量、资源化利用和无害化处理的目标。

⑤在施工现场，油漆、燃油、氧气瓶、乙炔瓶、液化气瓶、外加剂、化学药品等危险和有害物品应隔离存放于专门的区域。优先选择低挥发性的材料和产品。对于有毒作

业，应尽量安排在非工作时段进行，同时配合有效的通风措施。

⑥采用现代隔离防护设备来控制噪音，例如在噪声较大的车辆和设备上安装消声器（如阻尼消声器、微孔消声器等），并在噪声较大的作业区域设置隔声屏障或隔声室；使用低噪音、低振动的建筑机械，如低噪音振捣器、风机、电动空压机、电锯等；并将产生噪音的设备和活动安排在人口密集区域以外，合理安排施工时间以减少对周围环境和人群的影响。

3. 绿色建材的使用和节材措施

（1）绿色建材的使用

绿色建材指的是通过环保的生产方式，减少了对天然资源的依赖，并大量使用工业废弃物、城市垃圾、农作物秸秆等原材料，制造出无毒、无害、无放射性，且对环境保护和人体健康有益的建筑材料。绿色建筑材料的基本特征是：

①建筑材料生产尽量少用天然资源，大量使用尾矿、废渣、垃圾等废弃物。

②采用低能耗、无污染的生产技术。

③在生产中不得使用甲醛、芳香族、碳氢化合物等，不得使用氟、铬及其化合物制成的颜料、添加剂和制品。

④产品不仅不损害人体健康，而且有益于人体健康。

⑤产品具有多种功能，如抗菌、灭菌、除霜、除臭、隔热、保温、防火、调温、消磁、防射线和抗静电等等功能。

⑥产品循环和回收利用，废弃物无污染以防止二次污染。

在应用绿色建材的过程中，施工单位需要遵循国家、行业或地方的相关法律、法规和评估标准来挑选建筑材料，以确保其质量符合要求。这包括选择能耗低、性能高、耐用性强的材料；选择可生物降解、对环境污染小的材料；选择可循环利用、可重复使用和可再生的材料；使用由废弃物生产的材料；以及在本地区采集材料，最大化利用本地资源进行施工，从而降低能源消耗和对环境的负面影响。

（2）节材措施

①节约资源，在建设用地的范围内，应合理利用现有的建筑物作为施工临时用房。对于拆除的建筑材料，如钢材和木材等，应进行分类回收和再利用。尽量使用原有材料作为临时设施，选择易于装配和循环利用的材料，并采用工厂预制的成品，以减少现场加工和废料产生。此外，应减少建筑垃圾的产生，并充分回收和利用废弃物。

②减少材料的损耗。通过精细的采购管理、合理的现场存储、降低材料搬运频率、减少包装使用、优化施工工艺以及增加材料的周转次数，可以有效提升材料的使用效率。

③可回收资源的利用。利用可回收资源是资源节约的关键途径，也是目前需要加强的发展方向。这主要表现在两个层面：首先，采用含有可再生成分的产品和材料，有助于在废弃物中分离出可回收部分，同时减少对原始材料的依赖，从而降低对自然资源的消耗；其次，增加资源和材料的回收及循环利用，例如在工地建立废物回收系统，重新使用或重复利用拆除过程中获得的材料，这不仅能减少施工过程中的材料消耗，还可通

过销售回收材料来增加企业收入，或减少企业在运输和处理垃圾方面的成本。

④建筑垃圾的减量化。为了开展绿色施工，减少建筑垃圾是至关重要的环节。目前，建筑垃圾的数量极其庞大，其堆放或填埋不但占据大量土地资源，而且对环境造成了严重影响，如垃圾渗滤液污染土壤和地下水，有机物分解产生的有害气体污染空气。此外，忽视建筑垃圾的回收利用会导致资源的巨大浪费。因此，人们的目标是实现建筑垃圾的减量和循环利用。首先，应对施工现场产生的建筑垃圾进行详细调查，了解其种类、数量、产生原因及再利用潜力等，为后续的减量和再利用工作提供必要的基础数据和信息。

⑤在临时设施建设中，应最大限度地利用回收的旧材料和现场拆迁的材料，并选用易于组装和循环利用的材料。此外，周转材料、循环使用的材料和工具应设计为耐用、易于维护和拆卸，以便于回收和再利用。通过使用工业化成品，可以减少现场加工和废料产生。同时，应减少建筑垃圾的产生，并最大限度地利用废弃物。

（3）节水措施

研究表明，建筑施工过程中水资源的消耗大约占到整个建筑成本的 0.2%，因此，对施工现场的水资源进行有效管理，不仅有助于减少水资源浪费，还能提升成本效益和节约成本。基于工程所在地的水资源实际情况，现场可以实施一系列措施来减少用水量，包括：①对水资源使用进行监控，安装小流量的设备和器具以降低施工期间的用水需求。②使用节水型设备，摒弃浪费水的习惯，以减少用水量。③在基础施工阶段有效利用地下水。④在允许的条件下，建立废水回收和再利用系统。

（4）节能措施

可采取的节能措施有：

①通过调整能源消耗结构，可以有效控制施工过程中的能源消耗。根据实际的情况，合理规划施工流程，并积极推广节能减排的新技术和工艺。设定合理的施工能源消耗标准，以提升能源的利用效率。确保施工设备在高效范围内运行，减少无效能耗。同时，禁止使用不符合标准的临时设施用电，以减少能源浪费。

②在选择工艺和设备时，应优先考虑技术成熟且能源消耗较低的选项。同时，需定期对设备进行维护和保养，以保障其正常运行，并减少能源消耗。应避免因设备故障或不当操作导致的能源浪费。另外，当施工机械和办公室电器处于闲置状态时，应立即关闭电源，以进一步节约能源。

③在施工过程中，应合理规划施工流程，充分利用施工进度计划，尽量减少夜间施工以降低能源消耗。地下室的照明应优先选择节能灯具。所有电焊机都应配备空载短路保护装置，以减少能耗。夜间施工结束后，应关闭大部分施工现场的照明，只保留周边道路照明，以满足夜间巡视的需要。

（5）节地与施工用地保护措施

①合理布设临时道路。临时工程包括临时道路、临时建筑和临时桥梁等，其中临时道路根据功能分为主要道路和辅助道路。主要道路连接整个项目或区域，而辅助道路则连接主要道路与关键工程或临时设施。修建用于工程的临时道路时，应考虑交通量、距离、工程期限、地形、当地材料和车辆类型等因素，以确保能够及时供应施工人员生活

物资和工程所需的机械材料，同时也要考虑到节约土地，尤其是保护耕地的重要性。因此，在施工前应详细研究区域内的交通运输状况，最大化利用现有道路和水运能力，对照设计部门提供的临时道路资料，确定关键控制点和道路的类型与标准。在施工过程中，应严格执行节约用地和保护耕地的政策，合理规划并且建设临时道路。

②合理布置临时用房。施工期间所需的临时住所涵盖了办公、居住、生产、储存和文化休闲等多个功能，这些建筑的特点是建设速度需快、使用周期短，并在工程完成后进行拆除。因此，在考虑临时住所时，除了尽可能利用周围的现有建筑和提前建造永久性房屋外，还应尽量采用帐篷和可拆卸的预制房屋，这样既能节省人力和材料成本，降低总体建设费用，也有助于未来的土地恢复。如临时房屋在工程结束后可以移交给当地管理部门或地方使用，可以根据实际情况提高建设标准，并在设计和结构上满足使用需求。

③合理设计取弃土方案。在建筑施工中，填基挖土、坑土排放等取弃土作业是最常见的任务。这些作业往往需要占用土地资源，所以如何选址取土、挖土以及堆放弃土，对工程的效率和土地资源保护至关重要。合理规划这些作业不仅可以减少工程量，还能最小化对耕地的占用。通过实施一系列措施，可以实现节约用地和保护土地资源的目标。

实施集中取弃土策略。在需要大量填方的施工中，建立专门的取土场进行集中取土，避免购买额外土地。同样，选择低洼荒地或废弃的池塘等地进行集中堆放废弃土，力求在不占用额外土地的情况下处理废弃土。

进行取弃土的合理调配。在道路工程等建设中，土石方工程占比较大，消耗劳动力和机械设备较多。合理规划土石方的综合利用，尽可能在经济的运输范围内挖填平衡，可以有效减少土地使用。

施工结束后，应及时对临时占用的土地进行复垦，以恢复农业生产条件，归还给农民使用。同时，为了支持农业水利建设，可以提高某些高填方路堤的建设标准，使其达到水利坝体的质量要求，从而扩大农业灌溉面积。

④在施工现场的布局中，应当节约用地并合理利用土地资源。在施工过程中，需要加强对禁止使用黏土砖的监管力度，逐步淘汰多孔砖的使用。同时，要最大化利用地表和地下空间，例如建设多层或高层建筑、地铁系统、地下道路等。

⑤在施工组织安排中，进行周密的施工总平面设计是关键，这旨在对施工现场进行高效的空间规划。施工总平面图应确保临时设施、材料堆放区、物资仓库、大型设备、构件堆场、消防设施、道路及出入口、加工区域、水电线路和周转场地等元素得到合理的布局，以便实现节省用地和施工便捷的目标。

三、绿色施工实施

执行绿色施工是一项涉及多方面的复杂任务，它要求在管理层面上有效发挥计划、组织、领导和控制的职能，构建完善的体系架构，确立主要负责人员，不断进行优化改进，实现有效的协调，并加强检查和监督。

（一）建立系统的管理体系

尽管针对不同的施工项目，绿色施工管理体系可能会有所调整，但确保施工过程符合绿色要求的核心目标是一致的，且对于施工企业和工程项目来说，绿色施工管理体系的基本要求是恒定的。因此，绿色施工管理体系应当成为企业及项目管理体系的一个核心部分，它涉及到创建、执行、评估以及确保实现绿色施工目标的必要组织结构、职责分配、规划、制度、流程和资源配置等方面，主要由组织管理体系和监督控制系统两部分组成。

1. 组织管理体系

在组织架构中，要明晰绿色建筑施工的管理架构和职能分配，确立项目经理的主体责任，确保各项绿色施工任务由确定的部门和职位承担。比如，一建设项目为高效执行绿色施工，构建了一套完整的组织管理体系，成立了一个以项目经理、项目副经理、项目总工程师为领导，各部门主管参与的绿色施工领导小组。决定由组长（项目经理）担纲首要责任人，全面协调绿色施工的规划、执行与评价等任务；副组长（项目副经理）负责推进绿色施工，管理批次、阶段和单位工程的评价组织等事宜；另一位副组长（项目总工程师）负责编制绿色施工的设计和组织方案，引导其实施；同时，质量与安全部门负责项目部的绿色施工日常监督工作，依据绿色施工涉及的技术、材料、能源、设备、行政、后勤、安全、环保及劳动力等各职能系统的特性，确保绿色施工的责任能在工程项目的每个部门和职位上得到落实，实施分工负责、共同管理的策略，将绿色施工与每位成员的工作相结合，进行系统性考核与综合激励，以达成良好的成效。

2. 监督控制体系

绿色施工的执行需侧重于规划和监管的管理，建立健全的监管体系对于实现绿色施工至关重要。管理流程中，绿色施工必须经过计划、执行、检查和评估等步骤。它需要通过监管来评估实施成果，并提出优化建议。绿色施工是一个动态过程，一旦过程完成，其效果就难以精确衡量。因此，建设项目的绿色施工需要加强对过程的监督和控制，并建立一个完善的监督控制体系。这个体系应由建设单位、监理单位和施工单位等多方共同参与，共同进行绿色施工的批次、阶段和单位工程评价以及施工过程的见证。在工程项目的建设中，施工和监理方面应重视日常的检查和监督，根据实际情况和评价指标的要求，严格把关。通过 PDCA（计划－执行－检查－行动）循环，推动持续改进，提高绿色施工的执行质量。监督控制体系应充分发挥其监控功能，确保绿色施工的坚实基础，并保障目标的顺利实现。

（二）明确项目经理是绿色施工第一责任人

绿色施工的推进需确立主要负责人员，以此强化管理。在施工阶段，缺乏环保意识、绿色施工资金投入不足、管理制度不完善、实施措施不充分等问题成为绿色施工有效执行的主要障碍。应当指定项目经理作为绿色施工的首要负责人，由项目经理全面执导绿色施工事务，并肩负起绿色施工在工程项目中的推动责任。通过这种方式，绿色施工才能得到切实执行，并有效动员和整合项目内部及外部的资源，营造工程项目全体成员共同促进绿色施工的氛围。

（三）PDCA 原理

绿色施工的推进应遵循管理学中的 PDCA 原则。PDCA 原则，也称为 PDCA 循环或质量环，是管理学中的一个广泛适用的模型。该原则适用于所有的管理活动，提供了一种逻辑性强的操作流程，能够确保任何活动的有效执行。

1.PDCA 的特点

PDCA 循环，可以使人们的思想方法和工作步骤更加条理化、系统化、图像化和科学化。它具有如下特点：

（1）大环套小环，小环保大环，推动大循环

PDCA 循环作为一种基础的管理工具，适用于工程项目绿色施工管理的整个过程。工程项目绿色施工管理本身构成了一个 PDCA 循环，其中又包含了各个部门的绿色施工管理小循环，这样的层层嵌套形成了一个大环套小环的结构。大环是小环的基础和指导，而小环是大环的细分和支撑，通过这种循环模式，把绿色施工的各项任务有效地联结起来，实现相互协作和互相推动。

（2）不断前进，不断提高

PDCA 循环就像爬楼梯一样，一个循环运转结束，绿色施工的水平也就会提高一步，然后再进行下一个循环，再运转、再提高，不断前进，不断提高。

（3）门路式上升

PDCA 循环并非在同一层次上不断重复，而是每次循环都能解决一部分问题，取得一定的成果，从而推动工作进展，提升管理层次。每次 PDCA 循环结束后，都应进行回顾和总结，设定新的目标，然后启动下一轮 PDCA 循环，以此不断推进绿色施工向前发展。

2.PDCA 循环的基本阶段和步骤

绿色施工持续改进（PDCA 循环）的基本阶段及步骤如下：

（1）计划（P）阶段

即根据绿色施工的要求和组织方针，提出工程项目绿色施工的基本目标。

步骤一：明确四节一环保的主题要求。绿色施工以施工过程有效实现四节一环保为前提，这也是绿色施工的导向和相关决策的依据。

步骤二：明确绿色施工的目标，即确定绿色施工需要实施的具体内容和应达到的准则。这些目标应结合定性和定量指标，尽量使可量化的重要指标具体化，对于难以量化的指标也需做到清晰明确。作为衡量成效的标准，目标的设定应基于充分的市场调研和对比分析。《建筑与市政工程绿色施工评价标准》（GB/T 50640-2023）提供了评估绿色施工的一套指标体系，项目应依据自身的能力和项目的总体需求，具体化地规划实现各项指标的程度和质量水平。

步骤三：制定绿色施工相关的各项计划并选出最优方案。在工程项目的背景之下，

虽然可以设想许多绿色施工的方案，但实际操作中不可能逐一实施所有方案。因此，在提出众多方案之后，通过比较和筛选，选出最合适的方案，是一种高效的做法。

步骤四：制定策略，并将策划方案进行详细分解。即便有了优秀的方案，也需要关注实施过程中的具体细节。为了确保计划的有效执行，需要将方案的步骤具体化，并逐一制定应对策略，从而清晰地回答方案中的"5W2H"问题：为什么采取该措施（Why）？旨在实现什么目标（What）？在哪个地点实施（Where）？由哪些人负责（Who）？何时完成（When）？如何执行（How）？以及成本预算（How much）？

（2）实施（D）阶段

即按照绿色施工的策划方案，在实施的基础之上，努力实现预期目标的过程。

步骤五：在绿色施工的执行过程中，进行监测和管控。一旦制定了相应的对策，便步入了实施阶段。在这个阶段，除了遵循既定计划和方案进行工作外，还需对施工过程进行实时测量，以保证工程按既定时间表推进。同时，建立数据收集系统，整理和保存施工过程中的原始记录和关键数据等文件资料。

（3）检查效果（C）阶段

即确认绿色施工的实施是否达到了预定目标。

步骤六：对绿色施工成果进行评估。为了判断方案的有效性和目标的达成情况，必须进行效果评估。在确认实施的对策后，对收集到的数据和证据进行汇总分析，将实际成果与预期目标相对比，以判断是否实现了既定目标。若实际结果未达到预期，需要核实是否严格按照计划执行了对策。若执行无误，则说明对策本身可能存在问题，此时需要重新审视并确定更为合适方案。

（4）处置（A）阶段

步骤七：标准化。对于经过验证的有效绿色施工做法，应当予以标准化，并形成作业规范，以便在企业内部广泛执行和推广。这些规范最终应整合成为施工企业宝贵的组织过程资产。

步骤八：问题总结。对绿色施工方案中效果不佳或实施过程中遇到的问题进行归纳，以便为下一轮 PDCA 循环提供参考。

总之，通过应用 PDCA 管理循环，绿色施工过程能够实现持续的工作改进。需要特别指出的是，绿色施工的初始计划（P）实际上是针对工程项目的绿色施工组织设计、施工方案或绿色施工专项方案。通过执行（D）和检查（C），识别问题并制定改进计划，形成合适的处理建议（A），以指导新的 PDCA 循环并实现进一步的提高。这样的循环过程有助于不断增进绿色施工的整体水平。

（四）绿色施工的协调

在绿色施工的过程中，为确保目标的实现，关键在于加强施工的调度和协调管理工作。这要求对施工现场进行统一的管理和协调，严格按照既定的策划方案，合理安排施工活动，以保证绿色施工的各项任务能够按计划和顺序完成。

绿色施工作为传统工程施工的进阶形式，其施工过程的协调和调度至关重要。构建以项目经理为主导的调度管理体系，确保能够及时回应上级和建设单位的指导意见，解决绿色施工过程中出现的问题，并迅速执行解决方案，以实现现场资源的最优化的利用。在工程项目中，绿色施工的总调度职责应由项目经理承担，其负责整个施工过程的绿色施工协调工作，确保施工符合绿色施工的相关标准，并且达到或超过合格水平，施工现场总调度的职责是：

①对绿色施工方案的执行情况进行监督和检查，确保人力和物力的有效平衡，以推动生产活动的顺利进行。

②定期举办包含建设单位、上级管理部门、设计机构和监理团队在内的协调会议，以解答绿色施工中的疑问和克服施工难点。

③定期举办包含各专业管理人员和作业班组长在内的会议，对于工程的进度、成本、计划、质量、安全以及绿色施工的执行情况进行分析，确保项目策划的内容准确地贯彻到项目的实施过程中。

④指定专门人员负责协调不同专业工长的工作，确保各项分部分项工程的顺利过渡和衔接，以及协调好交叉作业，从而使施工过程保持有序和标准化。

⑤施工组织协调建立在计划和目标管理基础之上，根据绿色施工策划文件与工程有关的经济技术文件进行，指挥调度必须准确、及时、果断。

⑥建立与建设、监理单位在计划管理、技术质量管理和资金管理等方面的协调配合措施。

（五）检查与监测

对绿色施工进行定期和日常的检查与检测，旨在评估绿色施工的整体执行情况，衡量目标达成度及效果，并据此为后续施工提供优化和改进的方向。检查与监测可以采用定性或定量的方式进行。针对工程项目，可以建立包括季度检、月检、周检、日检在内的多层次检查制度，其中周检和日检主要针对工长和班组，月检和周检则侧重于项目部，而季度检则可针对企业或分公司。监测内容应在策划书中详细规定，并根据不同的监测项目制定监测制度，确保监测数据的准确性，以满足绿色施工内外部评价的需求。总之，绿色施工的检查与监测应遵循《建筑与市政工程绿色施工评价标准》（GB/T 50640-2023）和绿色施工策划文件，确保各项目标和方案得到有效的执行。

四、绿色施工评价

绿色施工评价是绿色施工管理的一个重要环节，通过评价可以衡量工程项目达成绿色施工目标的程度，为绿色施工持续改进提供依据。

（一）评价目的

根据《建筑与市政工程绿色施工评价标准》（GB/T 50640-2023），对工程项目的绿色施工效果进行评估，以衡量项目的绿色施工质量。这一过程目的包括：首先，通过评估来深入了解项目自身的绿色施工状况，客观地评价资源节约和高效利用的程度，以及污染排放的控制情况，确保项目团队对绿色施工的实际情况有清晰的认识；其次，通过评价促使持续改进，评价过程中建设单位和监理单位的协同参与有助于提高绿色施工水平，并可以利用第三方机构进行联合诊断，表彰优点，发现问题，并制定改进措施，以促进持续进步；最后，通过定量的评价方法，绿色施工的评价可以提供具体的数据支持，从微观评价点出发，展现绿色施工的宏观量化效果，便于不同项目之间作比较，并具备科学性。

（二）评价思路

①工程项目绿色施工评价应符合如下原则：一是尽可能简便的原则；二是覆盖施工全过程的原则；三是相关方参与的原则；四是符合项目实际的原则；五是评价与评比通用的原则。

②工程项目绿色施工评价应体现客观性、代表性、简便性、追溯性和可调整性的五项要求。

③在评价工程项目的绿色施工时，应将定量分析和定性分析相结合，以定性分析为主导，同时注重技术和管理两个方面的评价，并以综合评价作为评价的基础。此外，应将结果评价与措施评价相结合，以措施的执行情况作为评价的重点。

④检查与评价以相关技术和管理资料为依据，重视资料取证，强调资料的可追溯性和可查证性。

⑤以批次评价为基本载体，强调绿色施工不合格评价点的查找，据此提出持续改进的方向，形成防止再发生的建议意见。

⑥工程项目绿色施工评价达到优良时，可参与社会评优。

⑦借助绿色施工的过程评价，强化绿色施工理念，提升了相关人员的绿色施工能力，促进绿色施工水平提高。

第二节　节材与材料资源利用管理

一、节约建材的主要措施

材料节约和资源利用即住房和城乡建设部积极推广的九大领域之一，涉及材料的生产、施工、使用及其资源的利用过程中的节材技术。这包括绿色和新型建筑材料、混凝土节材技术、钢筋节材技术、化学建材技术，以及建筑废料和工业废料的回收与应用技术等。

降低建筑在运行过程中的能源消耗是建筑节能工作的核心，而建筑材料的能源消耗在其中占据了重要份额。因此，降低建筑材料及其生产的能源消耗成为降低整体建筑能耗的有效途径之一。加强建筑保温措施和运用节能技术和设备可降低建筑运行的能耗，但这些措施可能会导致建筑材料及其生产能耗的上升。因此，寻找减少建筑材料消耗的方法尤为关键。

设计方案的优化选择作为减少建材消耗的重要手段，主要体现在以下几个方面：

①在图纸会审阶段，应当检查节材与材料资源利用的相关内容，以实现材料损耗率比标准损耗率减少 30%。在建筑材料能耗方面，非金属建筑材料和钢铁材料占比最大，分别约为 54% 和 39%。因此，通过选择最优的设计方案，如结构体系、高强高性能混凝土等，来减少混凝土的使用量；在施工过程中采用新型节材钢筋、钢筋机械连接、免拆模、混凝土泵送等技术措施来减少材料浪费，这些都是有效的节材方法。

②在选择建筑材料时，应积极推广和应用各种轻质建筑板材、新型复合建筑材料及制品、建筑部品预制技术、金属材料的防腐技术、可循环利用的材料、可再生材料，以及使用农业废弃物如植物纤维生产的建筑材料等绿色和新型建材。采用这些材料能够提升建筑物的功能和环境质量，扩大使用空间，促进机械化施工，提升施工效率，减少现场潮湿作业，并更好地满足建筑节能标准。

③根据施工进度和库存状况，合理规划材料的采购时间、进场批次，以降低库存水平，防止因材料过多积压而引起浪费。

④在材料运输过程中，应首先掌握施工现场的水路和陆路运输条件，确保场外与场内运输的协调和连贯，尽量减少运输距离，并采用成本效益高的运输方式，减少中转环节。其次，确保运输工具的适宜性，采用恰当的装卸方法，以防止材料损坏和遗漏导致的浪费。再次，要依据工程进度合理安排材料供应计划，并严格控制进场材料的数量，避免过多到料导致的退料和转运损失。另外，材料进场后，应根据现场布局就近卸载，以减少二次搬运带来的浪费。

⑤在使用周转材料时，应通过技术和管理手段提升模板、脚手架等材料的循环使用率。需要完善模板和支撑系统的设计，推广使用工具式模板、钢制大模板和快速拆卸的支撑体系，并且使用定型钢模、钢框竹模、竹胶板等替代传统木模板。

二、结构材料节材措施

（一）混凝土

作为关键的建筑材料，混凝土的技术进步与社会生产力及经济的提升密切相关。混凝土工程的节材技术涉及高强度和高性能混凝土、轻质骨料混凝土的使用，以及混凝土中高效外加剂和掺合料的应用、混凝土预制部件的技术、预拌混凝土及预拌砂浆的使用，以及清水混凝土饰面技术。

①倡导降低传统混凝土的使用量，并广泛使用轻骨料混凝土。轻骨料混凝土是一种以轻质骨料为原料制作的混凝土类型。与传统混凝土相比，轻骨料混凝土拥有更轻的自重、更好的保温隔热性能、更优异的抗火性能和隔声效果。

②在施工阶段，重视高强度混凝土的推广和使用。高强度混凝土不仅能提升结构的承载能力，还能减小构件的截面尺寸，降低自重，延长使用寿命，并且减少后期装修，

从而实现显著的经济效益。此外，高强度混凝土由于其密实和坚硬的特点，具备良好的耐久性、抗渗性和抗冻性。使用高效减水剂配制的高强度混凝土通常具有较大的坍落度和高的强度，使得在施工中可以早期拆模，加快模板的周转，缩短建设周期，提升施工效率。因此，为了减轻结构自重和扩大使用空间，在大跨度结构中经常采用高强混凝土材料。国际和国内的工程实践都表明，广泛推广和使用高强钢筋和高性能混凝土可以实现节能、节约材料、节约土地和环境保护的目标。

③逐渐增加新型预制混凝土构件在建筑物结构中的应用比例，以加速建筑行业的工业化发展。严格遵循已发布的装配式结构技术规范，对新型预制构件技术进行严谨的标准化图集和技术规程编制，并向相关部门提交批准。通过试点项目和示范工程，逐步在全省乃至更广泛的区域之内推广这些技术。

（二）钢材

1. 钢筋的节材

①推广应用高强度钢筋，以降低资源消耗。预应力混凝土用钢筋（PC 钢筋）与常规螺纹钢筋不同，PC 钢筋的螺纹凹向内（而常规螺纹钢筋的螺纹凸向外），它们是用于生产预应力混凝土构件的高强度钢筋。PC 钢筋能够克服混凝土的脆性，并在预应力作用下持续为混凝土施加压缩力，这显著提高了混凝土的强度。使用凹螺纹 PC 钢筋制造的构件可以节约钢材达 50%，大幅减少工程成本，并且还能缩短建设周期，因此受到了全球建筑工程从业者的广泛欢迎，并在国际上得到了广泛运用。

②推广和实施高强度钢筋以及新型钢筋连接技术、钢筋焊接网和钢筋加工配送技术，确保建筑用钢筋以 HRB400 为主力品种，并逐步提升了 HRB500 钢筋的使用比例。通过这些技术的推广，可以有效减少施工中的材料浪费，同时提升施工的效率和工程的质量。

③优化钢筋配料和钢构件下料方案。钢筋及钢结构制作前应对下料单及样品进行复核，无误后方可批量下料，以减少因下料不当而造成的浪费。

2. 钢结构的节材

针对钢结构，应改进其生产和安装流程。对于大型钢结构，建议在工厂内预制并在现场进行组装，采用诸如分块吊装、整体提升、滑移和顶升等施工技术，以降低现场所需的材料用量。

另外，对大体积混凝土、大跨度结构等工程，应采取数字化技术对其专项施工方案进行优化。

三、周转材料节材措施

（一）周转材料的分类及特征

在建筑生产中，除了需要消耗构成建筑物实体和辅助工程的关键材料外，还需要使用大量的周转材料，如模板、挡土板、脚手架钢管和竹木杆等等。周转材料，也称作工具式材料或材料型工具，普遍用于隧道、桥梁、房屋建筑、涵洞等建筑结构的施工和生产，是建筑企业关键的生产资料之一。

周转材料按其在施工生产过程中的用途不同，一般可分为四类：①模板类材料。模板类材料是指浇灌混凝土中用的木模、钢模等，包括配合模板使用的支撑材料、滑模材料和扣件等。按固定资产管理的固定钢模和现场使用固定大模板则不包括在内。②挡板类材料。挡板是指土方工程用的挡板，其还包括用于挡板的支撑材料。③架料类材料。架料类材料是指搭脚手架用的竹竿、竹木跳板、钢管及其扣件等。④其他。其他是指除以上各类之外，作为流动资产管理的其他周转材料，例如塔吊使用的轻轨、枕木（不包括附属于塔吊的钢轨）以及施工过程中使用的安全网等。

周转材料虽然数量较大、种类较多，但一般都具有以下特征：①周周转材料的功能与低值易耗品相似，在施工过程中作为劳动工具发挥作用，其价值随着使用次数的增加而逐渐转移。②具有材料的通用性。周转材料具备通用性，通常需要在安装后才能发挥其作用，未安装前与普通材料无异，因此通常需要专门储存以防混淆。③由于周转材料种类众多、使用量大、价值相对较低、使用周期短、收发频繁且容易损坏，因此需要定期补充和更换，将其作为流动资产进行管理是合适的。

（二）施工企业中周转材料节材措施

1. 周转材料集中规模管理

在集团内部实施周转材料的集中规模管理，有助于减少企业（整体集团）的工程成本，增强企业的财务效益，提高企业的市场竞争力，并且更好满足集团内多个项目对周转材料的需求。此外，这种管理模式还有助于为企业与建筑行业的深度合作奠定良好基础。

2. 加强材料管理人员的业务培训

为了充分发挥每一样物资的价值和每位员工的能力，将过去依赖经验的材料管理员转变为专业化的材料管理人员，企业的管理层应当定期对材料工作人员进行培训，以此提升他们的工作能力，拓展他们的知识视野，并且培养他们良好的职业操守和新型的管理思维。

3. 降低周转材料的租费及消耗

要降低周转材料的租费及消耗，就要在周转材料的采购、租赁和管理环节上加强控制，具体做法有：

①采购时，选用耐用、维护与拆卸方便的周转材料和机具。

②在周转材料的数量与规格上把好验收关。由于租金是按时间支付的，故对租用的周转材料要特别注意其进场时间。

③与施工团队协商并签订具体规定损耗率和周转周期的合同。这样做可以确保在材料使用过程中损耗得到有效控制，同时提高周转材料的利用频率。此外，它还鼓励租赁方在工程结束后尽快归还材料，进而有助于降低周转材料的成本。

4. 对于周转材料的使用，要根据实际情况选择合理的取得方式

一般情况下，为了避免公司因租赁材料而产生的成本，公司最好拥有自己的周转材料。然而，在某些特定的情况下，租赁可能会更加经济，所以在使用周转材料时，公司需要全面考虑各种因素，以便做出最合适的决定。一般需要考虑的因素有：

①在工程施工期间以及所需材料的规格应考虑。通常，对于那些需长期使用且应用范围广泛的周转材料，公司自行购买更为经济合理。

②现阶段公司货币资金的使用情况。若公司临时资金紧张，可优先选择临时租赁方案。

③对于周转材料的储存地点需给予关注。由于周转材料是断续使用且循环利用的，所以在决定自行购置周转材料之前，必须提前安排好用于堆放不常用周转材料的合适区域。

5. 控制材料用量，加强材料管理，严格控制用料制度，加快新材料、新技术的推广和使用

在工程施工阶段，倡导使用标准化钢制模板、钢框架竹模板、竹材胶合板等新型模板材料，并重视引入使用外墙保温板代替混凝土结构模板等创新施工方法。对于现场使用量较大的辅助材料，采用包干制度，并且在实施施工包干时，优先选择能够提供模板制作、安装、拆除一体化服务的专业团队，这样做能显著降低材料浪费。

第三节　节能与能源利用管理

一、节能的基本内容

（一）节能的概念

能源节约，简称为节能，是指采取既技术上可行、经济上合理，又对环境和社会有益的措施，以提升能源效率和经济效益。具体地说，节能涉及在国民经济各部门及生产、生活领域中，合理和高效地使用能源资源，目的是用尽可能少的能源消耗和成本，创造出更多满足社会需求的产品和优质能源服务。通过这种方式，我们能够不断提升环境质量，并减少经济增长对能源的过度依赖。

（二）节能的理念

1. 节能是具有公益性的社会行为

与能源开发相比，节约能源的特点在于其广泛性和分散性，它涵盖了各个行业和无数家庭。节能的单个案例可能收益有限，但是其整体效益却非常显著。只有通过每个人

的小步骤和持续的努力，以及社会各界的共同参与，才能累积起巨大的效果，就像聚集沙粒形成金字塔，汇聚细流成为江河。

在 20 世纪 70 至 80 年代，节能的主要目的是为了缓解能源短缺，重点在于限制能源的浪费和消费，即便这意味着牺牲一些能源服务水平。这一时期，节能被看作是应对能源危机的一种临时措施。然而，自 20 世纪 80 年代起，随着社会资源和环境压力的增加，节能的重点转向了污染减排，鼓励提升能源效率，并推崇提供高质量、高效率的能源服务，作为环境保护的重要支撑。目前，节能减排的新理念已经成为全球经济可持续发展战略的关键部分，并为推进节能环保的公共事业注入了新鲜的动力。

2. 节能要建立在效益基础之上

节能既关注效率也关注效益；效率是根本，效益是目标，而效益需通过提高效率来达成。此处所述效率指的是提升能源效率，在提供必要的能源服务的同时，实现所需的功能性任务，降低能源消耗，以实现节能的目标。而追求效益则是要增加能源利用的经济收益，确保节约的能源成本超出实施节能措施投入成本，以实现盈利目标，进而让公众享受到节能和经济增长的双重红利。

3. 节能资源是没有储存价值的"大众"资源

与煤炭、石油、天然气等自然界自然存在的公共资源不同，节能资源是消费者所拥有的潜在资源。一旦开发利用，这些资源可以减少对公共资源的依赖，成为一种可行的替代品。鉴于节能资源的这种"私有"特征，鼓励消费者参与节能减排的公共事务变得尤为重要。为此，应当实施以激励为主的措施，激发消费者投资于能效提升，挖掘自身的节能潜力。同时，应为他们提供自主选择和实施高效措施的环境，以便将节能理念转化为实际行动，并最终在终端实现节能效果，从而产生了节能资源。

（三）施工节能与建筑节能

通常情况下，施工节能是指建筑施工企业在确保技术可行性、经济合理性、环境友好性和社会可接受性的前提下，采取措施提升能源效率。施工节能涉及施工组织设计、施工机械及工具、临时设施等多个方面，在确保施工安全的基础上，减少能源消耗，增强能源的合理利用。

建筑节能的概念最初是指减少建筑能量的流失，而现在它普遍被理解为在确保室内舒适度的前提下，合理地使用能源，并持续提高建筑的能源效率。建筑节能的关注范围包括建筑在使用过程中的能源消耗，如供暖、空调、热水供应、烹饪、照明、家用电器和电梯等，这些通常占到国家总能源消耗的约 30%。中国当前建筑节能的主要焦点包括建筑供暖和空调系统的节能，以及建筑围护结构的节能、供暖和空调设备的能效提升和可再生能源的利用等方面。

这两个过程是实现同一目标的不同方面，存在根本的差异。在全社会重视节能减排的大背景下，人们往往更加关注建筑自身的节能特性，而施工过程当中的节能实践却鲜少受到同等关注。

二、施工节能的主要措施

第一，制定合理的施工能耗指标，提高施工能源利用率。

鉴于施工能耗的复杂性，并且目前缺乏一个统一的工具来提供施工能耗信息，因此，确立一个普遍接受的施工节能方案存在困难，这导致绿色施工的推广进展缓慢。因此，制定一个切实可行的施工能耗评价指标体系已成为在建设行业推广绿色施工的关键障碍。

一方面，建立施工能耗评价指标体系和相关标准为工程项目达到绿色施工标准提供了坚实的理论支撑；另一方面，创建一个针对施工阶段的、操作性强的施工能耗评价指标体系，有助于完善整个项目实施阶段的监控评价体系，并为建立绿色施工的决策支持系统提供依据。同时，通过进行施工能耗评价，可以为政府或者承包商制定绿色施工的行为准则，基于理论明确社会广泛接受的绿色施工的定义和原则，为实施绿色施工提供指导和方向。

合理的施工能耗指标体系应该遵循以下几个方面的原则：

①科学性与实践性相结合原则。在挑选评价指标和构建评价模型时，必须追求科学性，确保能够真正实现施工节能的目标，进而提升能源效率。评价指标体系的复杂程度应当适中，避免指标过多过细引起的重叠和交叉问题；同时，也不应过于简化，以免信息不全影响评价结果的准确性。目前，施工行业普遍采用粗放式的生产方式，改善这种模式对于提高资源与能源的利用效率至关重要，并能有效减轻环境压力。在构建评价指标体系时，应当充分考虑这些因素，以推动建筑行业的持续发展。

②针对性和全面性原则。首先，制定指标体系时必须针对整个施工流程，确保其与实际情况紧密结合、因地制宜，并且在必要的地方做出适当的取舍；其次，对于典型的施工过程或方案，应当设定一致的评价指标。

③指标体系结构要具有动态性。应当将施工节能评价视为一个不断变化的动态系统，因此，评价指标体系也应具备相应的动态特性。针对不同工程和地点，评价指标、权重和评分标准应适当调整。随着科技进步，应定期对标准进行调整或更新，并建立定期的评价复审机制，以确保评价指标体系与技术发展保持同步。

④前瞻性、引导性原则。施工节能评价指标应具备预见性，与绿色施工技术及经济效益的增长趋势相一致；选择评价指标时，应考虑到它们对施工节能未来进展的引导作用，最大程度地体现未来施工节能的重点和发展方向。通过设定这些具有预见性和引导性的指标，可以指导未来施工企业关注施工节能的方向，并激励承包商和业主在施工过程中更加重视节能措施。

⑤可操作性原则。评价体系中的指标必须具备可衡量及可比的特点，以便于实际操作。对于定性指标，应利用现代定量分析方法将其量化。同时，评价指标应采用一致的标准，以减少人为因素的干扰，确保评价对象之间的可比性，从而保证了评价结果的公正和精确。此外，在实际操作中，评价指标的数据应易于获取。

总的来说，在施工节能评价过程中，需要选择具有代表性和操作性的要素作为评价指标。这样，虽然每个单独的指标可能只展示施工节能的某个特定方面或部分，但整个指标体系能够综合地揭示施工节能的整体水平。

第二，优先使用国家、行业推荐的节能、高效、环保的施工设备和机具。

政府层面，包括国家和地方，会定期公布一份包含推荐使用、限制使用和禁用设备、工具和产品的名录。在绿色施工中，禁止使用那些被国家、行业或地方政府明确要求淘汰的施工设备、工具和产品，同时鼓励使用节能、高效和环保型的施工设备与工具。

第三，在施工现场，应针对生产、生活、办公以及施工设备分别制定电力使用控制目标。需要定期对这些领域的电力消耗进行测量、计算和比较分析，并制定相应的预防措施和纠正策略。

对于生产、生活、办公三个区域，应分别安装电能表以统计电力消耗。对于大型耗电设备，应实行每台设备配备独立电表的制度，以便精确计量。要定期读取电表数据，并进行横向和纵向的分析，以便发现异常消耗。如遇与预定目标有较大偏差或电表数据出现异常变化的情况，应进行详细分析，并采取适当的措施。

第四，在施工组织设计中，应有效地规划施工流程和工作区域，以降低作业区域内机械设备的使用量，并促进相邻作业区域共享机械资源。

在制定绿色施工的专项方案时，应开展施工机械的优化配置。优化设计应包括：

①安在安排施工工艺时，应优先选择能耗较低的方法。比如，在钢筋接头施工环节，应优先考虑使用机械连接方式，而不是焊接连接，以减少能源消耗。

②设备选型应在充分了解使用功率的前提下进行，避免设备额定功率远大于使用功率或超负荷使用设备。

③优化施工流程和工作区域布局，合理地规划施工机械的使用频率、入场时间、放置位置和运行时长等，以降低施工现场机械设备和时间的有效需求。

④相邻作业区应充分利用共有的机具资源。

第五，考虑到当地的气候和自然资源，应最大化地使用太阳能和地热能等可再生能源。作为清洁且可再生的能源，太阳能和地热能在节能策略中应被尽可能地利用。在规划施工工序和时间时，应减少夜间施工的频率，以便更充分地利用白天的光照。同时，在设计办公室和宿舍的朝向、窗户位置和面积时，也应充分考虑天然光照的利用，以减少对电能的依赖。此外，具备条件的项目可以安装太阳能热水器，用作生活热水的供应，进一步实现节能。

第六，实施节水措施，减少用水消耗。在施工现场，应消除生活用水的浪费，如泄漏、溢出等问题，并推广使用节水装置。使用耐用材质的水管以防渗漏，并确保混凝土结构拆模后立即进行保湿处理，采用专门的混凝土养护剂替代传统的水养护方法，以减少水资源的浪费。对于生活用水，应指定专人负责维护食堂、浴室、储水设施和卫生间等区域的用水设备，并及时修复任何漏水问题。在生活区绿化时，应选择节水型植物，并实行定时灌溉，避免过量浇水。此外，应建立雨水收集和施工用水的再利用系统，将收集的雨水或处理后的水用于绿化、车辆清洗和厕所冲洗等，以实现水资源的循环使用。

第七，在施工场地规划中，应优化空间利用，确保施工区域有效布置。在设计阶段，应注重土地节约使用，提高工业建筑的容量利用率，并在节能和节地方面进行综合考量。对于公共建筑，应适度提高建筑密度，而居住建筑则应根据宜居环境的需求合理设定密度和容积率。在施工过程中，应尽量减少办公和生产用地的占用，除了必要的施工现场道路需要硬化和绿化外，还应增加绿化面积，以打造一个整洁、有序、安全文明的施工环境。道路硬化可采用预制混凝土块，工程结束后可移走重复使用。建筑材料的堆放应根据使用时间的顺序进行统筹分类，避免无序堆放；同时，尽量不在现场进行施工材料的加工，以减少材料堆放面积。建筑垃圾应当迅速清理并移走，以保持施工场地的畅通，避免影响施工进度。

三、机械设备与机具

（一）建立施工机械设备管理制度

建筑施工企业作为机械设备和工具的最终用户，需要减少能量消耗并提升生产效率，以实现"最低能耗、最大效益"的目标。为此，首要任务是有效地管理施工机械设备。

机械设备的管理是一门综合性科学，其不仅是经营管理的重点，也是技术管理的关键部分。随着建筑施工机械化水平的提升，机械设备在工程项目中的重要性日益增加，它们对工程进度、质量和成本有着显著影响。因机械设备的能耗在建筑施工总能耗中占有较大比例，因此确保机械设备在低能耗、高效率的状态下运行是设备管理的核心目标。

①进入施工现场的机械设备都应建立档案，详细记录机械设备名称、型号、进场时间、年检要求、进场检查情况等。

②大型机械设备定人、定机、定岗，实行机长负责制。

③机械设备的操作者必须具备相应的资质证书，并且接受过绿色施工的专业培训，以确保他们具备强烈的责任感和对绿色施工的认识。在常规操作过程中，他们应自觉地实施节能措施。

④制订一套完善的机械设备维护和保养制度，并建立年度检查记录和日常维护档案，以确保机械设备的日常管理和定期维护都得到充分执行，从而保障设备在低耗能和高效率下运行。

⑤对大型设备实施单独的电力和燃油消耗计量，并确保数据的准确收集。对这些数据进行及时的分析和比较，以便在发现任何异常时立即采取相应的纠正措施。

（二）机械设备的选择和使用

①选择功率与负载相匹配的施工机械设备，避免大功率施工机械设备低负载长时间运行。

②机电安装可采用节电型机械设备，如逆变式电焊机和能耗低、效率高的手持电动工具等，以利节电。

③机械设备宜使用节能型油料添加剂，在可能情况下，考虑回收利用，节约油量。

（三）合理安排工序

在工程实施过程中，应考虑当地条件、公司的技术装备实力以及设备的配置状况，以此为依据来制定合理的施工流程。确定施工工序的目标是为满足基本生产需求，提升机械设备的使用效率和满载率，以及减少设备的单位能耗。在施工过程中，可以制定专门的机械设备施工组织设计。在编制过程中，应利用科学的方法根据施工工序来优化设备配置，确立各设备的功率需求和进出场的最佳时间，并且在实际操作中严格遵循这些安排。

四、生产、生活及办公临时设施节能措施

①利用施工现场的自然环境，合理规划生产、生活和办公临时设施的形状、朝向、间距以及窗墙比例，以确保良好的日照、通风和采光效果。根据具体情况，可以在建筑的外墙窗户上安装遮阳装置。

建筑物的体型通过体型系数来衡量，该系数是建筑物表面积与所包含体积的比率。体积较小、结构复杂的建筑物通常拥有较高的体型系数，其对其节能效果是不利的。因此，应倾向于设计体积较大、结构简单的建筑物，以获得较低的体型系数，从而有益于节能。

鉴于中国位于北半球，太阳光通常从南方斜射过来，因此建筑物的南北朝向通常比东西朝向更为节能。窗墙面积比是窗户面积与房间立面的面积（即房间的高度乘以开间的尺寸）之比。提高窗墙面积比会对节能效果产生负面影响，因此外窗的尺寸不应过大。

②临时建筑应优先选用具有节能特性的材料，例如在墙体和屋顶使用高效隔热材料，以降低夏季空调的运行时间和能源消耗。

临时设施用房宜使用热工性能达标的复合墙体和屋面板，棚宜进行吊顶。

③这句话帮我深度降重

五、施工用电及照明

（一）采取的节电措施

①在临时供电系统中，应优先考虑使用节能型电线和灯具。推广使用声控、光控等节能型照明设备。在选择电线和电缆时，应根据节能要求合理确定其截面积。在绿色施工的标准下，办公、生活和施工区域应使用节能照明设备，其使用率应不低于80%。同时，照明设备的控制方式可以采用声控、光控等节能控制技术。

②临时电源供应应优先选用节能型电线与照明设备。倡导使用带有声光控制功能的节能灯具。在选取电线和电缆时，需依照节能原则来合理选择其横截面积。按照绿色施工的要求，办公区、生活区以及施工场所的照明应至少80%采用节能灯具，并且照明的控制应利用声控、光控等节能手段。

③在生活区，照明应使用节能灯具，并在特定时间内夜间关闭灯光并停止供电。在

办公室，白天应尽量利用自然光，所有管理人员应养成及时关灯好习惯，并在离开时关闭办公室内的所有电器设备。

（二）加强用电管理，减少不必要的电耗

①应摒弃临时用电的应付态度，选择符合标准的电线电缆，并禁止使用破损、缺失芯线的旧线缆。这样做可以避免因线径不足导致的过热或接触不良引起火花，减少能源浪费并防止火灾的发生。

②临时供电的施工必须严格遵守规范和标准，确保接线头的安装符合要求，使用合格的接线端子，避免直接绕线连接。对于铜铝材料的连接，应使用专门的过渡接头，以防止电化学反应导致的接触问题。

③施工现场的电源接入必须通过书面申请向工地供电管理部门提出（明确用电的容量和负载特性）。在获得供电部门的批准之后，应按照指定的线路和接线点接入电源。未经供电部门允许，任何人都不得擅自连接或断开电源线路，以保障电力供应的安全和稳定。

④建立临时用电的管理规定，并对员工进行培训，使其养成及时关闭灯光的习惯。同时，禁止使用电炉进行取暖和烹饪，也禁止使用电热毯，以保证节能和场所的安全。

建筑工地在施工过程中普遍存在电能浪费的问题，大部分工地尚未实施有效的节电策略。施工企业应从施工现场的电力组织设计入手，准确预估电力需求，合理挑选电气设备，精心规划设备及线缆布局，注重临时电力安装，并且强化电力使用管理，以尽快减少工地上的电力浪费。

参考文献

[1] 曹永先，孟丽，李丰．市政工程施工组织与管理 [M]．北京：化学工业出版社，2024．

[2] 李鹏，罗天贵，江世荣．市政工程技术与项目管理 [M]．北京：中国建材工业出版社，
2024．

[3] 徐海彬，邓子科．市政建设与给排水工程 [M]．长春：吉林科学技术出版社，2023．

[4] 孔谢杰，李芳，王琦．市政工程建设与给排水设计研究 [M]．长春：吉林科学技术出版社，
2023．

[5] 董相宝，刘廷志，唐雨青．市政建设与给排水工程应用 [M]．汕头：汕头大学出版社，
2023．

[6] 刘文炼，李德昌．绿色建筑工程质量监督与市政建设 [M]．长春：吉林科学技术出版社，
2023．

[7] 沈鑫，樊翠珍，蔺超．市政工程与桥梁工程建设 [M]．北京：文化发展出版社，2022．

[8] 魏颖旗，张敏君，王淼．现代建筑结构设计与市政工程建设 [M]．长春：吉林科学技
术出版社，2022．

[9] 邵宗义．市政工程规划 [M]．北京：机械工业出版社，2022.07．

[10] 徐雪锋．市政工程建设与质量管理研究 [M]．延吉：延边大学出版社，2022．

[11] 郝银，王清平，朱玉修．市政工程施工技术与项目安全管理 [M]．武汉：华中科技大
学出版社，2022．

[12] 李世鑫．市政工程与道路桥梁建设 [M]．沈阳：辽宁科学技术出版社，2022．

[13] 杨勇．市政工程施工与管理 [M]．天津：天津科学技术出版社，2022．

[14] 刘忠伟，李昂．市政工程建设与建筑消防安全 [M]．沈阳：辽宁科学技术出版社，
2022．

[15] 张振兴. 市政工程精细化施工与管理手册 [M]. 北京：中国建筑工业出版社，2022.

[16] 姬向华，董云欣，吴育强. 城市规划设计与市政工程建设 [M]. 沈阳：辽宁科学技术出版社，2022.

[17] 邵华，王骞. 市政工程建设与管理研究 [M]. 长春：吉林科学技术出版社，2022.

[18] 黄春蕾. 市政工程项目管理 [M]. 郑州：黄河水利出版社，2021.

[19] 张涛，李冬，吴涛. 市政工程施工与项目管控 [M]. 长春：吉林科学技术出版社，2021.

[20] 黄春蕾，李书艳，杨转运. 市政工程施工组织与管理 [M]. 重庆：重庆大学出版社，2021.

[21] 秦春丽，孙士锋，胡勤虎. 城乡规划与市政工程建设 [M]. 北京：中国商业出版社，2021.

[22] 胥东，史官云. 市政工程现场管理 [M]. 北京：中国建筑工业出版社，2021.

[23] 潘中望，牛利珍. 市政道路工程施工与养护 [M]. 上海：上海交通大学出版社，2020.

[24] 阎丽欣，高海燕. 市政工程造价与施工技术 [M]. 郑州：黄河水利出版社，2020.

[25] 叶辉，卓顺东，李诚. 建筑施工管理与市政工程建设 [M]. 北京：中国原子能出版社，2020.

[26] 王晓飞，范利从，郑延斌. 市政工程施工组织与管理研究 [M]. 北京：中国原子能出版社，2020.

[27] 李书艳. 道桥工程施工组织与管理 [M]. 北京：北京理工大学出版社，2020.

[28] 张谊著，刘克国. 市政工程绿色施工管理 [M]. 成都：西南财经大学出版社，2019.

[29] 丁锡峰. 市政工程施工与技术管理 [M]. 天津：天津科学技术出版社，2019.

[30] 杨雪. 市政工程给水排水施工管理 [M]. 长春：吉林科学技术出版社，2019.

[31] 李海林. 市政工程与基础工程建设研究 [M]. 哈尔滨：哈尔滨工程大学出版社，2019.

[32] 王海妮，胡安春. 市政道路工程施工技术与实务 [M]. 北京：光明日报出版社，2019.